同济大学“十二五”本科规划教材

土木工程系列丛书

砌体结构设计

（第2版）

苏小卒　主编

内 容 提 要

本书系统地阐述了砌体结构的设计原则、砌体材料及其力学性能、砌体房屋结构的形式和内力分析、砌体结构构件的承载力和构造、砌体结构房屋抗震设计等内容，并用例题详细地演示了砌体结构及其构件的设计方法。书中还给出了思考题和习题，适合教学需要。

本书是根据国家标准《砌体结构设计规范》(GB 50003—2011)编写的，反映了我国在砌体结构科学研究和设计理论方面的最新成果，内容丰富而且实用，可作为高等院校土木工程专业的教材，也可供有关的工程设计人员参考。

图书在版编目(CIP)数据

砌体结构设计/苏小卒主编. —2版. —上海：同济大学出版社，2013.3(2020.7重印)

(土木工程系列丛书)

同济大学"十二五"本科规划教材

ISBN 978-7-5608-5117-4

Ⅰ.①砌… Ⅱ.①苏… Ⅲ.①砌体结构—结构设计—高等学校—教材 Ⅳ.①TU360.4

中国版本图书馆CIP数据核字(2013)第045723号

砌体结构设计(第2版)

苏小卒 主编

责任编辑 马继兰 责任校对 徐春莲 封面设计 陈益平

出版发行 同济大学出版社 www.tongjipress.com.cn

(地址：上海市四平路1239号 邮编：200092 电话：021—65985622)

经 销 全国各地新华书店

印 刷 江苏句容市排印厂

开 本 787mm×1092mm 1/16

印 张 12.25

字 数 305 000

印 数 12 401—14 500

版 次 2013年3月第2版 2020年7月第5次印刷

书 号 ISBN 978-7-5608-5117-4

定 价 28.00元

砌体结构设计（第2版）

编写人员名单（按姓氏笔画排序）

苏小卒　肖建庄

李　翔　屈文俊

林宗凡　顾祥林

熊学玉

再版前言

本书第 2 版按新的国家标准《砌体结构设计规范》(GB 50003—2011)进行了改编。

第 3 章由熊学玉改编(之前已征求并遵从该章原作者的意愿),其余各章由原作者改编。并据李翔提议,把原第 6、第 7 章互换,以利于重点内容的教学。全书由苏小卒统一修订定稿。

欢迎读者提出改进意见。

苏小卒

2013 年 1 月

于同济大学土木工程学院

第1版前言

本书是为高等学校本科土木工程专业所编写的教材，其中与设计有关的内容按国家标准《砌体结构设计规范》(GB 50003—2001)等新规范编写。

我国大量的房屋是用砌体建造的，因而砌体结构设计是土木工程专业建筑工程方向的一门重要的专业课，对土木工程的其他方向也有重要的选修价值。砌体结构设计这门专业课的特点是与实际联系密切，内容实用，信息量大。但本书的理论描述相对简洁，读者可以凭藉已学过的基础理论(如混凝土结构基本原理)去加以领会。

与其他结构形式相比较，砌体结构的理论发展较晚，至今，对有些受力情况下的承载机理仍未完全弄清。在工程中，往往采用经过长期实践检验的假定计算，一些半经验半理论的公式和构造方法也能较好地满足工程实际的需要。相对于学生前期所学的理想化的力学计算而言，砌体结构设计的内容既深刻又丰富，其中凝聚了专家、学者和工程师们大量的研究成果和工程实践经验。限于篇幅，本书不可能对所有的理论基础进行全面论述。然而，我们尽力尝试讲清砌体结构主要的承载机制；并从符合认识规律的角度出发，强调从整体上把握所学内容，以免“只见树木，不见森林”。

本书是同济大学土木工程学院土木工程专业系列教材编写计划项目之一，由混凝土结构教研室长期主讲砌体结构课程和进行砌体结构研究的教师编写。第1章和第4章由苏小卒编写，第2章和第9章由顾祥林编写，第3章由周克荣编写，第5章由林宗凡编写，第6章由屈文俊编写，第7章由李翔编写，第8章由肖建庄编写。全书由苏小卒统一修订定稿。

由于编写时间紧迫，及限于编者的学识，书中难免会有不足之处，敬请读者批评指正。

苏小卒

2002年8月

于同济大学土木工程学院

目　录

1 绪 论

砌体是把块体(砖、砌块和石材等)和砂浆通过砌筑而成的材料。用这种材料形成的结构称为砌体结构。

从结构工程的角度,砌体可分为非配筋砌体和配筋砌体两种;前者常简称为砌体。

1.1 砌体结构的历史和现状

砌体结构几乎与人类的文明同时诞生。实际上,砌体结构的诞生标志着土木工程的诞生。石头是很容易得到的。最初,人们用石头砌的也许是随机碎石干砌体,这种砌体是把各种不同大小的石块用随机的方式堆垒成墙体,其中小石头用来填大石头之间的空隙。这种随机碎石干砌体至今仍在一些第三世界国家中被使用。后来人们采用石料和黏土砌筑房屋。大约在11000年前,人们发明了土坯砖(用太阳晒干的未经烧制的黏土砖),后来又发明了烧制砖。最早的砌体拱结构是公元前4000年在中东的乌尔建造的。西方国家较多地使用石材,19世纪20年代发明了水泥,其后有了强度较高的水泥砂浆,使砌体结构得到了进一步的发展。我国传统的房屋一般以木构架承重,砖墙只起围护和分隔的作用;到19世纪中叶以后,一般的房屋才逐渐采用砖墙承重。

人们用砌体建造了大量建筑物。著名的有我国的万里长城、大雁塔、嵩岳寺塔、赵州桥;埃及的金字塔和神庙;巴比伦的空中花园;希腊的雅典卫城以及运动场、竞技场、露天音乐场、纪念馆等公共建筑;罗马的大引水渠、桥梁、斗兽场、浴室、神庙和教堂;君士坦丁堡的大教堂;南美的金字塔,等等。

直至20世纪30—40年代,人们都是采用经验法设计砌体结构,或采用容许应力法作粗略的估算,这样设计出的砌体结构构件粗大笨重。苏联从20世纪40年代开始、欧美国家从50年代开始,对砌体结构的受力性能进行了研究,提出了以试验结果和理论分析为依据的设计方法。

20世纪50年代初,我国直接采用了当时苏联的砌体结构设计理论。从60年代开始,我国对砌体结构进行了系统的试验和理论研究,并结合工程实践建立了较完整的设计理论,于1973年颁布了我国第一部《砖石结构设计规范》(GBJ 3—73),1988年颁布了《砌体结构设计规范》(GBJ 3—88),2001年颁布了《砌体结构设计规范》(GB 50003—2001)(2011年修订为GB 50003—2011)。我国现行规范中采用的以概率理论为基础的极限状态设计方法,把房屋空间工作的计算从单层房屋推广到多层房屋,以及考虑墙和梁共同工作的墙梁设计等,都达到了世界先进水平。

在材料方面,我国1952年统一了黏土砖的规格。到20世纪80年代中期,我国的黏土砖年产量是世界各国黏土砖年产量的总和。现在,我国已有多种块体的形式,从而尽量减少消耗土地资源的黏土砖的使用,以有利于环境保护并适用于各种不同的需要。在我国,砌体结构一直得到广泛的应用。

在西方，非配筋的砌体结构也长期被广泛应用。1813年，纽约城的总工程师 Marc Isambard Brunel 建议在当时正在建造的烟囱中使用配筋砖砌体以提高强度；1825年，他首次在泰晤士隧道竖井的建造中用熟铁杆对砖砌体进行竖向配筋，并在其中采用了厚12mm的铁箍。然而，现代配筋砌体的发展一般认为是从印度的 A. Brebner 对配筋砌体的先遣研究开始的，他于1923年发表了为期两年的试验研究结果。美国于20世纪70年代在匹兹堡建造了一座20层的配筋房屋。英国于1981年提出了配筋砌体和预应力砌体设计规范。在美国科罗拉多州建造的一座20层配筋砌体塔楼和在加州建造的采用高强混凝土砌块并配筋的希尔顿饭店，都经受了地震的考验而未受损坏。近年在上海建造了18层的配筋砌体住宅。

在1931年新西兰那匹尔大地震和1933年美国 Long Beach 大地震时，大量的非配筋砌体结构被震塌。这使人们认识到，传统的非配筋砌体结构的抗震性能是很差的；这导致非配筋砌体一度在地震区被禁用。1950年以来，各工业发达国家对砌体结构进行了研究与改进，块体向高强、多孔、薄壁、大块等方向发展，最重要的是发展了配筋砌体，才使砌体结构能用于地震区，使砌体结构得到了复兴。1971年，美国西部圣弗尔南多大地震时，一幢位于洛杉矶的10层的钢筋混凝土框架遭到严重破坏，而邻近该建筑的13层配筋砌体结构却完整无损，表明砌体结构具有了新的竞争能力。我国在经受海城和唐山地震后，大力开展了砌体结构抗震设计的研究，取得了颇有中国特色的成果。研究结果表明，在多层砌体房屋中设置钢筋混凝土构造柱及采用配筋砌体是提高房屋抗震能力的有效措施。在采取一定的抗震技术措施后，砌体房屋仍可在地震区使用。

1.2　砌体结构的概要和特点

砌体的基本力学特征是抗压强度很高，抗拉强度却很低。因此，砌体结构构件主要承受轴心压力或小偏心压力，而很少受拉或受弯。一般民用建筑和工业建筑的墙、柱和基础都可采用砌体结构。在采用钢筋混凝土框架和其他结构的建筑中，常用砖墙做围护结构，如框架结构的填充墙。烟囱、隧道、涵洞、挡土墙、坝、桥和渡槽等，也常采用砖、石或砌块砌体建造。

砌体结构是应用范围最广的一种结构形式。在房屋中主要用于基础、内外墙身、门窗过梁、地沟，甚至可用于楼盖和屋盖。在钢材和水泥供应困难的时期，甚至吊车荷载也由砌体结构来承受：对起重量小于30kN的中、轻级吊车，可采用砖拱结构；起重量稍大时，可采用墙身(吊车墙)承受吊车荷载。我国约有80%的工业与民用房屋采用砌体结构建造，其中，民用房屋则有90%以上采用了砌体结构。目前，我国五、六层的房屋多为混合结构，即墙体采用砌体、楼屋盖采用钢筋混凝土这种结构形式。重庆曾建造了12层的以砌体墙承重的住宅。

由于无筋砌体基本上不能受拉，这就决定了结构构件的尺度必须很大，并从经济性上限制了房屋高度。对砌体配筋是解决这个问题的好方法。在砌体中配置钢筋就成为配筋砌体。配筋砌体使砌体结构从根本上由泥瓦匠的经验创造转变成为工程化的结构。采用配筋砌体后，砌体结构就在更广的范围参与市场竞争。

砌体结构的主要优点是：① 容易就地取材。过去砖主要用黏土烧制，现在则用煤矸石、页岩、粉煤灰或黏土烧制，或采用混凝土制砖；石材的原料是天然石；砌块可以用工业废料——矿渣制作，来源方便，价格低廉。② 砖、石或砌块砌体具有良好的耐火性和较好的耐久性。③ 砌体砌筑时，不需要模板和特殊的施工设备。在寒冷地区，冬季可用冻结法砌筑，不需特殊的保温措施。④ 砖墙和砌块墙体有良好的隔声、隔热和保温性能，所以既是较好的承重结构，也是较好的围护结构。

砌体结构的缺点是：① 与钢和混凝土相比，砌体的强度较低，因而构件的截面尺寸较大，材料用量多，自重大。② 砌体的砌筑基本上是手工方式，施工劳动量大。③ 砌体的抗拉强度和抗剪强度都很低，因而抗震性能较差，在使用上受到一定限制；砖、石的抗压强度也不能充分发挥。④ 黏土砖需用黏土制造，在某些地区过多占用农田，影响农业生产。

1.3 砌体结构的发展方向

随着社会和科学技术的进步，砌体结构也需不断发展，才能适应社会的要求。砌体结构的发展方向如下：

1. 使砌体结构适应可持续性发展的要求

传统的小块黏土砖以其耗能大、毁田多、运输量大的缺点越来越不适应可持续发展和环境保护的要求。对其进行革新势在必行。这方面的发展趋势是充分利用工业废料和地方性材料。例如，用粉煤灰、煤渣、矿渣、炉渣等垃圾或废料制砖或板材，可变废为宝。用湖泥、河泥或海泥制砖，则可疏通淤积的水道。

2. 发展高强、轻质、高性能的材料

发展高强、轻质的空心块体，能使墙体自重减轻，生产效率提高，保温隔热性能良好，且受力更加合理，抗震性能也得到提高。这方面已有很大进展。

发展高强、高粘结咬合力的砂浆能有效地提高砌体的强度和抗震性能。

3. 采用新技术、新的结构体系和新的设计理论

配筋砌体有良好的抗震性能，在国外已获得较广泛的应用，可用于建造高达20层的房屋，成为很有竞争力的结构形式。我国近年来已注意配筋砌体的应用，并已建造了一些配筋砌体高层建筑。

采用工业化生产、机械化施工的板材和大型砌块等可减轻劳动强度、加快工程建设速度。对墙体加预应力也是一种有效的方法。

相对其他结构形式而言，砌体结构的设计理论发展得较晚，还有不少问题有待进一步研究。美国砌体协会前主席James Amrhein曾说过：结构工程是这样一种艺术和科学，它把我们尚未完全弄懂的材料形成我们不能够精确分析的结构形式，来抵抗我们不能准确预测的荷载，使得社会上的人们没有理由来怀疑我们无知的程度。这番话倒是更适合砌体结构。我们需要更加深入地研究砌体结构的结构布置、受力性能和破坏机理，研究房屋整体受力的机理，研究和推广应用配筋砌体，研究有优良抗震性能的砌体结构，使砌体结构这种古老而有生命力的结构形式更好地被用于造福人民。

思考题

[1-1] 砌体、块体、砂浆这三者之间有何关系？

[1-2] 哪项措施使砌体结构在地震区的应用得以复兴？

[1-3] 砌体的基本力学特征是什么？

[1-4] 砌体结构的优缺点对于其应用有何意义？

[1-5] 与其他结构形式相比，砌体结构的发展有何特点？

2 砌体结构的设计原则

2.1 砌体结构设计方法的历史回顾

砌体结构是土木工程中最古老的结构形式之一。然而，在漫长的年代中，其设计和建造多是凭经验的。古人既未掌握精确的计算分析方法，又无可靠的试验手段。他们的唯一老师只能是直接的实践经验。在工程实践中，结构建造得合理就能得以留存，若安全不足，就归于倾毁。归纳总结那些存在的、能很好地完成使命的建筑物，就可以定出立足于经验的规矩来。如我国宋朝的李诫在说明他编写的《营造法式》时这样写道："考阅旧章，稽参众智，功分三等，第为精粗之差，役四时用度长短之晷。以至木议刚柔，而无理不顺，土评远迩，而力易以供"。但是，当需要建造一幢前所未有的结构时，古代工匠就面临结构破坏的危险，而这又是他们最好、最严厉的老师。

随着近代力学的发展，人们的认识由感性上升到了理性，砌体结构的设计顺着容许应力设计法—破坏阶段设计法—极限状态设计法的轨迹发展至今。

2.1.1 容许应力设计法

将砌体看成是理想的弹性材料，按材料力学的方法计算构件在外荷载作用下的应力 σ，要求荷载作用下构件的计算应力 σ 不超过砌体材料的容许应力 $[\sigma]$，这种方法称作容许应力设计法。以轴压短柱为例，其考虑安全度的截面强度设计公式为

$$\sigma=\frac{N}{A}\leqslant[\sigma] \tag{2-1}$$

式中 N——轴向压力；

A——构件的截面积；

σ——计算应力；

$[\sigma]$——砌体的容许应力。

如果取 f_{m} 为砌体的抗压强度平均值，为确保结构安全，根据经验引入一大于 1 的系数 K（称作安全系数），则有

$$[\sigma]=\frac{f_{\mathrm{m}}}{K} \tag{2-2}$$

用容许应力法设计简单明了，但此法未考虑结构材料的塑性性能。

2.1.2 破坏阶段设计法

20 世纪 30 年代初期，苏联已注意到按弹性理论的计算结果和试验结果不相符合，在对偏心受压构件的计算时引入了修正系数。1943 年，苏联规范（Y-57-43）正式采用了按破坏阶段的设计方法。仍以轴压短柱为例，设计计算公式为

$$KN \leqslant f_m A \tag{2-3}$$

式中，K 为按经验确定的安全系数。尽管式(2-3)和式(2-1)、式(2-2)有相同的形式，但其内涵确有本质的区别。式(2-3)不是以截面的最大应力作为衡量截面承载力的标准，而是在考虑截面应力重分布后，以全截面承载力作为标准。因此，公式的左边为考虑安全系数后的荷载在构件截面中产生的内力，公式的右边为构件截面破坏时的承载力。

解放初期，我国部分地区采用苏联规范(Y-57-43)按破坏阶段进行设计。

2.1.3 三系数表达的极限状态设计法

为了能在设计中考虑荷载的不确定性以及材料强度的变异性，1955 年，苏联颁布了按极限状态进行设计的规范(НИТУ120-550)。该规范对砌体结构规定了三种极限状态：

(1) 承载能力极限状态；

(2) 变形极限状态；

(3) 裂缝出现和变形开展极限状态。

所有承重砌体结构都应按承载能力极限状态进行设计计算。只有当结构的正常使用受到影响时，才进行第二种和第三种极限状态的验算。所谓的三系数，即荷载系数 n、材料系数 k 和工作条件系数 m，以分别考虑可能的超载、材料性能的变异以及工作条件不同的影响。其承载能力的设计计算表达式为

$$\sum n_i N_{ik} \leqslant R(m, kf_k, \alpha) \tag{2-4}$$

式中 n_i——第 i 种荷载的荷载系数；

N_{ik}——第 i 种荷载标准值引起的柱中的纵向力；

$R(\cdot)$——抗力函数；

m——工作条件系数；

k——材料系数；

f_k——砌体强度标准值；

α——截面的几何特征。

各种荷载的标准值(即结构处于正常使用情况下的荷载)是在对大量统计资料进行分析后获得的，它一般比荷载的平均值大很多。不同的荷载，其荷载标准值的确定方法不同，而且确定出的荷载标准值在实际使用时也可能被超出，故应乘以荷载系数，以保证安全(图 2-1)。不同荷载的变异性质不同，因此，荷载系数的取值也不同。如恒载和结构的自重，荷载系数为 1.1；而风荷载和雪荷载的变异性相对较大，其荷载系数分别取为 1.3 和 1.4。

材料强度标准值的取值随材料不同也各不相同。如 HPB235 钢的平均强度为 285MPa，而标准强度为 240MPa；砌体的标准强度取其平均强度。材料系数主要考虑材料的不均匀性(又称作匀质系数)，同样也随材料的不同而异。如钢材的变异性小，取为 0.9 (HPB235 钢)；砖石砌体的变异性大，取为 0.6 或 0.5(如砂浆和砖没有系统检验的话，取小值)。材料强度的标准值乘以较小的材料系数后，可以得到较大的保证率(图 2-2)。

工作条件系数是考虑结构构件和材料在不同工作条件下能发挥作用的程度。一般正常情况下，工作条件系数多定为 1。情况不利时小于 1。例如，构件截面面积小于等于 0.3m^2 时，工作条件系数为 0.8；网状配筋砌体结构中，HPB235 钢筋的工作条件系数为 0.7；纵向

配筋中，钢筋的工作条件系数为0.9。情况有利时，工作条件系数也可以大于1，偏心无筋砌体按偏心受压进行抗裂计算时，工作条件系数为1.5～3。

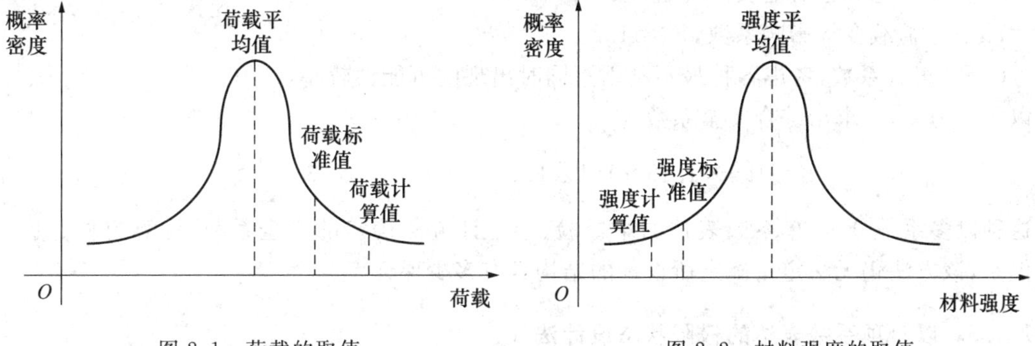

图2-1　荷载的取值　　　　图2-2　材料强度的取值

三系数表达的极限状态设计法，在砌体结构的设计中引入了统计数学的概念，考虑了材料强度和荷载的变异性，已初步具有现代结构设计思想的雏形。但该方法无法定量确定所设计的结构具有多少保证率。1956年以后，我国砌体结构的设计主要采用前苏联规范的三系数极限状态设计方法。

2.1.4　多系数分析总系数表达的极限状态设计法

三系数法强调统计因素。然而，在实际工程中，有些因素可以统计，有些因素却无法统计。1973年，我国自行编制的第一部砌体结构设计规范《砖石结构设计规范》(GBJ 3—73)对此作了改进，采用了多系数分析、单一系数表达的半统计、半经验的极限状态设计计算方法。其一般的承载能力设计计算表达式为

$$KN_k \leqslant R(f_m, \alpha) \tag{2-5}$$

式中　N_k——荷载标准值引起的柱中的纵向力；

$R(\cdot)$——抗力函数；

f_m——砌体强度平均值；

α——截面的几何特征。

K——安全系数，由下列系数组成：

$$K = K_1 K_2 K_3 K_4 K_5 C \tag{2-6}$$

式中　K_1——砌体强度变异影响系数。根据对普通砖砌体、空心砖砌体及空斗墙砌体试件试验结果的统计分析结果，对砌体抗压强度，$K_1 = 1.5$；砌体抗弯、抗拉和抗剪时，因情况较为不利，取$K_1 = 1.65$。

K_2——缺乏系统试验时，对砌体强度的变异影响系数。一般情况下，砖有抽样试验或出厂证明，而砂浆则无系统检验。为此，考虑降低一级，这对砌体强度的影响约为15%，故取$K_2 = 1.15$。

K_3——砌筑质量影响系数。影响因素较多，其中主要为砂浆饱满程度的影响。根据四川省建筑科学研究所的资料，当砂浆的饱满程度为73%时，能满足规范(GBJ 3—73)的要求；当砂浆的饱满程度为65%时，砌体强度约为规范值的

89%。故取 $K_3=1.1$。

K_4——尺寸偏差、计算假定误差等影响系数。对此缺乏系统的资料，参考其他结构规范和已有的实践经验，取 $K_4=1.1$。

K_5——荷载变异影响系数，$K_5=1.2$。

C——组合系数，考虑各种最不利因素同时出现的可能性较小，$C=0.9$。

以抗压为例，可求出综合安全系数为

$$K=1.5\times1.15\times1.1\times1.1\times1.2\times0.9\approx2.3$$

这种以多系数分析、单系数表达的半经验、半统计方法确定的安全系数，计算方便、直观。但是，该方法仍无法定量确定所设计的结构具有多少保证率。

2.1.5 以分项系数表达的极限状态设计法

1988 年，我国《砌体结构设计规范》(GBJ 3—88)采用了以概率理论为基础的极限状态设计法。将概率理论引入结构的设计，可以定量估计所设计结构的可靠水平，标志着结构设计理论发生了本质的变化。规范(GBJ 3—88)是以 1984 年颁布的《建筑结构设计统一标准》(GBJ 68—84)为依据的。在《建筑结构设计统一标准》(GBJ 68—84)中考虑了两种极限状态：

(1) 承载能力极限状态　这种状态对应于结构或构件达到最大承载力或不适合于继续承载的变形的情况。

(2) 正常使用极限状态　这种状态对应于结构或构件达到正常使用或耐久性能的某项规定限值的情况。

在砌体结构中，一般情况下，按承载力极限状态进行设计计算，正常使用极限状态的要求一般可以由相应的构造措施予以保证。

砌体结构按承载能力极限状态设计时的计算公式为

$$\gamma_0 S\leqslant R \tag{2-7}$$

$$S=\gamma_G C_G G_k+\gamma_{Q1}C_{Q1}Q_{1k}+\sum_{i=2}^{n}\gamma_{Qi}C_{Qi}\psi_{Ci}Q_{ik} \tag{2-8}$$

$$R=R(f,\alpha_k,\cdots) \tag{2-9}$$

式中　γ_0——结构重要性系数，根据建筑结构破坏时可能产生的后果(危及人的生命、造成经济损失、产生的社会影响等)，将建筑结构划分为三个安全等级，如表 2-1 所示，对安全等级为一级、二级、三级的砌体结构构件，结构重要性系数可分别取为 1.1,1.0,0.9；

S——内力设计值，分别表示由荷载设计值产生的纵向力 N、弯矩 M 和剪力 V 等；

R——结构构件的抗力；

$R(\cdot)$——结构构件的抗力函数；

γ_G——永久荷载分项系数，一般情况下取用 1.2，当永久荷载对砌体结构的承载力有利时，宜取 1.0；

γ_{Q1}，γ_{Qi}——第 1 个和第 i 个可变荷载分项系数，一般情况下可采用 1.4；

G_k——永久荷载的标准值；

Q_{1k}——第1个可变荷载的标准值，其效应大于其他任意第 i 个可变荷载标准值的效应；

C_G, C_{Q1}, C_{Qi}——永久荷载、第1个和第 i 个可变荷载的荷载效应系数；

ψ_{Ci}——第 i 个可变荷载的组合系数，当风荷载和其他可变荷载组合时，可取用0.6；

f——砌体的强度设计值，$f=\frac{f_k}{\gamma_f}$；

f_k——砌体的强度标准值，$f_k=f_m-1.645\sigma_f$；

f_m——砌体的强度平均值；

σ_f——砌体强度的标准差；

γ_f——砌体结构材料性能分项系数，取用1.5；

α_k——几何参数标准值。

表 2-1　　建筑结构的安全等级

安全等级	破坏后果	建筑物类型
一　级	很 严 重	重要的房屋
二　级	严　重	一般的房屋
三　级	不 严 重	次要的房屋

对于一般单层和多层房屋，可采用下列简化的极限状态设计表达式：

$$\gamma_0(\gamma_G C_G G_k+\psi\sum_{i=1}^{n}\gamma_{Qi}C_{Qi}Q_{ik})\leqslant R \tag{2-10}$$

式中，ψ 为简化设计表达式中可变荷载的组合系数，当风荷载和其他可变荷载组合时，可取用0.85；其他符号的意义同前。

当砌体结构作为一刚体，需验算整体稳定时，例如倾覆、滑移、漂浮等，应按下列设计表达式进行验算：

$$0.8C_{G1}G_{1k}-1.2C_{G2}G_{2k}-1.4C_{Q1}Q_{1k}-\sum 1.4C_{Qi}\psi_{Ci}Q_{ik}\geqslant 0 \tag{2-11}$$

式中　G_{1k}——起有利作用的永久荷载的标准值；

G_{2k}——起不利作用的永久荷载的标准值；

C_{G1}, C_{G2}——G_{1k}, G_{2k}的荷载效应系数；

C_{Q1}, C_{Qi}——第一个可变荷载、第 i 个可变荷载的荷载效应系数；

ψ_{Ci}——同式(2-8)。

2.2　现有砌体结构设计规范(GB 50003—2011)的设计方法

我国于2002年、2011年颁布的《砌体结构设计规范》(GB 50003)以《建筑结构可靠度设计统一标准》(GB 50068—2001)为基础，仍采用分项系数表达的极限状态设计法，但局部作了一些修改。

一般情况下，砌体结构按承载能力极限状态设计时的计算公式为

$$\gamma_0(1.2S_{Gk}+1.4S_{Q1k}+\sum_{i=2}^{n}\gamma_{Qi}\psi_{Ci}S_{Qik})\leqslant R(f,\alpha_k,\cdots) \tag{2-12}$$

式中 γ_0——结构重要性系数，在确定该系数时，除了考虑安全等级（表 2-1）外，还引入了设计使用年限的概念；对安全等级为一级或设计使用年限为 50 年以上的结构构件，不应小于 1.1；对安全等级为二级或设计使用年限为 50 年的结构构件，不应小于 1.0；对安全等级为三级或设计使用年限为 1～5 年的结构构件，不应小于 0.9；

S_{Gk}——永久荷载标准值的效应；

S_{Q1k}——起控制作用的第一个可变荷载标准值的效应；

S_{Qik}——第 i 个可变荷载标准值的效应；

$R(\cdot)$——结构构件的抗力函数；

γ_{Qi}——第 i 个可变荷载分项系数，一般情况下可采用 1.4；

ψ_{Ci}——第 i 个可变荷载的组合系数，一般情况下取用 0.7；对书库、档案库、储藏室或通风机房、电梯机房应取 0.9；

f——砌体的强度设计值，$f=\dfrac{f_k}{\gamma_f}$；

f_k——砌体的强度标准值，$f_k=f_m-1.645\sigma_f$；

f_m——砌体的强度平均值；

σ_f——砌体强度的标准差；

α_k——几何参数标准值；

γ_f——砌体结构材料性能分项系数，在确定该系数时，引入了施工质量控制等级的概念。施工质量等级的划分参见表 2-2。一般情况下，宜按施工控制等级为 B 级考虑，取用 1.6；当为 C 级时，取为 1.8。

表 2-2　　施工质量等级的划分

项　目	施工质量控制等级		
	A	B	C
现场质量管理	制度健全，并严格执行；非施工监督方人员经常到现场，或现场设有常驻代表；施工方有在岗专业技术管理人员，人员齐全，并持证上岗	制度基本健全，并能执行；非施工方质量监督人员间断地到现场进行质量控制；施工方有在岗专业技术人员，并持证上岗	有制度；非施工方质量监督人员很少作现场质量控制；施工方有在岗专业技术人员
砂浆、混凝土强度	试块按规定制作，强度满足验收规定，离散性小	试块按规定制作，强度满足验收规定，离散性较小	试块强度满足验收规定，离散性大
砂浆拌和方式	机械拌合；配合比计量控制严格	机械拌合；配合比计量控制一般	机械或人工拌合；配合比计量控制较差
砌筑工人	中级工以上，其中高级工不少于 20%	高、中级工不少于 70%	初级工以上

对以自重为主的结构构件，还应按下式进行设计计算：

$$\gamma_0(1.35S_{Gk}+1.4\sum_{i=1}^{n}\psi_{Ci}S_{Qik})\leqslant R(f,\alpha_k,\cdots) \tag{2-13}$$

式中，各符号的意义同式(2-12)。

当砌体结构作为一刚体，需验算整体稳定，例如倾覆、滑移、漂浮等时，应按下列设计表达式进行验算：

$$\gamma_0(1.2S_{G2k}+1.4S_{Q1k}+\sum_{i=2}^{n}S_{Qik})\leqslant 0.8S_{G1k} \tag{2-14}$$

式中　S_{G1k}——起有利作用的永久荷载的标准值；

　　　S_{G2k}——起不利作用的永久荷载的标准值。

2.3　分项系数的确定

2.3.1　确定分项系数的理论基础

1. 设计基准期与设计使用年限

设计基准期是为确定可变作用及与时间有关的材料性质等取值而选用的时间参数。现行《建筑结构荷载规范》(GB 50009—2012)采用的设计基准期为 50 年。

设计使用年限为设计规定的结构或构件不需要进行大修即可按其预定目的使用的时期。

2. 结构的功能要求、可靠性与可靠度

和其他建筑结构形式一样，砌体结构在规定的设计使用年限内也应满足下列功能要求：

(1) 安全性　在施工和使用均属正常的情况下，结构须能承受可能出现的各种作用，在偶然事件(如地震、火灾等)发生时及发生后，结构仍能保持整体稳定，不发生倒塌。

(2) 适用性　结构在正常使用期间应具有良好的工作性能。例如，不发生过大的变形和振幅，以免影响使用；也不发生足以使用户不安的过宽的裂缝。

(3) 耐久性　结构在正常维护下具有足够的耐久性能。

结构的可靠性是结构安全性、适用性和耐久性的统称，即结构在规定的时间内、规定的条件下完成预定功能的能力。

结构可靠度是结构可靠性的概率度量，即，结构可靠度是指结构在规定的时间内、在规定的条件下，完成预定功能的概率。

3. 极限状态

整个结构或结构的一部分超过某一特定状态就不能满足设计规定的某一功能要求，此特定状态就称为该功能的极限状态。

《建筑结构可靠度设计统一标准》(GB 50068—2001)将结构的极限状态分为两大类：承载能力极限状态和正常使用极限状态。前者对应于结构或结构构件达到最大承载力或不适合于继续承载的变形。后者对应于结构或结构构件达到正常使用或耐久性能的某项限值。

4. 极限状态方程

结构的极限状态方程可描述为

$$Z=g(X_1,X_2,X_3,\cdots,X_n)=0 \tag{2-15}$$

式中　$g(\cdot)$——结构的功能函数；

$X_i(i=1,2,\cdots,n)$——基本变量，系指结构上的各种作用和材料性能、几何参数等，基本变量均按随机变量考虑。

结构按极限状态设计时，应符合下列要求：

$$Z=g(X_1,X_2,X_3,\cdots,X_n)\geqslant 0 \tag{2-16}$$

即，当 $Z>0$ 时，结构处于可靠状态；当 $Z<0$ 时，结构处于失效状态；当 $Z=0$ 时，结构处于极限状态。

当仅有荷载效应和结构抗力两个基本变量时，结构的极限状态方程为

$$Z=R-S=0 \tag{2-17}$$

式中　S——结构的荷载效应；

R——结构的抗力。

5. 失效概率和可靠指标

设 S 和 R 均符合正态分布，则 Z 也符合正态分布，如图 2-3 所示。

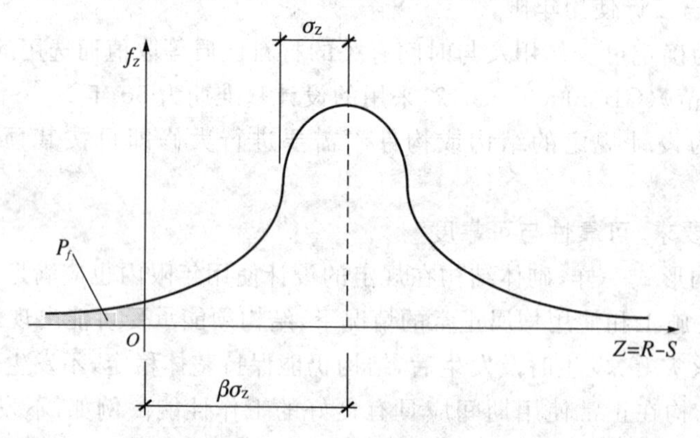

图 2-3　Z 的分布曲线和可靠指标的定义

结构设计的目的就是在结构的设计使用期内，使结构的失效概率足够小。结构的失效概率按下式计算：

$$P_f=\int_{-\infty}^{0}f(Z)\mathrm{d}Z=P(Z<0) \tag{2-18}$$

式(2-18)需要积分运算，比较麻烦。为此，引入可靠指标 β(图 2-3)：

$$\beta=\frac{\mu_Z}{\sigma_Z}=\frac{\mu_R-\mu_S}{\sqrt{\sigma_R^2+\sigma_S^2}} \tag{2-19}$$

式中　μ_Z,μ_R,μ_S——分别为随机变量 Z,R,S 的均值；

$\sigma_Z,\sigma_R,\sigma_S$——分别为随机变量 Z,R,S 的均方差。

于是有

$$P_f = P(Z<0) = P\left(\frac{Z-\mu_Z}{\sigma_Z} < \frac{-\mu_Z}{\sigma_Z}\right) = \frac{1}{\sqrt{2\pi}}\int_{-\infty}^{-\frac{\mu_Z}{\sigma_Z}} \exp\left(-\frac{x^2}{2}\right)\mathrm{d}x$$

$$= \Phi\left(-\frac{\mu_Z}{\sigma_Z}\right) = \Phi(-\beta) = 1-\Phi(\beta) \tag{2-20}$$

显然，β越大，P_f越小；反之，P_f越大。β可以作为衡量结构可靠性的定量指标。

为了使结构安全合理，《建筑结构可靠度设计统一标准》(GB 50068—2001)根据结构的安全等级(表 2-1)和破坏类型，规定了按承载力极限状态设计时的可靠指标β值如表 2-3 所示。

按表 2-3 所示的可靠指标，根据荷载效应和结构抗力的统计特征参数，可以用式(2-19)进行结构设计或结构复核。

表 2-3　　结构构件承载力极限状态的可靠指标

安全等级	一　级	二　级	三　级
延性破坏	3.7	3.2	2.7
脆性破坏	4.2	3.7	3.2

2.3.2　分项系数的确定原则

直接用可靠指标进行结构设计，需要大量的统计数据，比较复杂。对一般建筑结构，也无此必要，通常采用以荷载和材料强度的标准值以及相应的“分项系数”和组合系数来表示的实用设计表达式，即式(2-12)至式(2-14)。

在确定荷载和材料强度的标准值时，已经考虑了荷载的不确定性和材料强度的离散性(图 2-1、图 2-2)。所确定的荷载标准值相当于在基准使用期内、正常使用情况下作用在结构上的最大荷载。所确定的材料强度标准值相当于在正常施工、正常使用条件下材料强度可能的最小值。显然，在承载能力极限状态设计中，采用荷载和材料的标准值进行设计已具有一定的保证率。但这还不够。还需要考虑分项系数以确保安全。

为确定各分项系数，对给定的荷载和材料强度(已知其统计特性)，以及相应的任何一组分项系数，按照节 2.2 介绍的理论，可以计算出以该分项系数表示的极限状态设计公式所反映的可靠度。定义一测度函数，以此来衡量不同分项系数的设计公式所反映的可靠度和表 2-3 所示的结构构件承载力极限状态的目标可靠指标的接近度。其中，最接近的一组分项系数就是所要求的规范设计公式中的分项系数。根据表 2-3 可知，因为砌体结构属脆性结构，故砌体结构构件的承载力极限状态的目标可靠指标为 3.7。

2.3.3　荷载分项系数和组合系数

我国曾对多种荷载进行过大量的统计。根据调查结果可知，永久荷载的变异性较小，但平均值高于标准值，说明实际制作的构件或操作的找平层等，虽按图施工，却多有超重现象；可变荷载的变异性往往较大。

根据荷载的统计特性，由目标可靠指标优选的永久荷载的分项系数为 1.2。但是，当永久荷载效应与可变荷载效应相比很大时，若仍采用 $\gamma_G=1.2$，则结构的可靠度远不能达到目标值的要求。因此，式(2-13)中给出的由永久荷载控制的设计组合中，相应的 $\gamma_G=1.35$。当永久荷载效应和可变荷载效应异号时，若仍采用 $\gamma_G=1.2$，则结构的可靠度会随永久荷载效应所占的比重的增大而严重降低，故 γ_G 宜取小于 1 的系数。在验算整体稳定时，部分永久荷载起着抵抗倾覆、滑移或漂浮的作用，对于这部分的永久荷载，其荷载分项系数 γ_G 显然小于 1。考虑到砌体结构的特点，在应用式(2-14)进行整体稳定验算时，取有利的永久荷载分项系数 $\gamma_G=0.8$。

可变荷载分项系数一般取为 $\gamma_Q=1.4$。但对标准值大于 $4\mathrm{kN/m^2}$ 的工业楼面活荷载，其变异系数一般较小，此时从经济上考虑，取 $\gamma_Q=1.3$。

荷载标准值经分项系数放大后即为荷载设计值。

结构在其设计使用期内，同时受到多种活荷载的可能性是存在的，但各种活荷载同时达到最大值的可能性却较小。为此，在极限状态的设计式(2-12)、式(2-13)中引入了荷载组合系数。一般情况下，组合系数取 0.7；对书库、档案库、储藏室或通风机房、电梯房等，考虑到楼面活荷载经常作用在楼面上且数值较大，取组合系数为 0.9。

2.3.4 材料性能分项系数

砌体材料强度是影响结构抗力的决定性因素。砌体强度的标准值 f_{k} 和平均强度 f_{m} 之间的关系按下式确定：

$$f_{\mathrm{k}}=f_{\mathrm{m}}-1.645\sigma_f=f_{\mathrm{m}}(1-1.645\delta_{\mathrm{m}}) \tag{2-21}$$

式中，δ_{m} 为砌体强度的变异系数，如表 2-4 所示。

表 2-4　各类砌体强度标准值与强度平均值的关系和砌体强度的变异系数

砌体种类	受力性能	f_{k}	δ_{m}
毛石砌体	受　压	$0.60f_{\mathrm{m}}$	0.24
	受拉、受弯、受剪	$0.57f_{\mathrm{m}}$	0.26
其他各类砌体	受　压	$0.72f_{\mathrm{m}}$	0.17
	受拉、受弯、受剪	$0.67f_{\mathrm{m}}$	0.20

在极限状态的设计公式中使用的是砌体强度的设计值 f，砌体强度设计值与砌体强度标准值的比值定义为砌体材料性能分项系数：

$$\gamma_f=\frac{f_{\mathrm{k}}}{f} \tag{2-22}$$

原《砌体结构设计规范》(GBJ 3—88)根据砌体材料强度的变异特性，确定 $\gamma_f=1.5$。新的《砌体结构设计规范》(GB 50003—2011)适当提高了安全度的水准，另外，考虑了施工技术和施工管理水平等对结构安全度的影响。按照不同的施工控制水平下结构的安全度不应该降低的原则，确定当施工控制等级为 B 级时，取用 $\gamma_f=1.6$；当为 C 级时，取为 $\gamma_f=1.8$。

思考题

［**2-1**］极限状态设计法与破坏阶段设计法、容许应力设计法的主要区别是什么？

［**2-2**］砌体结构的功能要求是什么？试述极限状态的种类和意义。

［**2-3**］现行砌体结构设计规范的承载力设计公式中如何体现房屋安全等级不同或房屋的设计使用期不同的影响？

［**2-4**］现行砌体结构设计规范的承载力设计公式中如何体现施工技术、施工管理水平等对结构可靠度的影响？

［**2-5**］结构功能函数的含义是什么？

［**2-6**］极限状态的种类有哪些？其意义如何？

［**2-7**］失效概率、可靠指标的意义是什么？两者的关系如何？

［**2-8**］砌体承载能力极限状态设计公式中各分项系数是按什么原则确定的？

［**2-9**］荷载的标准值、设计值是什么？两者的关系如何？

［**2-10**］砌体材料的标准值、设计值是什么？两者的关系如何？

［**2-11**］何为设计使用期？

［**2-12**］在确定砌体材料强度的设计值时，如果构件的截面尺寸过小，如何取值？

3 砌体材料及其力学性能

3.1 砌体材料

在第1章中，已给出了砌体的定义。砌体在建筑工程中常用作承重的结构材料或非承重的围护和填充材料。

3.1.1 块体

1. 砖

砖是我国砌体结构中应用最广泛的一种块体，主要有下列几种：

（1）烧结普通砖　由煤矸石、页岩、粉煤灰或黏土为主要原料，经过焙烧而成的实心砖。分烧结煤矸石砖、烧结页岩砖、烧结粉煤灰砖、烧结黏土砖等。

目前，我国生产的烧结普通砖，其标准砖的尺寸为240mm×115mm×53mm。用标准砖可砌成120mm，240mm，370mm等不同厚度的墙，依次称为半砖墙、一砖墙、一砖半墙，等等。

烧结普通砖保温、隔热、耐久性能良好，可用于各种房屋的地上及地下结构。

（2）烧结多孔砖　以煤矸石、页岩、粉煤灰或黏土为主要原料，经焙烧而成、孔洞率不大于35%，孔的尺寸小而数量多，主要用于承重部位的砖，简称多孔砖。

多孔砖具有许多优点，可减轻结构自重。由于砖厚度较大，可节约砌筑砂浆并减少工时。此外，黏土用量和电力及燃料亦可相应减少。

我国生产的多孔砖有多种形式和规格，它们的应用尚不普遍。图3-1(a)，(b)为南京生产的KM1型空心砖及其配砖，孔洞率分别为26%和18%，中间的大洞尺寸为40mm×80mm，供砌筑时抓握用。图3-1(c)为上海、西安、辽宁及黑龙江等地生产的KP1型空心砖，孔洞率为25%。图3-1(d)，(e)，(f)为西安等地生产的KP2型空心砖及其配砖。

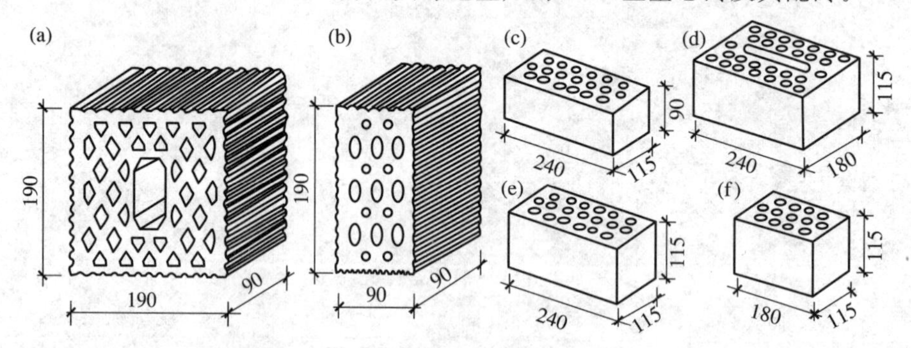

(a)，(b) KM1型空心砖；(c) KP1型空心砖；(d)，(e)，(f) KP2型空心砖

图3-1　我国主要的空心砖规格

图3-2所示的孔洞少而大的空心砖，称为大孔空心砖。用作填充墙、分隔墙的非承重大

孔空心砖,孔洞率可达40%～60%。用作承重墙体的大孔空心砖,为了避免砖的承载力降低过多,其孔洞率不应超过40%。

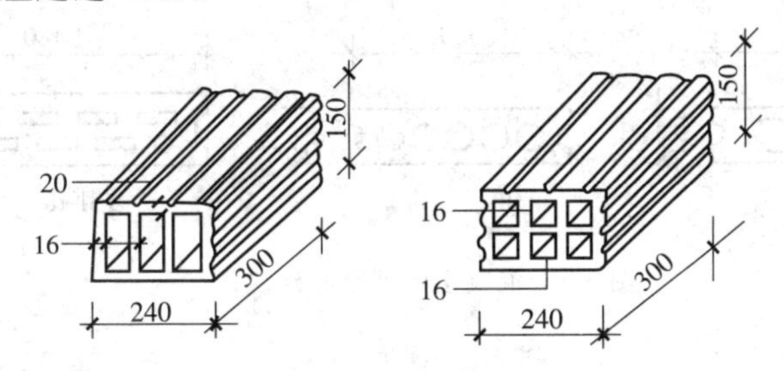

图3-2　大孔空心砖

(3) 蒸压灰砂普通砖　以石灰等钙质材料和砂等硅质材料为主要原料,经坯料制备、压制排气成型、高压蒸汽养护而成的实心砖,简称灰砂砖。

(4) 蒸压粉煤灰普通砖　以石灰、消石灰(如电石渣)或水泥等钙质材料与粉煤灰等硅质材料及集料(砂等)为主要原料,掺加适量石膏,经坯料制备、压制排气成型、高压蒸汽养护而成的实心砖,简称粉煤灰砖。

蒸压灰砂砖、蒸压粉煤灰砖不得用于长期受热200℃以上、受急冷急热和有酸性介质侵蚀的建筑部位,MU15和MU15以上的蒸压灰砂砖可用于基础及其他建筑部位,蒸压粉煤灰砖用于基础或用于受冻融和干湿交替作用的建筑部位时,必须使用一等砖。

(5) 混凝土砖　以水泥为胶结材料,以砂、石等为主要集料,加水搅拌、成型、养护制成的一种多空的混凝土半盲空砖或实心砖,包括混凝土普通砖和混凝土多孔砖。实心砖的主要规格尺寸为240mm×115mm×53mm、240mm×115mm×90mm等;多孔砖的主要规格尺寸为240mm×115mm×90mm、240mm×190mm×90mm、190mm×190mm×90mm等。

2. 砌块

砌块是尺寸较大的块体,其外形尺寸可达标准砖的6～60倍。高度不足380mm的块体,一般称为小型砌块;高度在380～900mm的块体,一般称为中型砌块;大于900mm的块体,称为大型砌块。

混凝土空心小型砌块(图3-3),是由普通混凝土或轻集料混凝土制成,其主规格尺寸为390mm×190mm×190mm,空心率不小于25%,通常为45%～50%,用于承重的双排孔或多排孔轻集料混凝土砌块,砌体的孔洞率不应大于35%。

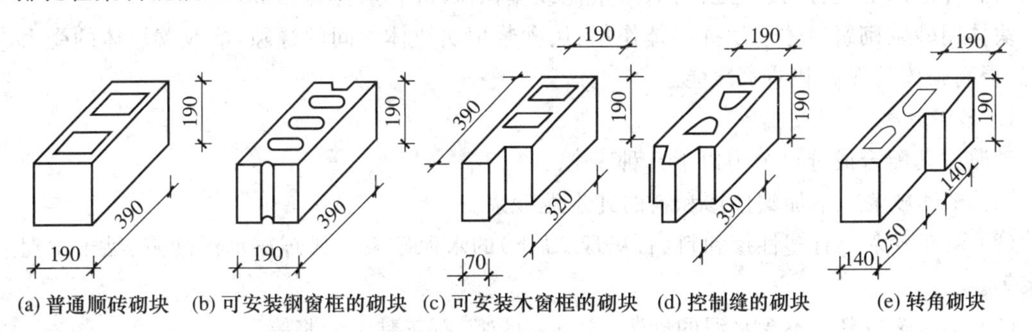

图3-3　混凝土小型空心砌块

中型、大型砌块，由于自重较大，一般需用机械吊装。如图 3-4 所示为中型砌块的几种截面形状。

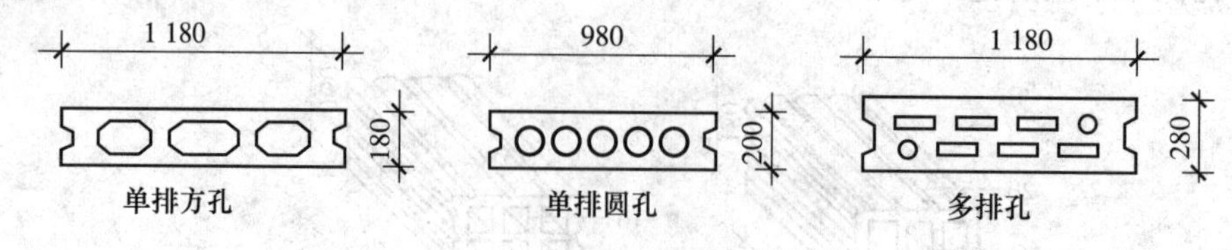

图 3-4　混凝土中型空心砌块

3. 石材

砌体中的石材应选用无明显风化的天然石材，其主要来源有重质岩石（花岗石、石灰石、砂岩）和轻质岩石。重质岩石抗压强度高、耐久性好，但导热系数大，加工也较轻质岩石困难，一般用于基础砌体和重要建筑物的贴面，不宜用作采暖地区房屋的外墙。轻质岩石抗压强度低，耐久性差，但易开采和加工，导热系数小。

石材按其加工后的外形规则程度，可分为料石和毛石。它们的规格、尺寸列于表 3-1。

表 3-1　　**石材的规格尺寸**

石材类型		规格尺寸
料石	细料石	通过细加工，外表规则，叠砌面凹入深度不应大于 10mm，截面的宽度、高度不宜小于 200mm，且不宜小于长度的 1/4
	粗料石	规格尺寸同上，但叠砌面凹入深度不应大于 20mm
	毛料石	外形大致方正，一般不加工或仅稍加修整，高度不应小于 200mm，叠砌面凹入深度不应大于 25mm
毛石		形状不规则，中部厚度不应小于 200mm

3.1.2　砂浆

砂浆，也叫灰浆或沙浆，是由胶结料（水泥、石灰）、细集料（砂）、水以及根据需要掺入的掺和料和外加剂等组分，按一定比例（重量比或体积比）混合后搅拌而成。

块体用砂浆砌筑后才能发挥整体作用；用砂浆填实块体之间的缝隙，能改善块体的受力状态，提高砌体的保温和防水性能。

1. 砂浆分类

砂浆按其配合成分可分为以下几种：

(1) 水泥砂浆　不加塑性掺和料的纯水泥砂浆。

(2) 混合砂浆　有塑性掺和料（石灰膏、黏土）的水泥砂浆。如石灰水泥砂浆、黏土水泥砂浆等。

(3) 非水泥砂浆　不含水泥的砂浆，如石灰砂浆、石灰黏土砂浆等。

2. 砂浆特性

砌筑用砂浆除强度要求外，还应具有以下特性：

(1) 流动性(或可塑性、和易性)　为了保证砌筑的效率和质量,砂浆应有适当的流动性(可塑性)。可塑性用标准锥体沉入砂浆的深度测定,根据砂浆的用途规定为:用于砖砌体的为70～100mm;用于砌块砌体的为50～70mm;用于石砌体的为30～50mm。施工时,砂浆的稠度往往由操作经验来掌握。

(2) 保水性　砂浆在存放、运输和砌筑过程中保持水分的能力称为保水性。砌筑的质量在很大程度上取决于砂浆的保水性,如果砂浆的保水性很差,新铺在砖面上的砂浆的水分很快被吸去,则使砂浆难以抹平,砂浆也可能会因失去过多水分而不能正常地硬化,从而使砌体强度下降。

砂浆的保水性以分层度表示,即将砂浆静止30min,上、下层沉入量之差宜为10～20mm。

水泥砂浆可以达到比非水泥砂浆高的强度,但其流动性与保水性较差。研究结果表明,如果砂浆的强度等级相同,用水泥砂浆砌筑的砌体比用混合砂浆砌筑的砌体强度要低。

3.1.3　块体和砂浆的强度等级

GB 50003规范规定的块体和砂浆强度等级如表3-2所列。块体和砂浆的强度等级符号分别以“MU”和“M”表示,单位为MPa(N/mm^2)。

表3-2　块体和砂浆的强度等级

砌体材料		强度等级
块体(承重结构)	烧结普通砖、烧结多孔砖	MU30,MU25,MU20,MU15和MU10
	蒸压灰砂普通砖、蒸压粉煤灰普通砖	MU25,MU20和MU15
	混凝土普通砖、混凝土多孔砖	MU30,MU25,MU20和MU15
	砌块	MU20,MU15,MU10,MU7.5和MU5
	石材	MU100, MU80, MU60, MU50, MU40, MU30和MU20
块体(自承重墙)	空心砖	MU10,MU7.5,MU5和MU3.5
	轻集料混凝土砌块	MU10,MU7.5,MU5和MU3.5
砂浆	普通砂浆	M15,M10,M7.5,M5和M2.5
	蒸压灰砂普通砖和蒸压粉煤灰普通砖专用砂浆	Ms15,Ms10,Ms7.5和Ms5
	混凝土砖、单排孔混凝土砌块和煤矸石混凝土砌块用砂浆	Mb20,Mb15,Mb10,Mb7.5和Mb5
	双排孔或多排孔轻集料混凝土砌块用砂浆	Mb10,Mb7.5和Mb5
	毛料石、毛石用砂浆	M7.5,M5和M2.5

块体的强度等级按国家标准中规定的标准试验方法得到。确定蒸压粉煤灰砖块体和掺有粉煤灰15%以上的混凝土砌块的强度等级时,砌块抗压强度应乘以自然碳化系数,无自

然碳化系数时，可取人工碳化系数的 1.15 倍。

对于承重的多孔砖及蒸压硅酸盐砖的折压比限值和用于承重的非烧结材料多孔砖的孔洞率、壁及肋尺寸限值及碳化、软化性能要求按《墙体材料应用统一技术规范》(GB 50574)的相关规定取值。

石材的强度等级，可用边长为 70mm 的立方体试块的抗压强度表示。抗压强度取三个试件破坏强度的平均值。当试件采用其他边长尺寸的立方体时，应按表 3-3 的规定对其试验结果乘以相应的换算系数后方可作为石材的强度等级。

表 3-3　　石材强度等级的换算系数

立方体边长/mm	200	150	100	70	50
换算系数	1.43	1.28	1.14	1	0.86

砂浆的强度是由 28d 龄期的每边长为 70.7mm 的立方体试件的抗压强度指标为依据，试验每组分 6 块，抗压强度按其破坏强度的平均值确定。确定砂浆强度等级时应采用同类块体为砂浆强度试块底模。

验算施工阶段新砌筑的砌体强度，因为砂浆尚未硬化，可按砂浆强度为零确定其砌体强度。

GB 50003 规范根据《混凝土小型空心砌块砌筑砂浆和灌孔混凝土》国家建材行业标准，引入了砌块专用砂浆(Mb)和专用灌孔混凝土(Cb)，蒸压灰砂普通砖和蒸压粉煤灰普通砖专用砂浆(Ms)。

3.2　砌体的种类

根据砌体中配置钢筋的多少，砌体可分为无筋砌体和配筋砌体两大类。

3.2.1　无筋砌体

按照砌体中所采用的块体种类，可以将砌体分为砖砌体、砌块砌体、石砌体等。为了保证砌体的受力性能和整体性，块体应相互搭砌，砌体中的竖向灰缝应上下错开。

1. 砖砌体

实心砖砌体通常采用一顺一丁、梅花丁和三顺一丁等砌法(图 3-5)。根据实践经验和试验研究，采用五顺一丁的砌法，砌体的抗压强度与一顺一丁的砌法相比几乎没有下降。但应注意，上下两皮丁砖间的顺砖愈多，则宽为 240mm 的两片半砖墙之间的联系愈弱，很可能形成“两片皮”而使其承载能力急剧下降。

用实心砖砌筑空斗墙，也是我国的一种传统做法。所谓空斗墙，就是将部分或全部砖立砌于墙的两侧，而在墙的中间形成空斗。目前，采用的空斗墙的厚度一般为 240mm，有一眠一斗、一眠多斗和无眠空斗(图 3-6)等形式。采用空斗墙可以节省砖和砂浆的用量，减轻砌体自重，但较费人工，其整体性和抗震性能亦较差。在新的《砌体结构设计规范》(GB 50003)中已不再给出空斗墙砌体的强度计算指标。

砖砌体的应用范围广泛，但是用于制作砖砌体最为普遍的原材料黏土现已是稀缺资源。

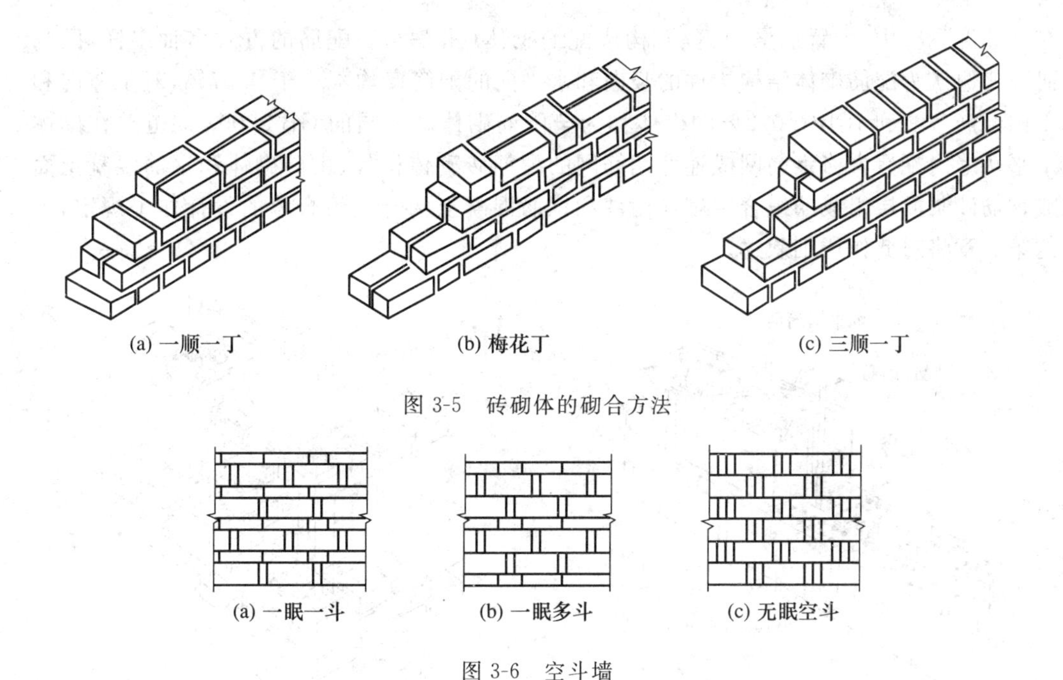

图 3-5 砖砌体的砌合方法

图 3-6 空斗墙

根据现阶段我国墙体材料革新的要求，实行限时、限地地禁止使用黏土实心砖。而烧结黏土多孔砖是现阶段墙体材料革新中的一个过渡产品，其生产和使用也将逐步受到限制。

2. 砌块砌体

目前，采用较多的砌块砌体有混凝土小型空心砌块砌体、混凝土中型空心砌块砌体和粉煤灰中型砌块砌体，它们是替代黏土实心砖砌体的主要承重砌体材料。当其采用混凝土灌孔后，又称为灌孔混凝土砌块砌体。用小型或中型砌块均可砌成 240mm，190mm，200mm 等厚度的墙体。

砌块砌体主要用于民用建筑，如宿舍、学校、办公楼以及一般工业建筑的承重墙或围护墙。

3. 石砌体

石砌体是由石材和砂浆（或混凝土）砌筑而成。石砌体分为料石砌体、毛石砌体和毛石混凝土砌体。

石砌体可就地取材，因此，在产石的山区应用较广。但料石砌体因其加工比较困难，故一般只在有较多熟练石工的地区才有条件采用。料石砌体可用作一般民用房屋的承重墙、柱和基础，还可用于建造石拱桥、石坝和涵洞等。毛石砌体因块材只有一个面较为平整，可以置于外墙面，而在中间须填入较多砂浆，因而抗压强度较低。

毛石混凝土砌体是在模板内交替铺置混凝土及形状不规则的毛石层筑成的。用于毛石混凝土中的混凝土，其含砂量应较普通混凝土高。通常，每浇灌 120～150mm 厚混凝土，再铺设一层毛石，将毛石插入混凝土中，再在石块上浇灌一层混凝土，交替地进行。毛石混凝土砌体用于一般民用房屋和构筑物的基础以及挡土墙等。

3.2.2 配筋砌体

为了提高砌体承载力和减少构件的截面尺寸，可在灰缝中，或在混凝土或砂浆面层中，或在灌孔混凝土中，配置适量的钢筋，构成配筋砌体(图 3-7)。配筋的方式多种多样，国内外研究普遍认为配筋砌体结构构件的竖向和水平向的配筋率均不小于 0.07%，对于竖向和水平向配筋率之和不小于 0.2%的砌体称为全配筋砌体。我国的 GB 50003 规范对在砌体的水平灰缝内配置方格钢筋网或连弯钢筋网的配筋砖砌体构件、由砖砌体和钢筋混凝土面层或钢筋砂浆面层组成的组合砖砌体构件和钢筋混凝土构造柱组合墙的设计作了规定，本书的第 7 章将对此作详细叙述。

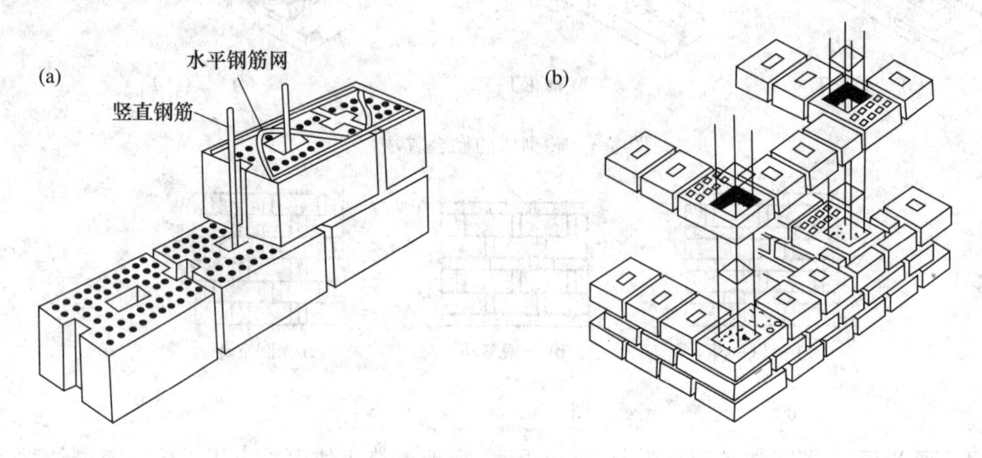

图 3-7　配筋砌体

在砌块砌体的灰缝或灌孔混凝土中配置钢筋，则形成配筋砌块砌体。新的《砌体结构设计规范》(GB 50003)中增加了配筋砌体剪力墙、连梁和柱的承载力设计计算和构造要求方面的内容。

为确保配筋砌块砌体的工程质量、整体受力性能，应采用高粘结、工作性能好和强度较高的专用砂浆，及高流态、低收缩和高强度的专用灌孔混凝土。

配筋的砌体结构具有较高的承载力和延性，改善了无筋砌体的受力性能，扩大了砌体结构的应用范围。

3.2.3　预应力砌体

预应力砌体是指在混凝土柱(带)或者空心砌块的芯柱中施加预应力，来增加对砌体的约束作用。施加预应力的主要目的是为了改善砌体的性能，把抗压强度高而抗拉、抗剪及抗弯强度较低的脆性材料构件通过施加预应力后变成具有抗拉、抗剪及抗弯能力都能满足延性要求的构件。在理论计算上可用材料力学中弹性理论的公式计算；在受力特点上预应力的作用是部分或全部抵消外荷载产生的拉应力，这是设计预应力砌体的基本出发点。

预应力砌体设计主要解决施加预应力的大小和施加预应力的位置这两个问题。外荷载所产生的拉应力为 My/I_0，预压应力为 P/A。预应力 P 有一偏心距 e，它所产生的压应力为 $P/A \pm Pe/W$，用预应力 $P/A+Pe/W$ 去抵消外荷载所产生的弯曲拉应力，同时使 $P/A-Pe/W=0$，这时构件上外荷载所产生截面的压应力不会因预应力的施加而增加 。预压应力用来抵消外荷载产生的拉应力，使构件处于无拉应力状态，即

$$\frac{P}{A}+\frac{Pe}{W}=\frac{M}{W}$$

$$\frac{P}{A}-\frac{Pe}{W}=0$$

因此，$M=\frac{2PW}{A}$，　$e=\frac{W}{A}$。

由上式可以看出，对一定的 P 值，提高 W/A 可以使截面产生较大的抗弯能力。在砌体结构中，如果施加预应力，在保证 A 相同的条件下，W 越大越好，因此预应力砌体中的计算截面一般选用横隔空心墙截面、带肋截面、U 形截面或槽形截面。

预应力砌体加强了建筑结构的整体性，结构具有良好的滞回性能提高墙体的抗裂性，延缓正常使用情况下由于温度、收缩等引起墙体的开裂。预应力可增加墙体的竖向压力，而使墙体的抗剪性能有较大的提高，同时不会增加地震荷载，建筑物抗震性能有所提高。此外，预应力砌体能克服配筋砌体中存在的钢筋粘结锚固不好而不能充分发挥钢筋作用的缺点，有效地提高了砌体的抗弯能力。由于砌块上墙时大量收缩已基本完成，而主要引起变形的砂浆层大约只占整体高度的 1/20，故预应力砌块墙体的预应力损失较小。

3.3　砌体材料的力学性能

3.3.1　砌体的受压性能

1. 块体和砂浆的受压性能

同济大学曾对砖的轴心受压性能进行过试验。从原砖中锯出 53mm×56mm×160mm 的棱柱体，将两端磨平后，再用环氧水泥把钢垫块粘在两端(图 3-8(a))，在试件的两侧贴有电阻应变片测量变形。试验观测到的试件破坏形态(图 3-8(b))及应力-应变曲线(图 3-8(c))均表明，砖是一种脆性材料。在达到极限强度(即应力峰值)前，应力-应变曲线接近于直线；在达到极限强度后，很快就达到极限变形而下降。对应于峰值应力的应变 ε_0 和极限应变 ε_u 均较小，ε_0 在 0.001～0.0015，ε_u 在 0.0011～0.0023。

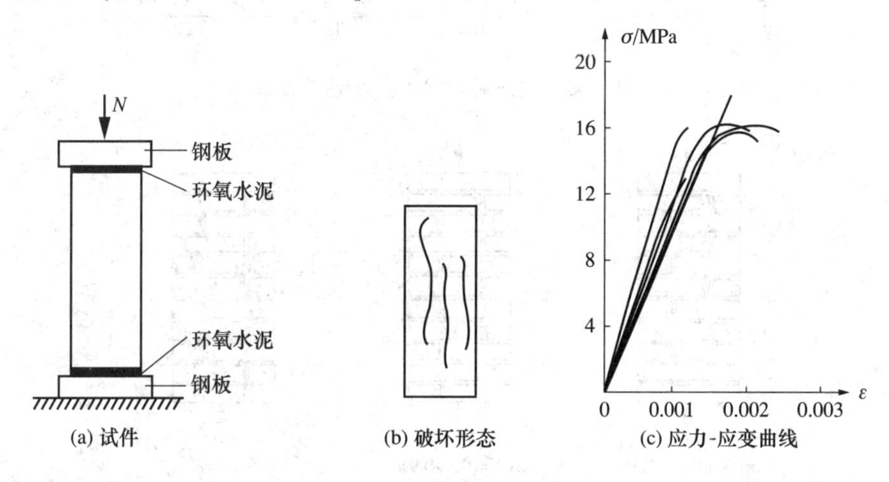

图 3-8　砖的轴心受压试验

同济大学还对棱柱体砂浆受压试件测得了应力-应变曲线(图 3-9)，试件尺寸为 70.5mm×70.5mm×211.5mm。与砖相比，砂浆的变形能力较好，峰值应变 ε_0 为 0.001 4

～0.0021，ε_u在 0.003 以上。

2. 砌体受压破坏特征

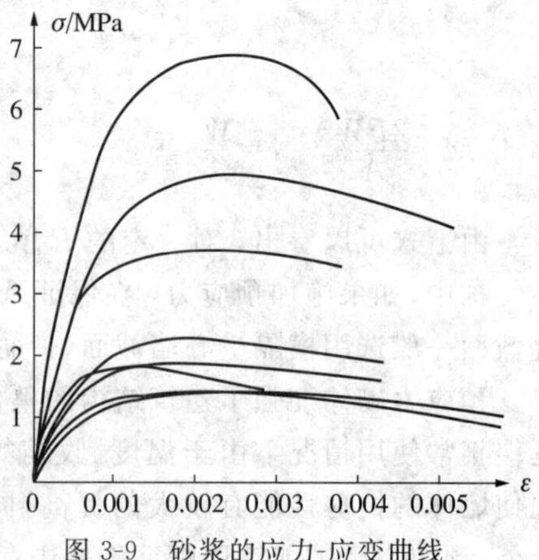

图 3-9　砂浆的应力-应变曲线

砖砌体受压试验，标准试件的尺寸为 370mm×490mm×970mm，常用的尺寸为 240mm×370mm×720mm。为了使试验机的压力能均匀地传给砌体试件，可在试件两端各加砌一块混凝土垫块，对于常用试件，垫块尺寸可采用 240mm×370mm×200mm，并配有钢筋网片。

如图 3-10 所示为从砖砌体轴心抗压试验得到的应力-应变曲线。砌体轴心受压从加荷开始直到破坏，大致经历三个阶段：① 当砌体加载达极限荷载的 50%～70%时，单块砖内产生细小裂缝。此时若停止加载，裂缝也停止扩展（图3-11(a)）。② 当加载达极限荷载的 80%～90%时，砖内的有些裂缝连通起来，沿竖向贯通若干皮砖（图 3-11(b)）。此时，即使不再加载，裂缝仍会继续扩展，砌体实际上已接近破坏。③ 当压力接近极限荷载时，砌体中裂缝迅速扩展和贯通，将砌体分成若干个小柱体，砌体最终因被压碎或丧失稳定而破坏（图 3-11(c)）。

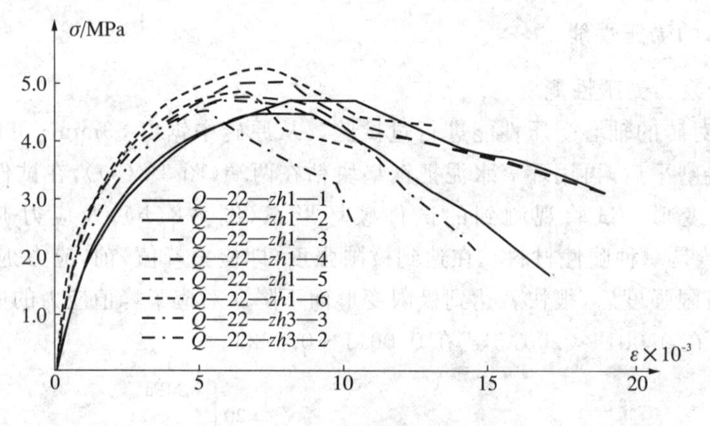

图 3-10　轴心受压砖砌体的应力-应变曲线

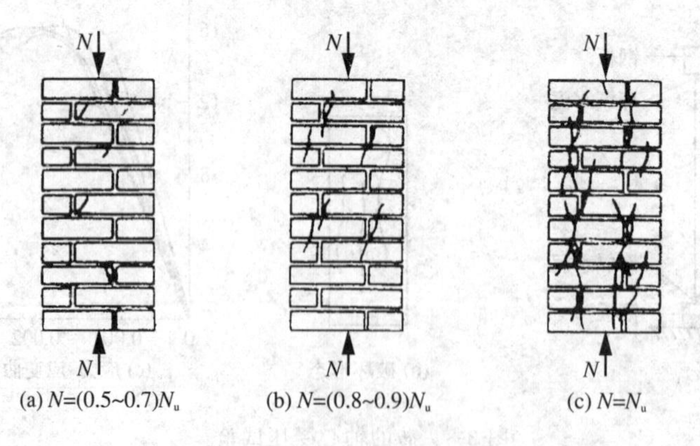

图 3-11　砖砌体的受压破坏

3. 对砌体受压破坏的讨论

根据上述砖、砂浆和砌体的受压试验结果，砖的抗压强度和弹性模量分别为 16MPa，1.3×10^4MPa；砂浆的抗压强度和弹性模量分别为 1.3～6MPa，$(0.28\sim1.24)\times10^4$MPa；砌体的抗压强度和弹性模量分别为 4.5～5.4MPa，$(0.18\sim0.41)\times10^4$MPa。可以发现：① 砖的抗压强度和弹性模量值均大大高于砌体；② 砌体的抗压强度和弹性模量可能高于、也可能低于砂浆相应的数值。

产生上述结果的原因可从受压砌体复杂的应力状态予以解释。

(1) 砌体中的砖处于复合受力状态 由于砖的表面本身不平整，再加之铺设砂浆的厚度不很均匀，水平灰缝也不很饱满，造成单块砖在砌体内并不是均匀受压，而是处于同时受压、受弯、受剪甚至受扭的复合受力状态。由于砖的抗拉强度很低，一旦拉应力超过砖的抗拉强度，就会引起砖的开裂(图 3-12)。

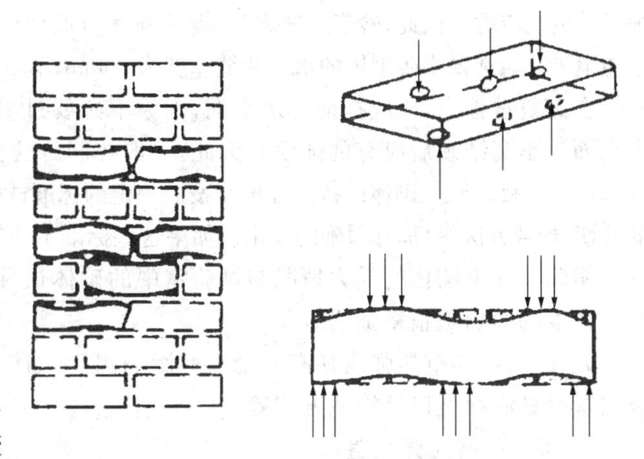

图 3-12 砌体内砖的复杂受力状态

(2) 砌体中的砖受有附加水平拉应力 由于砖和砂浆的弹性模量及横向变形系数的不同，砌体受压时要产生横向变形，当砂浆强度较低时，砖的横向变形比砂浆小，在砂浆粘着力与摩擦力的影响下，砖将阻止砂浆的横向变形，从而使砂浆受到横向压力，砖就受到横向拉力。由于砖内出现了附加拉应力，便加快了砖裂缝的出现。

(3) 竖向灰缝处存在应力集中 由于竖向灰缝往往不饱满以及砂浆收缩等原因，竖向灰缝内砂浆和砖的粘结力减弱，使砌体的整体性受到影响。因此，在位于竖向灰缝上、下端的砖内产生横向拉应力和剪应力的集中，加快砖的开裂。

4. 影响砌体抗压强度的主要因素

(1) 块体的物理力学性能 如前所述，由于砌体中的块体内处于压、弯、剪复合受力状态，砌体破坏时，块体的抗压强度并未被充分利用。研究表明，提高块体的抗压强度和加大块体的抗弯刚度，是提高砌体的抗压强度的有效途径。

对于提高砌体的抗压强度而言，提高块体的强度等级比提高砂浆的强度等级更为有效。在可能的条件下，应尽量采用强度等级较高的块体。

砌体强度随着块体厚度的增加而增加，而随着块体长度的增加而降低。因为，块体的厚度增加，其抗弯曲和抗剪切的能力亦增加，并使灰缝数量减少。反之，砖的长度增加，弯曲与剪切等不利因素亦增加，砌体强度亦随之降低。

此外，块体的形状愈规则、表面愈平整，灰缝的厚薄将愈均匀，愈有利于砌体抗压强度的提高。

(2) 砂浆的物理力学性能 采用强度等级较高的砂浆能使砌体的抗压强度有所提高。

砌体内如采用和易性好的砂浆，则在砌筑时能使灰缝厚度均匀及密实性较好，因而可改善块体内的应力状态，使砌体强度提高。但砂浆的流动性亦不能太大，否则，硬化后变形率增大，块体内受到的弯、剪应力和横向拉应力亦大，砌体强度反而有所下降。砂浆的弹性模量越大，相应砌体的抗压强度越高。

(3) *砌筑质量* 砌体是由人工砌筑的，砌筑质量对砌体强度影响很大。灰缝厚薄均匀、厚度合适、缝中灰浆饱满密实等，对块体在砌体中的受力状态很有影响。试验表明，当水平灰缝的砂浆饱满度为73％时，砌体强度即可达到规定的强度指标。故一般要求水平灰缝砂浆的饱满度不得低于80％。

水平灰缝的厚度对砌体的强度亦有一定的影响；灰缝厚度大一些，砂浆容易铺得均匀，但增加了砖的拉应力。因此，砂浆厚度愈高，砌体强度愈低；但也不能太薄，否则，连砖面凹凸部分也不能填平。通常要求砖砌体的水平灰缝厚度为10mm，不小于8mm，也不大于12mm。

在砌筑过程中，砖应提前浇水湿润，因为干砖要过多地吸去灰缝中砂浆的水分，使砂浆失水而达不到结硬后应有的强度。为此，一般控制砖的含水率为10％～15％。

(4) *其他因素* 砌体的抗压强度是按照一定的标准试验确定的，对试件的尺寸和形状、试件的龄期、加载方法等，都有明确的规定。如果这些标准不一致，所测得的抗压强度亦不相同。

实际工程中砌体的受力情况与试验室中的砌体试件的受力情况有较大差异，其对砌体抗压强度的影响是很复杂的。

此外，对砌体抗压强度还有其他一些影响因素，如块体的搭砌方式、砂浆和砖的粘结力、竖向灰缝饱满程度以及构造方式等。

5. 砌体的抗压强度值

影响砌体抗压强度的因素很多，建立一个相当精确的砌体抗压强度公式是比较困难的。几十年来，我国已积累了相当多的砌体抗压强度的试验数据。通过统计和回归分析，GB 50003规范采用了一个比较完整、统一的表达砌体抗压强度平均值的计算公式：

$$f_m = k_1 f_1^{\alpha}(1+0.07f_2)k_2 \tag{3-1}$$

式中 f_m——砌体抗压强度平均值，以MPa计；

f_1，f_2——用标准试验方法测得的块体、砂浆的抗压强度平均值，以MPa计；

α，k_1——与块体类别有关的参数，取值见表3-4；

k_2——与砂浆强度有关的参数，取值见表3-4。

用式(3-1)计算混凝土砌块砌体的轴心抗压强度平均值时，当 $f_2 > 10$MPa时，应乘系数 $1.1-0.01f_2$；对MU20的砌体，应乘系数0.95；且满足 $f_1 \geq f_2$，$f_1 \leq 20$MPa。

表3-4 砌体轴心抗压强度平均值计算公式中的参数值

块体类别	k_1	α	k_2
烧结普通砖、烧结多孔砖、蒸压灰砂普通砖、蒸压粉煤灰普通砖、混凝土普通砖、混凝土多孔砖	0.78	0.5	当 $f_2<1$ 时，$k_2=0.6+0.4f_2$
混凝土砌块、轻集料混凝土砌块	0.46	0.9	当 $f_2=0$ 时，$k_2=0.8$
毛料石	0.79	0.5	当 $f_2<1$ 时，$k_2=0.6+0.4f_2$
毛石	0.22	0.5	当 $f_2<2.5$ 时，$k_2=0.4+0.24f_2$

注：k_2 在表列条件以外时均等于1。

根据《建筑结构设可靠度计统一标准》(GB 50068)的规定，砌体强度的标准值与平均值的关系为

$$f_k = f_m(1-1.645\delta_f) \tag{3-2}$$

式中 f_k——砌体强度的标准值；

δ_f——砌体强度的变异系数，其值通过试验结果统计确定。

砌体强度的设计值则为

$$f = \frac{f_k}{\gamma_f} \tag{3-3}$$

式中，γ_f为砌体结构的材料性能分项系数。当砌体施工质量控制等级达到《砌体结构工程施工质量验收规范》(GB 50203—2011)中规定的B级水平时，取$\gamma_f=1.6$；当施工控制等级为C时，$\gamma_f=1.8$。

根据GB 50003规范，当施工质量控制等级为B级时，龄期为28d的以毛截面计算的各类砌体抗压强度设计值，可根据块体和砂浆的强度等级按附录3-1采用，其中：

(1) 烧结普通砖和烧结多孔砖砌体的抗压强度设计值，按附表3-1采用。

(2) 混凝土普通砖和混凝土多孔砖砌体的抗压强度设计值，按附表3-2采用。

(3) 蒸压灰砂砖和蒸压粉煤灰砖砌体的抗压强度设计值，按附表3-3采用。

蒸压灰砂砖砌体和蒸压粉煤灰砖砌体的抗压强度指标系采用同类砖为砂浆强度试块底模时的抗压强度指标。当采用黏土砖底模时，砂浆强度会提高，相应的砌体强度达不到规范的强度指标，砌体抗压强度降低10%左右。

(4) 单排孔混凝土和轻集料混凝土砌块砌体的抗压强度设计值，按附表3-4采用。

(5) 单排孔混凝土砌块对孔砌筑时，灌孔砌体的抗压强度设计值f_g，应按下列公式计算：

$$f_g = f + 0.6\alpha f_c \tag{3-4}$$

$$\alpha = \delta\rho \tag{3-5}$$

式中 f_g——灌孔砌体的抗压强度设计值，并不应大于未灌孔砌体抗压强度设计值的2倍；

f——未灌孔砌体的抗压强度设计值，按附表3-4采用；

f_c——灌孔混凝土的轴心抗压强度设计值；

α——砌块砌体中灌孔混凝土面积和砌体毛面积的比值；

δ——混凝土砌块的孔洞率；

ρ——混凝土砌块砌体的灌孔率，系截面灌孔混凝土面积和截面孔洞面积的比值，ρ应根据受力或施工条件确定，且不应小于33%。

根据GB 50003规范，混凝土砌块砌体的灌孔混凝土强度等级不应低于Cb20，且不应低于1.5倍的块体强度等级。灌孔混凝土的强度指标取同强度等级的混凝土强度指标。

(6) 孔洞率不大于35%的双排孔或多排孔轻集料混凝土砌块砌体的抗压强度设计值，按附表3-5采用。

多排孔轻集料混凝土砌块在我国寒冷地区应用较多，特别是我国的吉林和黑龙江地区已开始推广应用，这类砌块材料目前有火山渣混凝土、浮石、陶粒混凝土。多排孔砌块主要

考虑节能要求，排数有二排、三排和四排，孔洞率较小，砌块规格各地不一致，块体强度等级较低，一般不超过 MU10。

(7) 块体高度为 180～350mm 的毛料石砌体的抗压强度设计值，按附表 3-6 采用。

(8) 毛石砌体的抗压强度设计值，按附表 3-7 采用。

3.3.2 砌体的轴心受拉性能

1. 砌体轴心受拉破坏特征

与砌体的抗压强度相比，砌体的抗拉强度很低。按照力作用于砌体方向的不同，砌体可能发生如图 3-13 所示的三种破坏。当轴向拉力与砌体的水平灰缝平行时，砌体可能发生沿竖向及水平向灰缝的齿缝截面破坏（图 3-13(a)）；或沿块体和竖向灰缝截面破坏（图 3-13(b)）。

通常，当块体的强度等级较高而砂浆的强度等级较低时，砌体发生图 3-13(a)所示的破坏形态。此时砌体的抗拉强度主要取决于块体与砂浆连接面的粘结强度，并与齿缝破坏面水平灰缝的总面积有关。由于块体与砂浆间的粘结强度取决于砂浆的强度等级，故此时砌体的轴心抗拉强度可由砂浆的强度等级来确定。当块体的强度等级较低而砂浆的强度等级较高时，砌体则发生图 3-13(b)所示的破坏形态。此时，砌体的轴心抗拉强度取决于块体的强度等级。为防止沿块体与竖向灰缝截面的受拉破坏，需提高块体的最低强度等级。当轴向拉力与砌体的水平灰缝垂直时，砌体可能沿通缝截面破坏（图 3-13(c)）。由于灰缝的法向粘结强度是不可靠的，在设计中不允许采用沿通缝截面的轴心受拉构件。

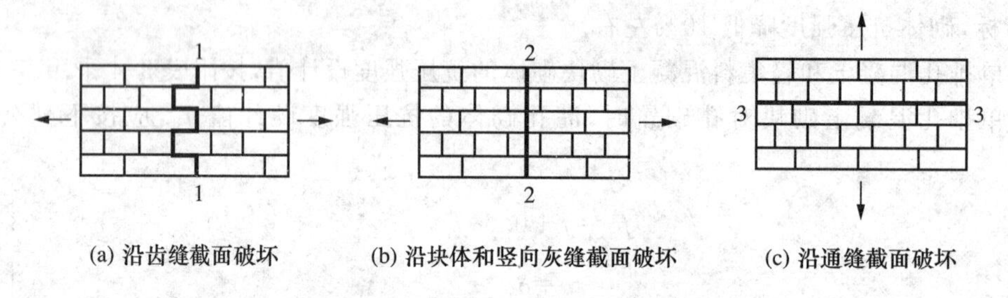

图 3-13 砖砌体轴心受拉破坏特征

应当指出，在水平灰缝内和在竖向灰缝内，砂浆与块体的粘结强度是不同的。在竖向灰缝内，由于砂浆未能很好地填满及砂浆硬化时的收缩，大大地削弱甚至完全破坏二者的粘结，因此，在计算中对竖向灰缝的粘结强度不予考虑。在水平灰缝中，当砂浆在其硬化过程中收缩时，砌体不断发生沉降，因此，灰缝中砂浆和砖石的粘结不仅未遭破坏，而且不断地增高，因而在计算中仅考虑水平灰缝的粘结强度。

2. 砌体的轴心抗拉强度值

我国的《砌体结构设计规范》(GB 50003)对砌体的轴心抗拉强度只考虑沿齿缝截面破坏的情况，表 3-5 中列出了规范采用的砌体轴心抗拉强度平均值 $f_{t,m}$ 的计算公式：

$$f_{t,m}=k_3\sqrt{f_2}$$

式中 $f_{t,m}$——砌体轴心抗拉强度平均值(MPa)；

f_2——砂浆的抗压强度平均值(MPa)；

k_3——与块体类别有关的参数，取值见表 3-5。

表 3-5　轴心抗拉强度平均值 $f_{t,m}$、弯曲抗拉强度平均值 $f_{tm,m}$ 和抗剪强度平均值 $f_{v,m}$(MPa)

块体类别	$f_{t,m}=k_3\sqrt{f_2}$	$f_{tm,m}=k_4\sqrt{f_2}$		$f_{v,m}=k_5\sqrt{f_2}$
	k_3	k_4		k_5
		沿齿缝	沿通缝	
烧结普通砖、烧结多孔砖、混凝土普通砖、混凝土空心砖	0.141	0.250	0.125	0.125
蒸压灰砂普通砖、蒸压粉煤灰普通砖	0.09	0.18	0.09	0.09
混凝土砌块	0.069	0.081	0.056	0.069
毛料石	0.075	0.113	—	0.188

根据 GB 50003 规范，当施工质量控制等级为 B 级时，龄期为 28d 的以毛截面计算的各类砌体的轴心抗拉强度设计值，可按附表 3-8 采用。

砌体沿齿缝截面破坏时，其轴心抗拉强度还与砌体的砌筑方式有关。当采用不同的砌筑方式时，块体搭接长度 l 与块体高度 h 的比值 l/h 不同，该值实际上反映了承受拉力的水平灰缝的面积大小。试验研究表明，当采用三顺一丁和全部顺砖砌筑时，砌体沿齿缝截面的轴心抗拉强度可比一顺一丁砌合方式提高 20%～50%。设计时，一般可不考虑砌筑方式对砌体轴心抗拉强度的影响；但当 l/h 值小于 1 时，GB 50003 规范规定，应将砌体沿齿缝截面破坏时的轴心抗拉设计强度乘该比值予以降低。

3.3.3　砌体的弯曲受拉性能

1. 砌体弯曲受拉破坏特征

与轴心受拉相似，砌体弯曲受拉时，也可能发生三种破坏形态：沿齿缝截面破坏(图 3-14(a))，沿砖与竖向灰缝截面破坏(图 3-14(b))以及沿通缝截面破坏(图 3-14(c))。砌体的弯曲受拉破坏形态也与块体和砂浆的强度等级有关。

与轴心受拉时相同，当灰缝粘结强度低于块体本身抗拉强度时，发生沿齿缝截面弯曲受拉破坏。当砂浆与块体之间的法向粘结强度较小时，发生沿通缝截面破坏。这两种破坏形态均与砂浆的强度等级有关。沿块体与竖向通缝截面弯曲受拉破坏主要发生于灰缝粘结强度高于块体本身抗拉强度的情况，主要取决于块体的强度等级。GB 50003 规范中通过规定块体的最低强度等级，防止沿块体与竖向灰缝截面的弯曲受拉破坏。

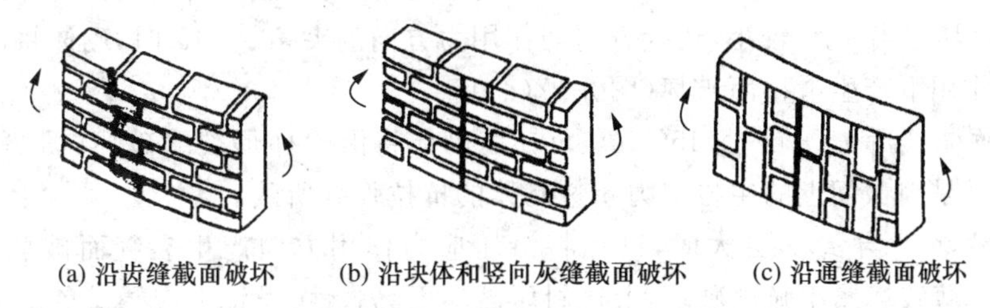

(a) 沿齿缝截面破坏　(b) 沿块体和竖向灰缝截面破坏　(c) 沿通缝截面破坏

图 3-14　砖砌体的弯曲受拉破坏形态

2. 砌体的弯曲抗拉强度

规范 GB 50003 采用的砌体弯曲抗拉强度平均值 $f_{tm,m}$ 的计算公式见表 3-5。对砌体的弯曲受拉破坏，由于工程结构中沿砖与竖向灰缝截面的弯曲受拉破坏（图 3-14(b)）可予避免，规范仅考虑了沿齿缝截面破坏和沿通缝截面破坏两种情况，而且由表 3-5 可知，砌体沿通缝截面的弯曲抗拉强度远低于沿齿缝截面的弯曲抗拉强度。

根据规范 GB 50003，当施工质量控制等级为 B 级时，龄期为 28d 的以毛截面计算的各类砌体的弯曲抗拉强度设计值，可按附表 3-8 采用。

3.3.4 砌体的受剪性能

1. 砌体受剪破坏特征

砌体的受剪破坏有两种形态：一种是沿通缝截面破坏（图 3-15(a)）；另一种是沿阶梯形截面破坏（图 3-15(b)），其抗剪强度由水平灰缝和竖向灰缝共同提供。如上所述，由于竖向灰缝不饱满，抗剪能力很低，竖向灰缝强度可不予考虑。因此，可以认为这两种破坏的砌体抗剪强度相同。

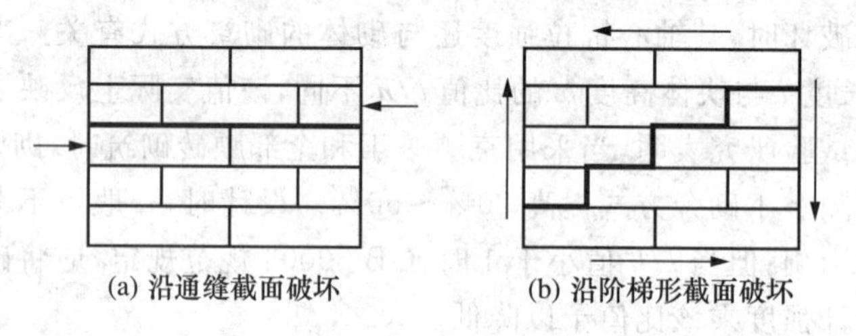

图 3-15 砌体的受剪破坏

沿通缝截面的受剪试验有多种方案，砌体可以有一个受剪面（单剪）或两个受剪面（双剪），如图 3-16 所示。不论何种方案，都不能做到真正的“纯剪”。

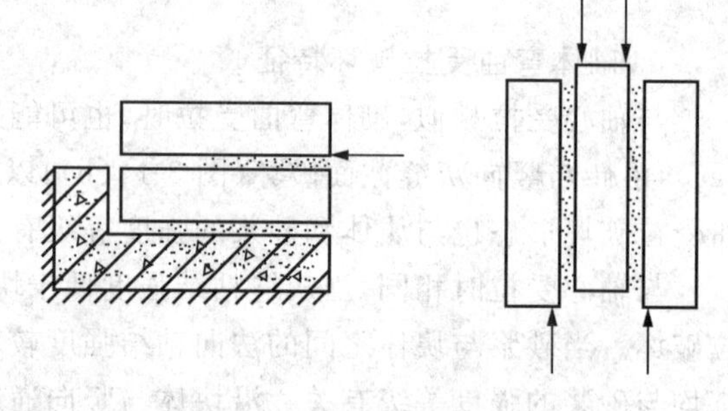

图 3-16 沿通缝截面的受剪试验方案

通常，砌体截面上受到竖向压力和水平力的共同作用，即在压弯受力状态下的抗剪问题，其破坏特征与纯剪有很大的不同。对图 3-17 所示的砌体试件，由于砌体灰缝具有不同的倾斜度，在竖向压力的作用下，通缝截面上法向压应力与剪应力之比（σ_y/τ）亦不同，在剪-压复合状态下，将产生 3 种剪切破坏形态。

(1) *剪摩破坏* 当 σ_y/τ 较小，通缝方向与作用力方向的夹角 $\theta \leqslant 45°$ 时，砌体将沿通缝受剪且在摩擦力作用下产生滑移而破坏（图 3-17(a)）。

(2) *剪压破坏* 当 σ_y/τ 较大，$45° < \theta \leqslant 60°$ 时，砌体将沿阶梯形裂缝破坏（图 3-17(b)）。这个破坏实质上是因截面上的主拉应力超过砌体的抗拉强度所致。

(3) *斜压破坏* 当 σ_y/τ 更大时，砌体将沿压应力作用方向产生裂缝而破坏（图 3-17(c)）。砌体的受剪破坏属于脆性破坏，上述斜压破坏更具脆性，设计上应予避免。

2. 影响砌体抗剪强度的因素

影响砌体抗剪强度的因素主要有以下几方面。

(1) *砂浆和块体的强度* 对于剪摩和剪压破坏形态，由于破坏沿砌体灰缝截面发生，所以砂浆强度高，抗剪强度也随之增大，此时，块体强度影响很小。对于斜压破坏形态，由于砌

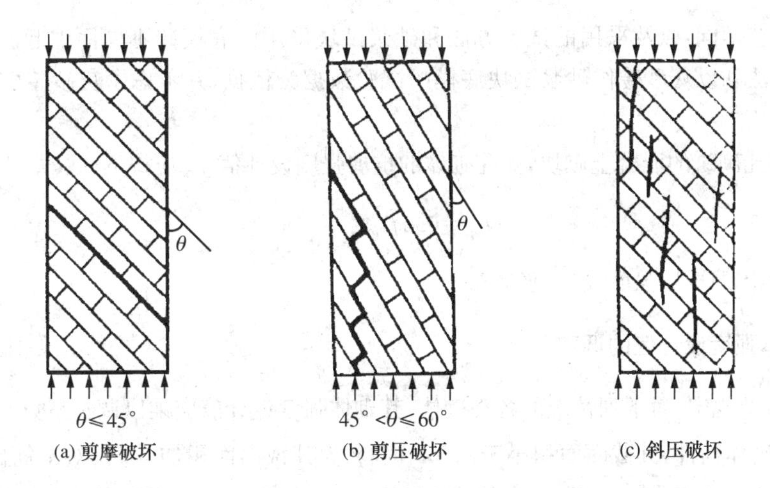

图 3-17　砌体的剪切破坏形态

体沿压力作用方向裂开，所以块体强度高，抗剪强度亦随之提高，此时，砂浆强度影响很小。

(2) *法向压应力*　当法向压应力小于砌体抗压强度 60% 的情况下，压应力愈大，砌体抗剪强度愈高。当 σ_y 增加到一定数值后，砌体的斜面上有可能因抵抗主拉应力的强度不足而产生剪压破坏，此时，竖向压力的增大，对砌体抗剪强度增加幅度不大；当 σ_y 更大时，砌体产生斜压破坏。此时，随 σ_y 的增大，将使砌体抗剪强度降低(图 3-18)。

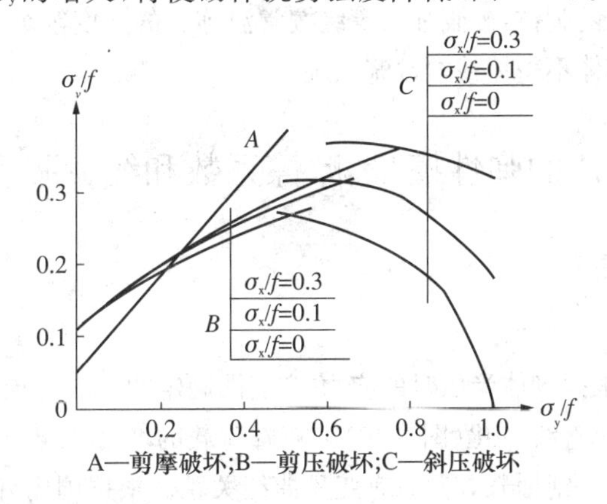

图 3-18　法向压应力对砌体抗剪强度的影响

(3) *砌筑质量*　砌体的灰缝饱满度及砌筑时块体的含水率对砌体的抗剪强度影响很大。例如，南京新型建材厂的试验表明，对于多孔砖砌体，当水平向和竖向的灰缝饱满度均为 80% 时，与灰缝饱满度为 100% 的砌体相比，抗剪强度降低 26%。

综合国内外的研究结果，砌筑时砖的含水率控制在 8%～10% 时，砌体的抗剪强度最高。

(4) *其他因素*　砌体抗剪强度除与上述因素有关外，还与试件形式、尺寸及加载方式等有关。

3. 砌体的抗剪强度值

GB 50003 规范采用的砌体抗剪强度平均值 $f_{v,m}$ 的计算公式见表 3-5。

根据 GB 50003 规范，当施工质量控制等级为 B 级时，龄期为 28d 的以毛截面计算的各类砌体的抗剪强度设计值，可按附表 3-8 采用。

灰砂砖砌体的抗剪强度各地区的试验数据有差异，主要原因是各地区生产的灰砂砖所用砂的细度和生产工艺不同，以及采用的试验方法和砂浆试块采用的底模砖不同而引起。GB 50003规范是以双剪方法和以灰砂砖作砂浆试块底模的试验数据为依据，并考虑了灰砂砖砌体通缝抗剪强度的变异。

单排孔且对孔砌筑的混凝土砌块，灌孔砌体的抗剪强度设计值 f_{vg} 应按下列公式计算：

$$f_{vg}=0.2f_g^{0.55} \tag{3-6}$$

式中，f_g 为灌孔砌体的抗压强度设计值(MPa)。

3.3.5 砌体强度设计值的调整

GB 50003 规范规定，对下列情况的各类砌体，其砌体强度设计值应乘以调整系数 γ_a：

(1) 对无筋砌体构件，其截面面积小于 0.3m² 时，γ_a 为其截面面积加 0.7。对配筋砌体构件，当其中砌体截面面积小于 0.2 m² 时，γ_a 为其截面面积加 0.8。这是考虑截面较小的砌体构件，局部碰损或缺陷对强度影响较大而采用的调整系数，此时，构件截面面积以 m² 计。

(2) 当砌体用强度等级小于 M5.0 的水泥砂浆砌筑时，对附录 3-1 中各表的数值，γ_a 为 0.9；对附录 3-2 中附表 3-8 的数值，γ_a 为 0.8。

(3) 当验算施工中房 屋的构件时，γ_a 为 1.1。

施工阶段砂浆尚未硬化的新砌砌体的强度和稳定性，可按砂浆强度为零进行验算。对于冬期施工采用掺盐砂浆法施工的砌体，砂浆强度等级按常温施工的强度等级提高一级时，砌体强度和稳定性可不验算。配筋砌体不得用掺盐砂浆法施工。

3.4 砌体的弹性模量、摩擦系数和线膨胀系数

3.4.1 砌体的弹性模量

1. 砌体的弹性模量

砌体的弹性模量 E，是根据砌体受压时的应力-应变图确定的。因为砖砌体为弹塑性材料，受压一开始，应力与应变即不成直线变化(图 3-10)。随着荷载的增加，变形增长逐渐加快，在接近破坏时，荷载增加很小，变形急剧增长，应力-应变呈曲线关系。根据国内外资料，其应力-应变关系曲线可按下列对数规律采用：

$$\varepsilon=-\frac{1}{\xi}\ln\left(1-\frac{\sigma}{f_m}\right) \tag{3-7}$$

式中 f_m——砌体抗压强度平均值(MPa)；

ξ——砌体变形的弹性特征值。由式(3-7)可知，当 σ/f_m 比值保持不变时，砌体的变形随弹性特征值 ξ 加大而降低。

由式(3-7)，可求得砌体的切线模量为

$$E'=\frac{d\sigma}{d\varepsilon}=\xi f_m\left(1-\frac{\sigma}{f_m}\right) \tag{3-8}$$

令 $\frac{\sigma}{f_m}=0$，即得初始弹性模量为

$$E_0=\xi f_m \tag{3-9}$$

砌体的初始弹性模量 E_0，用试验方法是较难测定且不容易测准的。GB 50003 规范将砌体弹性模量 E 取为应力-应变曲线上应力为 $0.43f_m$ 处的割线模量。由式(3-7)不难求得

$$E=\frac{\sigma}{\varepsilon}=\frac{0.43f_m}{-\frac{1}{\xi}\ln(1-0.43)}=0.765\xi f_m\approx 0.8\xi f_m \tag{3-10}$$

比较式(3-9)和式(3-10)，则有

$$E=0.8E_0 \tag{3-11}$$

根据对砌体变形的量测结果，砌体弹性特征值 ξ 随砌块强度的增高和灰缝厚度的加大而降低，随料石厚度的增大和砂浆强度的提高而增大。这是因为高强度料石砌体强度大于砂浆强度，在应力 $\sigma=0.43f_m$ 时，亦高于砂浆强度。当砂浆等级、灰缝厚度和砌筑方法一定时，砌体强度(亦即块体强度)增大，$0.43f_m$ 大于砂浆强度将更多。因此，这时砌体变形亦较大，即 ξ 将降低。根据砖砌体的试验统计结果，当式(3-10)中取 $\xi=460\sqrt{f_m}$ 时，计算值与试验值吻合较好。

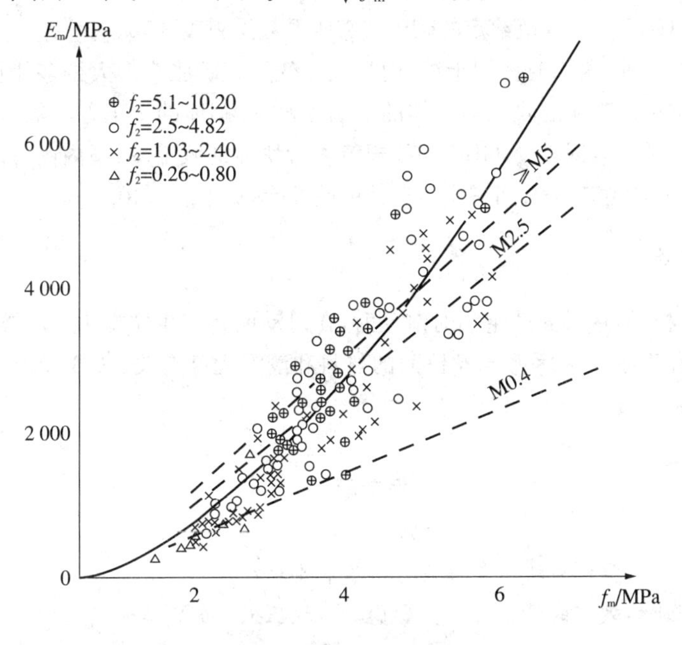

图 3-19　砌体弹性模量

为了使用上的简便，GB 50003 规范对不同强度砂浆砌筑的砌体的弹性模量，取用与砌体抗压强度成正比的关系，如图 3-19 中的虚线所示；其数值可直接查用附表 3-9。

石材的弹性模量远高于砂浆的弹性模量，因此，砌体变形主要决定于水平灰缝内砂浆的变形。故附表 3-9 中石砌体弹性模量，仅按砂浆强度等级来确定其弹性模量。

单排孔且对孔砌筑的混凝土砌块灌孔砌体的弹性模量，应按下列公式计算：

$$E=2000f_G \tag{3-12}$$

式中，f_G 为灌孔砌体的抗压强度设计值(MPa)。

2. 砌体的剪变模量

砌体的剪变模量，根据材料力学公式为

$$G=\frac{E}{2(1+\nu)} \tag{3-13}$$

式中，ν 为泊松比，为砌体在轴心受压情况下，产生的横向变形与纵向变形的比值。

砌体的泊松比分散性很大，根据国内大量试验结果，砖砌体的 $\nu=0.1\sim0.2$，其平均值取 $\nu=0.15$；砌块砌体 $\nu=0.3$。代入式(3-13)，砖砌体和砌块砌体的剪变模量分别约为$0.43E$和 $0.38E$。GB 50003 规范建议，对各类砌体，剪变模量可按弹性模量的 0.4 倍采用，烧结普通砖砌体的泊松比可取 0.15。

3.4.2 线膨胀系数和收缩率

分析砌体在温度作用下的变形性能，需要知道砌体的线膨胀系数。试验表明，砖在受热时强度提高；砂浆在不超过 400℃时，抗压强度不降低，但当温度超过 600℃时，其强度降低 10%；砂浆受低温作用时，强度明显降低。考虑到工程中砌体将受到冷热循环作用，因此在计算受热砌体时一般不考虑砌体强度提高的有利影响。对于采用普通黏土砖和普通砂浆的砌体，要求其最高受热温度低于 400℃。GB 50003 规范给定的砌体线膨胀系数见附表 3-10。

砌体浸水时体积膨胀，失水时体积干缩，而且收缩变形较膨胀变形大得多，因此工程中对砌体的干缩变形十分重视。砌体的收缩与块体的上墙含水率、砌体的施工方法等有密切关系。因国内关于砌体收缩的试验数据较少，GB 50003 规范参考块体的收缩率、国内已有的试验数据，并参考 ISO/TC179/SCI 的规定，经分析确定了砌体的收缩率，见附表 3-10。

3.4.3 摩擦系数

当砌体与其他材料沿接触面产生相对滑动时，在滑动面将产生摩擦力。摩擦力的大小与法向压力和摩擦系数有关，而摩擦系数与摩擦面的材料和潮湿程度有关。GB 50003 规范给定的砌体的摩擦系数见附表 3-11。

思考题

[3-1] 砌体有哪些种类？对块体与砂浆有何基本要求？

[3-2] 轴心受压砌体破坏的特征如何？影响砌体抗压强度的因素有哪些？

[3-3] 如何解释砌体抗压强度远小于块体的强度等级而又大于砂浆强度等级较小时的砂浆强度等级？

[3-4] 当砌体受压、受拉、受弯和受剪时，破坏形态如何？

[3-5] 水平灰缝和竖向灰缝对砌体的设计强度影响如何？

[3-6] 在哪些情况下，需对砌体强度设计值进行调整？为什么？

[3-7] 砌体的受压弹性模量是如何确定的？它有哪些影响因素？

[3-8] 在确定砌体材料强度的设计值时，如果构件的截面尺寸过小将如何取值？

附录 3-1　砌体抗压强度设计值

附表 3-1　　**烧结普通砖和烧结多孔砖砌体的抗压强度设计值**　　**MPa**

砖强度等级	砂浆强度等级					砂浆强度
	M15	M10	M7.5	M5	M2.5	0
MU30	3.94	3.27	2.93	2.59	2.26	1.15
MU25	3.60	2.98	2.68	2.37	2.06	1.05
MU20	3.22	2.67	2.39	2.12	1.84	0.94
MU15	2.79	2.31	2.07	1.83	1.60	0.82
MU10	—	1.89	1.69	1.50	1.30	0.67

附表 3-2　　**混凝土普通砖和混凝土多孔砖砌体的抗压强度设计值**　　**MPa**

砖强度等级	砂浆强度等级					砂浆强度
	M20	M15	M10	M7.5	M5	0
MU30	4.61	3.94	3.27	2.93	2.59	1.15
MU25	4.21	3.60	2.98	2.68	2.37	1.05
MU20	3.77	3.22	2.67	2.39	2.12	0.94
MU15	—	2.97	2.31	2.07	1.83	0.82

附表 3-3　　**蒸压灰砂普通砖和蒸压粉煤灰普通砖砌体的抗压强度设计值**　　**MPa**

砖强度等级	砂浆强度等级				砂浆强度
	M15	M10	M7.5	M5	0
MU25	3.60	2.98	2.68	2.37	1.05
MU20	3.22	2.67	2.39	2.12	0.94
MU15	2.79	2.31	2.07	1.83	0.82

注：当采用专用砂浆砌筑时，其抗压强度设计值按表中数值采用。

附表 3-4 单排孔混凝土和轻集料混凝土砌块砌体的抗压强度设计值 MPa

砌块强度等级	砂浆强度等级					砂浆强度
	Mb20	Mb15	Mb10	Mb7.5	Mb5	0
MU20	6.30	5.68	4.95	4.44	3.94	2.33
MU15	—	4.61	4.02	3.61	3.20	1.89
MU10	—	—	2.79	2.50	2.22	1.31
MU7.5	—	—	—	1.93	1.71	1.01
MU5	—	—	—	—	1.19	0.70

注：① 对错孔砌筑的砌体，应按表中数值乘以 0.8；

② 对 T 形截面砌体，应按表中数值乘以 0.85。

附表 3-5 双排孔或多排孔轻集料混凝土砌块砌体的抗压强度设计值 MPa

砌块强度等级	砂浆强度等级			砂浆强度
	Mb10	Mb7.5	Mb5	0
MU10	3.08	2.76	2.45	1.44
MU7.5	—	2.13	1.88	1.12
MU5	—	—	1.31	0.78
M3.5	—	—	0.95	0.56

注：① 表中的砌块为火山灰、浮石和陶粒轻集料混凝土砌块；

② 对厚度方向为双排组砌的轻集料混凝土砌块的抗压强度设计值，应按表中数值乘以 0.8。

附表 3-6 块体高度为 180～350mm 的毛料石砌体的抗压强度设计值 MPa

毛料石强度等级	砂浆强度等级			砂浆强度
	M7.5	M5	M2.5	0
MU100	5.42	4.80	4.18	2.13
MU80	4.85	4.29	3.73	1.91
MU60	4.20	3.71	3.23	1.65
MU50	3.83	3.39	2.95	1.51
MU40	3.43	3.04	2.64	1.35
MU30	2.97	2.63	2.29	1.17
MU20	2.42	2.15	1.87	0.95

注：对下列各类料石砌体，应按表中数值分别乘以以下系数：细料石砌体为 1.5；粗料石砌体为 1.2；干砌勾缝石砌体为 0.8。

附表 3-7 　　毛石砌体的抗压强度设计值　　MPa

毛石强度等级	砂浆强度等级			砂浆强度
	M7.5	M5	M2.5	0
MU100	1.27	1.12	0.98	0.34
MU80	1.13	1.00	0.87	0.30
MU60	0.98	0.87	0.76	0.26
MU50	0.90	0.80	0.69	0.23
MU40	0.80	0.71	0.62	0.21
MU30	0.69	0.61	0.53	0.18
MU20	0.56	0.51	0.44	0.15

附录 3-2　砌体的抗拉强度和抗剪强度设计值

附表 3-8 　　沿砌体灰缝截面破坏时砌体的轴心抗拉强度设计值、弯曲抗拉强度设计值和抗剪强度设计值　　MPa

强度类别	破坏特征及砌体种类		砂浆强度等级			
			≥M10	M7.5	M5	M2.5
轴心抗拉	沿齿缝	烧结普通砖、烧结多孔砖	0.19	0.16	0.13	0.09
		混凝土普通砖、混凝土多孔砖	0.19	0.16	0.13	—
		蒸压灰砂普通砖、蒸压粉煤灰普通砖	0.12	0.10	0.08	—
		混凝土和轻集料混凝土砌块	0.09	0.08	0.07	—
		毛石	0.08	0.07	0.06	0.04
弯曲抗拉	沿齿缝	烧结普通砖、烧结多孔砖	0.33	0.29	0.23	0.17
		混凝土普通砖，混凝土多孔砖	0.33	0.29	0.23	—
		蒸压灰砂普通砖、蒸压粉煤灰普通砖	0.24	0.20	0.16	—
		混凝土和轻集料混凝土砌块	0.11	0.09	0.08	—
		毛石	—	0.11	0.09	0.07
	沿通缝	烧结普通砖、烧结多孔砖	0.17	0.14	0.11	0.08
		混凝土普通砖、混凝土多孔砖	0.17	0.14	0.11	—
		蒸压灰砂普通砖、蒸压粉煤灰普通砖	0.12	0.10	0.08	—
		混凝土和轻集料混凝土砌块	0.08	0.06	0.05	—
抗剪	烧结普通砖、烧结多孔砖		0.17	0.14	0.11	0.08
	混凝土普通砖、混凝土多孔砖		0.17	0.14	0.11	—
	蒸压灰砂普通砖、蒸压粉煤灰普通砖		0.12	0.10	0.08	—
	混凝土和轻集料混凝土砌块		0.09	0.08	0.06	—
	毛石		—	0.19	0.16	0.11

注：① 对于用形状规则的块体砌筑的砌体，当搭接长度与块体高度的比值小于 1 时，其轴心抗拉强度设计值 f_t 和弯曲抗拉强度设计值 f_{tm} 应按表中数值乘以搭接长度与块体高度比值后采用；

② 表中数值是依据普通砂浆砌筑的砌体确定，采用经研究性试验且通过技术鉴定的专用砂浆砌筑的蒸压灰砂普通砖、蒸压粉煤灰普通砖砌体，其抗剪强度设计值按相应普通砂浆强度等级砌筑的烧结普通砖砌体采用；

③ 对混凝土普通砖，混凝土的孔砖、混凝土和轻集料混凝土砌块砌体，表中的砂浆强度等级分别为：≥Mb10，Mb7.5 及 Mb5。

附录 3-3 砌体的弹性模量、线膨胀系数和收缩率、摩擦系数

附表 3-9 砌体的弹性模量 MPa

砌体种类	砂浆强度等级			
	≥M10	M7.5	M5	M2.5
烧结普通砖、烧结多孔砖砌体	$1600f$	$1600f$	$1600f$	$1390f$
混凝土普通砖、混凝土多孔砖砌体	$1600f$	$1600f$	$1600f$	—
蒸压灰砂普通砖、蒸压粉煤灰普通砖砌体	$1060f$	$1060f$	$1060f$	—
非灌孔混凝土砌块砌体	$1700f$	$1600f$	$1500f$	—
粗料石、毛料石、毛石砌体	—	5650	4000	2250
细料石砌体	—	17000	12000	6750

注：① 轻集料混凝土砌块砌体的弹性模量可按表中混凝土砌块砌体的弹性模量采用；
② 表中抗压强度设计值不进行强度调整；
③ 表中砂浆为普通砂浆，采用专用砂浆砌筑的砌体的弹性模量也按此表取值；
④ 对于混凝土普通砖、混凝土多孔砖、混凝土和轻集料混凝土砌块砌体，表中的砂浆强度等级分别为：≥Mb10，Mb7.5 和 Mb5；
⑤ 对蒸压灰砂普通砖和蒸压粉煤灰普通砖砌体，当采用专用砂浆砌筑时，其强度设计值按表中数值采用。

附表 3-10 砌体的线膨胀系数和收缩率

砌体类别	线膨胀系数/($\times 10^{-6}$/°C)	收缩率/(mm/m)
烧结黏土砖砌体	5	−0.1
蒸压灰砂普通砖、蒸压粉煤灰普通砖砌体	8	−0.2
混凝土普通砖、混凝土多孔砖、混凝土砌块砌体	10	−0.2
轻集料混凝土砌块砌体	10	−0.3
料石和毛石砌体	8	—

注： 表中的收缩率系由达到收缩允许标准的块体砌筑 28d 的砌体收缩率，当地方有可靠的砌体收缩试验数据时，亦可采用当地的试验数据。

附表 3-11 砌体的摩擦系数

材料类别	摩擦面情况	
	干燥的	潮湿的
砌体沿砌体或混凝土滑动	0.70	0.60
砌体沿木材滑动	0.60	0.50
砌体沿钢滑动	0.45	0.35
砌体沿砂或卵石滑动	0.60	0.50
砌体沿粉土滑动	0.55	0.40
砌体沿黏性土滑动	0.50	0.30

4 砌体房屋结构的形式和内力分析

无筋砌体材料的显著特性是基本上不能受拉。这一特性就决定了砌体结构的形式。

在设计如图 4-1 所示的悬臂式结构时，在砌体内不产生拉力的条件下，当仅承受竖向荷载时，在任一水平截面处竖向力必须作用在截面的“核心区”内；考虑承受很小的拉应力时，仅仅使核心区稍稍扩大。当同时承受竖向荷载和水平力时，如图 4-2 所示，设图中构件的厚度为 b，则不产生拉应力的条件为（假定竖向荷载作用于形心）

$$\frac{N+G}{bB}-\frac{6PH}{bB^{2}}>0 \tag{4-1}$$

即

$$\frac{H}{B}<\frac{N+G}{6P} \tag{4-2}$$

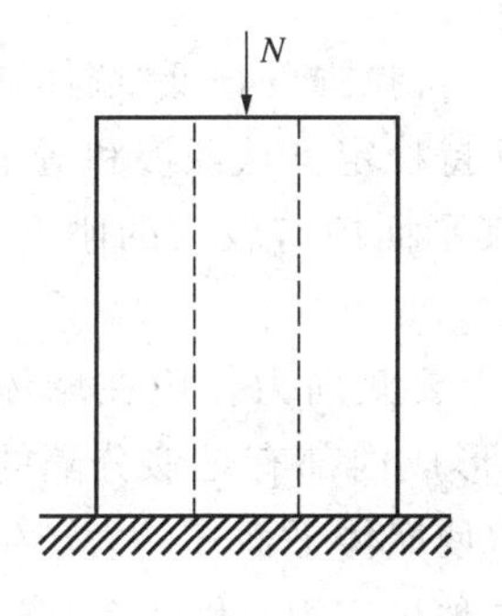

图 4-1　力作用在截面的核心区内

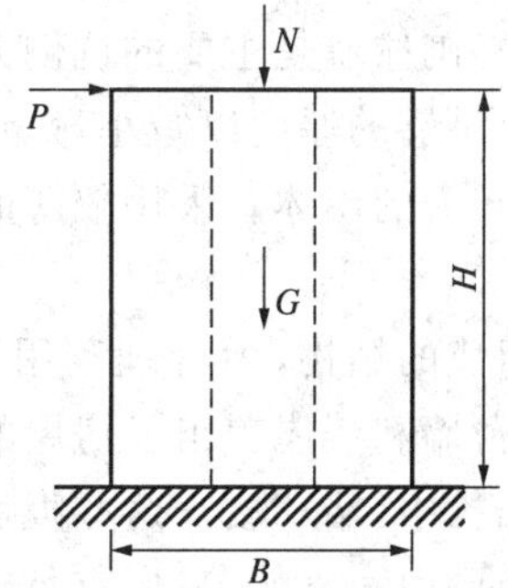

图 4-2　承受水平和竖向力的悬臂构件

这说明这种悬臂结构的高宽比 H/B 的限值与结构的总竖向力$(N+G)$成正比，与侧向力 P 成反比。在结构承受地震作用时，侧向力是与结构自重 G 成比例的惯性力 αG，这时，在 $N=0$ 的情况下，式(4-2)变为

$$\frac{H}{B}<\frac{1}{\eta\alpha} \tag{4-3}$$

其中 $\eta\alpha$ 为与侧向力分布和地震烈度、传递特性有关的常数。可见，当 $\eta\alpha$ 给定时，这种悬臂结构的高宽比的上限值也就给定了。当考虑砌体材料能承受很小的拉应力时，上述限值仅仅相应地稍放宽而已。

从上述分析可见，单片砌体墙在其受侧向力方向的高宽比受到上述限制。显然，对于墙，应使侧向力作用在墙水平截面较宽的方向，即作用在墙的平面内才是较合理的，如图4-3所示。这样，对同样的墙体才能造出较高的高度。在设计砌体结构时，可以这样认为：墙在其平面外承受水平力的能力是很小的，所有的侧向力都应传递到与该力作用方向相平行的墙体中。总之，如何巧妙地

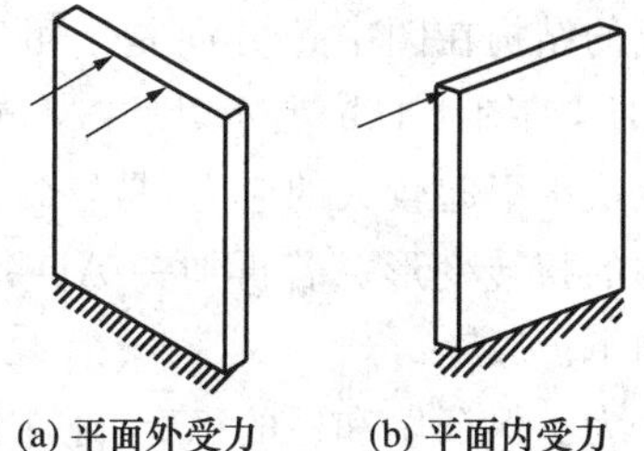

(a) 平面外受力　　(b) 平面内受力

图 4-3　平面外和平面内受力的墙体

在变化丰富的砌体结构形式中实现砌体材料仅承受压应力(压应力不得超过设计值)或者使其拉应力不超过设计值,正是砌体结构设计艺术的要点所在。人们在长期的实践中,针对砌体材料的特性总结出了一些成功的范式。一方面,要学习这些成功的范式用以设计一般的砌体结构;另一方面,也应理解砌体结构设计艺术的要点,以便能创造性地运用砌体材料的特性设计出新颖的结构。

4.1 砌体房屋结构的形式和组成

砌体房屋一般由墙、柱、楼屋盖组成。墙一般采用砌体;柱可为砌体或钢筋混凝土;楼、屋盖一般为钢筋混凝土,也可用配筋砌体或木材。钢筋混凝土楼屋盖的设计可参阅混凝土结构教材。由砌体墙和钢筋混凝土楼屋盖组成的房屋常称为"混合结构"房屋。由钢筋混凝土内柱和楼屋面大梁组成框架,而外墙仍为砌体的,称为"内框架结构"房屋。底层为实现大空间而采用钢筋混凝土框架,二层以上仍为混合结构的,称为"底层框架"砌体房屋。

如前所述,砌体的主要特点是其抗拉强度很低。因此,组成砌体房屋结构的基本原则就是选取合理的结构形式以减小砌体中的拉应力。

在砌体结构中,砌体墙是主要的抗侧力构件。由于砌体的抗拉强度很低,墙体在侧向力作用的方向必须有足够的厚度以减小弯矩引起的拉应力并保持稳定。从经济和适用的角度考虑,一般宜采用较薄的墙体。采用较薄的墙体时,墙体在其平面内有较大的刚度,而出平面的刚度则较小。

对由薄墙体组成的结构,为合理利用墙体的特性,应使主要侧向力作用在墙体的平面内。因此,这种由薄墙和楼屋盖组成房屋的基本形式是使其形成内部有足够分隔的"盒子"状结构。在盒子结构中,墙和楼盖这些板块互为依托和支撑,使墙体平面外受力产生的拉应力保持在容许的范围内。显然,只要有足够的分隔,就可使这种拉应力足够小。但这种分隔的缺点是难以在房屋内部形成大空间,好在一般住宅并不需要太大的空间,故砌体结构很适合用于建造住宅类房屋。

为了减小砌体内的拉应力,最有效的方法是采用弧线或拱式的结构。我国古代用砌体建造的塔楼,以及西方用砌体建造的教堂,其大范围的墙体常为弧线形的。

然而,采用钢筋混凝土楼屋盖是"现代"砌体结构房屋的标志。由于钢筋混凝土楼屋盖能有效地抵抗弯矩,故房屋可以有较大的窗户和较大的内部空间,这种空间的尺度主要受楼屋盖所能达到的跨度的限制。

墙和楼屋盖可统称为"板块"。在一定的比例范围内,板块的平面内变形是小到可以不计的,可以认为其平面内是刚性的。这样,由三个板块如图 4-4(a)所示那样连接起来,这样形成的结构在图中 x 方向是不可变形的,但在 y 方向则是可变形的。若再增加一个板块 BCHF,如图 4-4(b)所示,则在 y 方向,理论上是不可变形的,实际上,由于有扭转的趋势,会在板块内引起较大的应力,易导致破坏,且实际上(考虑板块在平面内非绝对刚性时)会引起结构的扭转变形。若再加一 ADGE 板块,如图 4-4(c),则整个结构在任何方向都是不可变形的了。

为了保证墙和柱的稳定,还应限制其高厚比,即墙或柱在所考虑的弯曲方向的计算高度与截面高度之比。关于高厚比验算的详细内容将在第 5 章讲述。

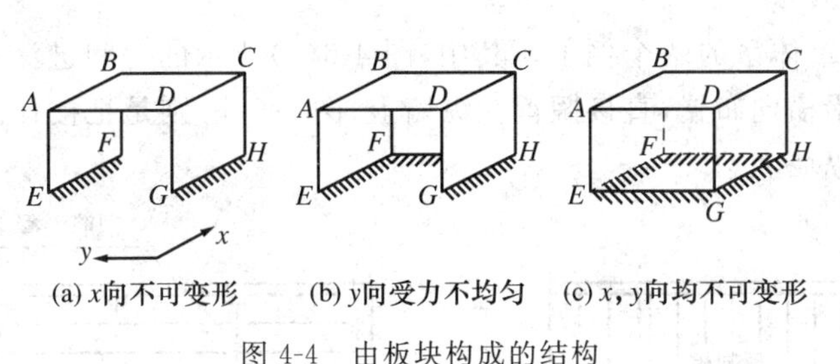

图 4-4　由板块构成的结构

4.2　砌体结构的布置

砌体结构房屋的形式可以是千变万化的。由于社会和经济等原因，平面以矩形为主的结构形式得到了较广泛的应用。称此矩形的短边方向为横向，称矩形的长边方向为纵向；相应方向的墙则分别称为横墙和纵墙。在这种布置下，按竖向荷载传递方式的不同，有下列方案可供选择：① 横墙承重体系；② 纵墙承重体系；③ 纵、横墙承重体系；④ 底层框架或内框架承重体系。

4.2.1　横墙承重体系

当楼屋盖的荷载主要传递到横墙时，相应的承重体系称为横墙承重体系。对于这种体系，当楼屋盖仅由单向板组成时，单向板就直接搁置在横墙上；当楼屋盖为单向板肋梁结构时，则其主梁搁置在横墙上。

图 4-5 为一横墙承重体系。房屋的每个开间都设置横墙，楼板和屋面板沿房屋的纵向搁置在横墙上。

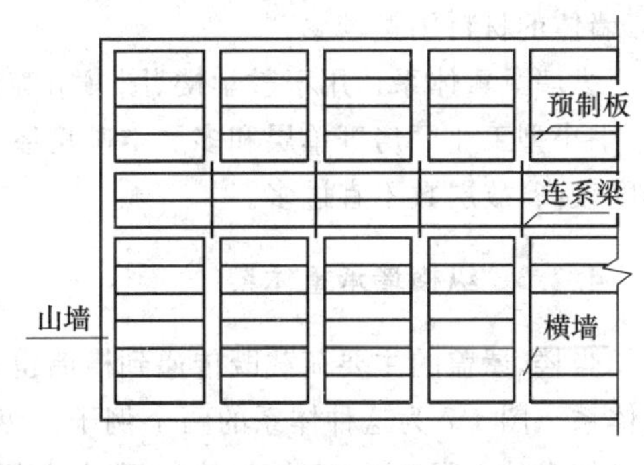

图 4-5　横墙承重体系

横墙承重体系有如下特点：① 纵墙的作用主要是围护、隔断以及与横墙拉结在一起，保证横墙的侧向稳定；对纵墙上设置门窗洞口的限制较少，外纵墙的立面处理比较灵活。② 横墙间距较小，一般为 3～4.5m，纵、横墙及楼屋盖一起形成刚度很大的空间受力体系，整体性好。对抵抗沿横墙方向的水平作用（风、地震）较为有利，也有利于调整地基的不均匀沉降。③ 结构简单，施工方便，楼盖的材料用量较少，但墙体的用料较多。

横墙承重体系开间较小，适用于宿舍、住宅、旅馆等居住建筑和由小房间组成的办公楼等。横墙承重体系的承载力和刚度比较容易满足要求，且由于墙体材料承载力的利用程度较低（潜力较大），故可用于建造较高的房屋。在我国，这类房屋已建到 11～12 层。

4.2.2　纵墙承重体系

在上述对横墙承重的定义中，把横墙换成纵墙，就变成了对纵墙承重的定义。也就是说，当楼屋盖的荷载主要传递到纵墙时，相应的承重体系称为纵墙承重体系。

图 4-6 为纵墙承重体系的两个例子。其中，图 4-6(a)所示的房间进深相对较小而宽度相对较大，故把楼板沿横向布置，直接搁置在纵墙上；图 4-6(b)则是把楼板沿纵向铺设在大梁上，大梁再搁置在纵墙上。

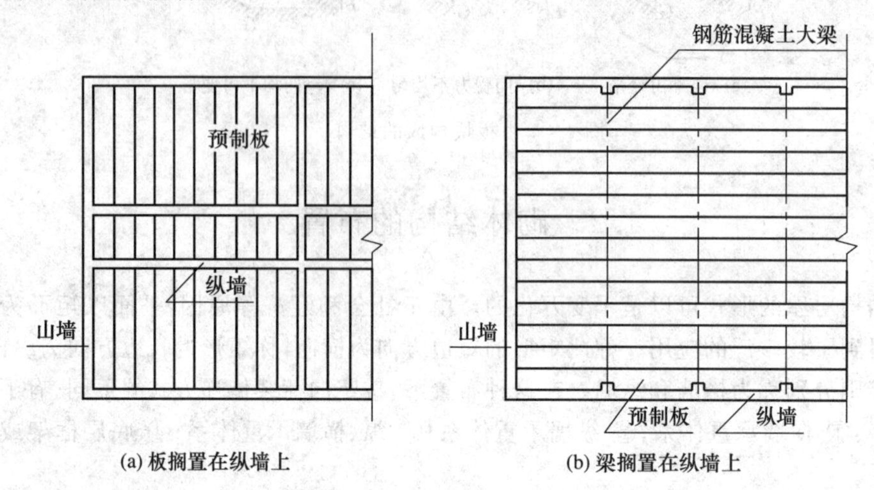

图 4-6　纵墙承重体系

纵墙承重体系的特点是：① 横墙的设置主要是满足房间的使用要求，保证纵墙的侧向稳定和房屋的整体刚度。这使得房屋的划分比较灵活。② 由于纵墙承受的荷载较大，在纵墙上设置的门窗洞口的大小和位置都受到一定的限制。③ 纵墙间距一般较大，横墙数量相对较少，房屋的空间刚度比横墙承重体系小。④ 与横墙承重体系相比，楼盖的材料用量较多，墙体的材料用量较少。

纵墙承重体系适用于教学楼、图书馆等使用上要求有较大空间的房屋，以及食堂、俱乐部、中小型工业厂房等单层和多层空旷房屋。纵墙承重的房屋，其墙体材料承载力被利用的程度较高，故层数不宜过多。

4.2.3　纵横墙承重体系

当楼、屋盖的主要荷载既传递到横墙也传递到纵墙时，相应的承重体系称为纵、横墙承重体系。图 4-7 为这种体系的两个例子。纵横墙承重体系的平面布置比较灵活，既可使房间有较大的空间，也可有较好的空间刚度，适用于教学楼、办公楼及医院等建筑。

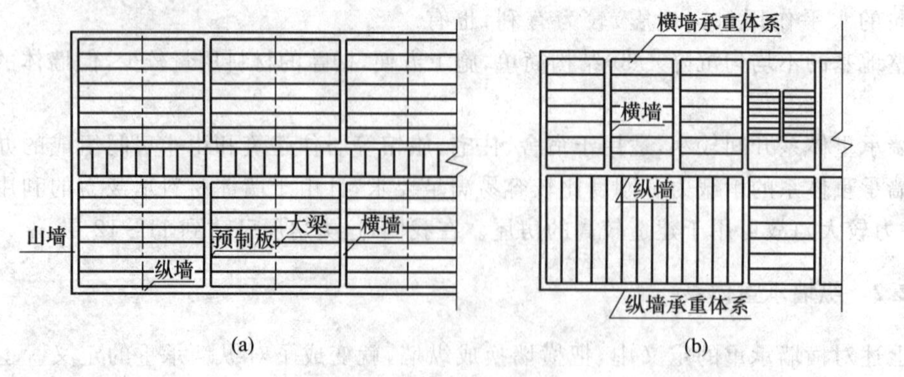

图 4-7　纵横墙承重体系

4.2.4 内框架承重体系

仅外墙采用砌体承重，内部设柱与楼盖主梁构成钢筋混凝土框架时，就成为内框架承重体系。在图 4-8 所示出的这种体系的例子中，其内框架承重体系可用于层数不多的工业厂房、仓库和商店等需要有较大空间的房屋。

内框架承重体系的特点：① 可以有大的空间，且梁的跨度并不相应增大。② 由于横墙少，房屋的空间刚度和整体性较差。③ 由于钢筋混凝土柱和砖墙的压缩性能不同，且柱基础和墙基础的沉降量也不易一致，故结构易产生不均匀的竖向变形。④ 框架和墙的变形性能相差较大，在地震时易由于变形不协调而破坏。

内框架承重体系与其他体系相结合就成为混合承重体系（图 4-9）。

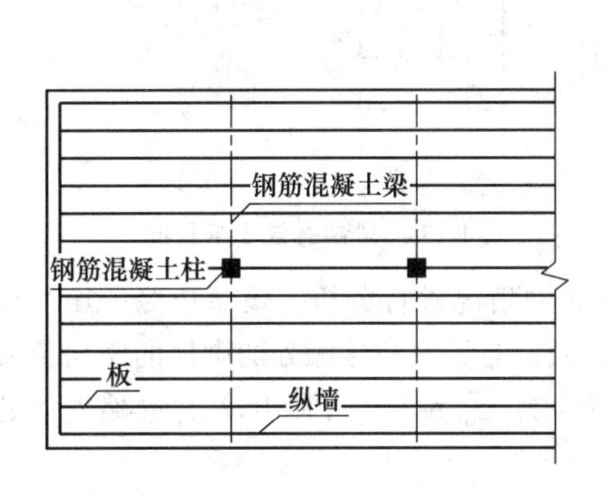

图 4-8　内框架承重体系

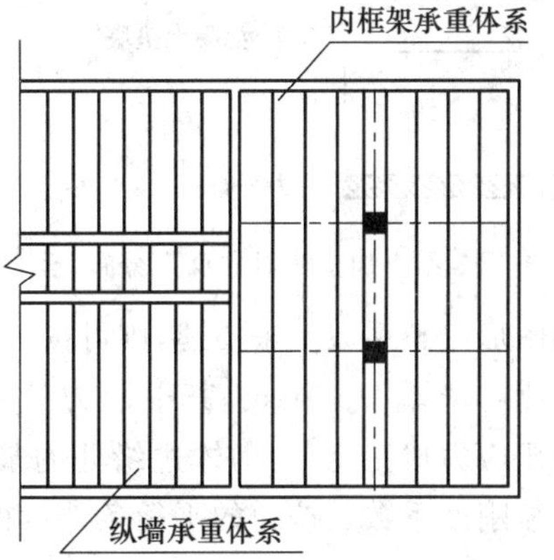

内框架承重体系
纵墙承重体系

图 4-9　混合承重体系

4.2.5 底层框架承重体系

一些临街的建筑，底层为大空间的商店，采用框架结构；上部则为小开间的由横墙或纵墙承重的住宅。这就构成底层框架承重体系。这种体系的底层刚度很小，往往是薄弱处，设计中需特别注意。

4.2.6 竖向荷载的传递

竖向荷载的传递路线是：楼盖→墙或柱→基础→地基。

楼、屋盖的梁传下来的荷载为集中荷载，板传下来的则为分布荷载。梁传来的集中荷载的作用点与梁的刚度有关。当梁的刚度很大时（如钢筋混凝土深梁），梁传下的荷载几乎为矩形分布（图 4-10）；当梁的刚度很小时，梁传下的荷载则为三角形分布（图 4-11）。设计中，可用公式计算出梁传下的集中荷载的作用位置，也可以通过专门的构造，强迫梁传下的荷载为均匀分布（图 4-12）。

为了算出梁传下的集中荷载的作用位置，首先引入梁端有效支承长度的概念。如图 4-13所示，设梁支承在砌体墙上的长度为 a。由于梁的挠曲变形，梁的端部可能会翘起，故实际的梁端有效支承长度仅为 a_0。设梁端的支承压力为 N_l，则由于砌体的塑性性能，由此产生的压应力图形一般在矩形和三角形之间呈曲线分布。若把这种偏离三角形分布的程度

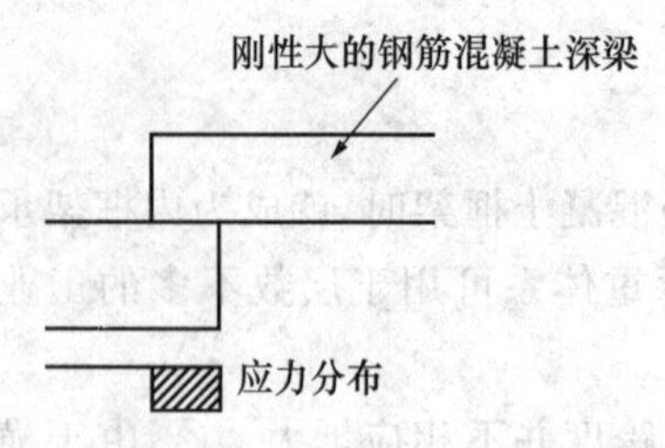

图 4-10 较刚的梁下的反力分布

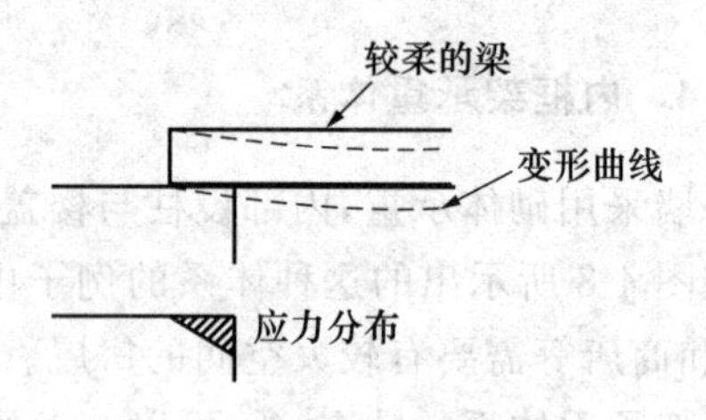

图 4-11 较柔的梁下的反力分布

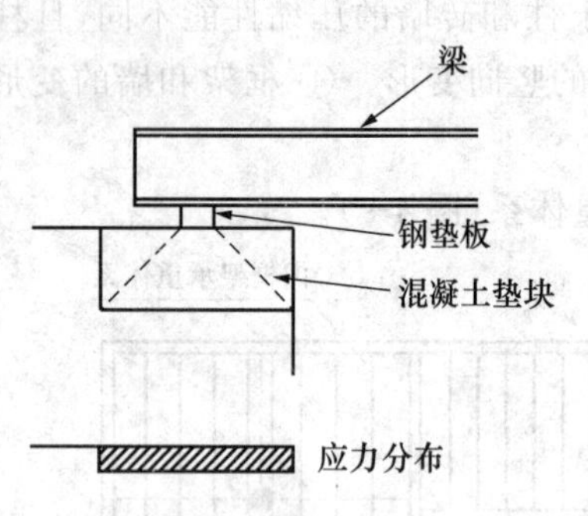

图 4-12 梁下加垫块时的反力分布

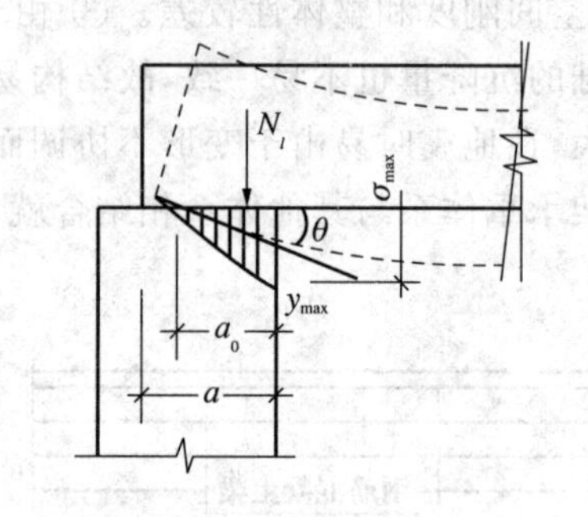

图 4-13 梁端有效支承长度

用压应力图形完整系数 η 来描述，则可按三角形分布的情况进行分析。设墙边缘的压缩位移为 y_{max}，则有 $y_{max}=a_0\tan\theta$，其中，θ 为梁端转角。假定与梁底相接触处的砌体的竖向位移与该点的压应力成正比，则砌体边缘处的最大压应力为 $\sigma_{max}=ky_{max}$，其中，k 为梁端支承处砌体的压缩刚度系数。按力的平衡条件可得

$$N_l=\eta\sigma_{max}a_0b=\eta ky_{max}a_0b=\eta ka_0^2b\tan\theta \tag{4-4}$$

其中，b 为梁的宽度。

由试验结果可定出 $\eta k=0.687f$，其中，f 以 N/mm^2 计，k 以 N/mm^3 计。把这个结果代入式(4-4)，得

$$a_0=1.206\sqrt{\frac{N_l}{fb\tan\theta}} \tag{4-5}$$

其中各量均按 N·mm 单位制代入。

对于跨度 l 在常见范围并承受均布荷载 q 的简支梁，取 $N_l=ql/2$，$\tan\theta\approx ql^3/(24B_l)$，其中，$B_l$ 为钢筋混凝土梁的长期刚度，近似取 $B_l=0.3E_cI_c$。当采用 C20 级混凝土时，取其弹性模量 $E_c=2.55\times10^4\,N/mm^2$。$I_c=bh_c^3/12$ 为梁的惯性矩，其中，h_c 为梁截面的高度。近似取 $h_c/l=1/11$，则由式(4-5)可得

$$a_0=10\sqrt{\frac{h_c}{f}} \tag{4-6}$$

其中各量的量纲均按 N·mm 制计。

梁端有效支承长度 a_0 求出后，根据经验，就可定出梁传来的集中荷载的作用点到支座内边缘的距离。对于屋面梁和楼面梁，均取此距离为 $0.4a_0$。

作用于某处的集中力向下传递时，会逐渐分布、扩散开来。在设计中，可假定扩散角为

45°(图 4-14)。图 4-15 示出了作用在墙上的集中荷载扩散的情况。在按 45°角扩散时，若遇到墙的边界，则显然只能扩散到边界为止。根据这个规则，并运用叠加原理，就能算出墙的任意水平截面处的竖向应力。

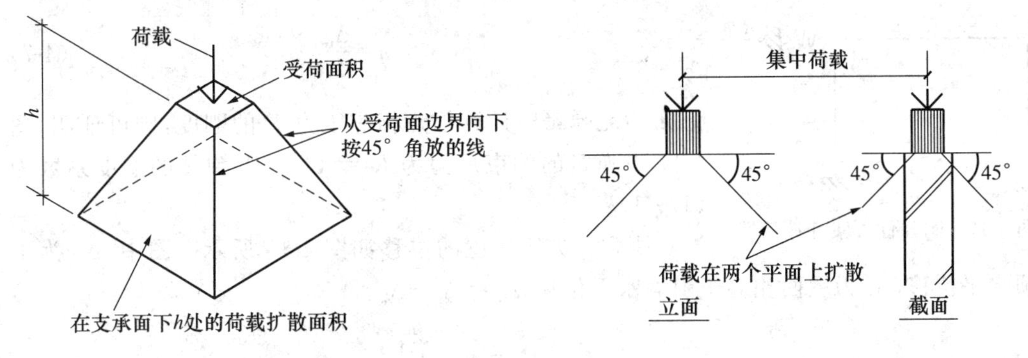

图 4-14　集中荷载按 45°角向下扩散　　　图 4-15　墙上集中荷载的向下扩散

4.3　砌体结构的计算简图与水平荷载的传递

考虑如图 4-16 所示的计算单元，此单元在其荷载作用下(特别是在水平荷载作用下)的变形一般来说还受到相邻单元的约束，此约束反力由屋盖承受并传给两端山墙以及与屋盖相联系的其他单元。这表明，当房屋受到局部荷载作用时，不仅在直接受荷单元中产生内力，而且房屋的所有单元，包括两端的山墙都将参加工作，并使直接受荷的单元中的内力和侧移远小于该单元单独承受相同荷载时的内力和位移。这种在房屋空间上的内力传播与分布，一般称为房屋的空间工作效应，相应的房屋整体刚度称为空间刚度。

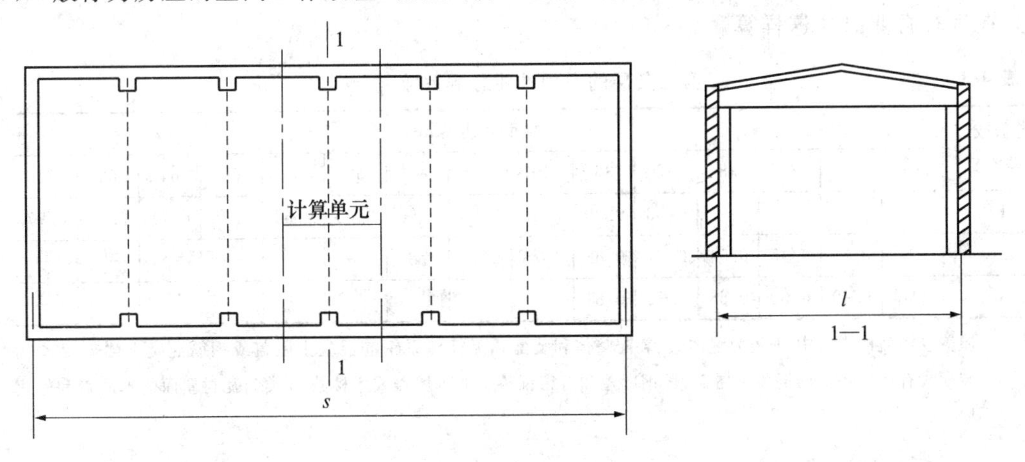

图 4-16　砌体房屋的计算单元

随着相邻单元对计算单元的约束程度的不同，即随着房屋空间工作的程度不同，对计算单元应采用相应的不同的计算简图，或说采用不同的静力计算方案。

4.3.1　刚弹性方案

房屋的空间工作效应，表现为整个房屋通过相邻单元对计算单元施加了一个弹性约束反力。一般房屋的墙和楼屋盖的连接可视为铰接。这样，对于图 4-16 所示的单元，其刚弹性方案的计算简图如图 4-17 所示，记 Δ_{re} 为该计算单元顶部的水平位移，记 Δ_e 为该单元在无弹簧时的水平位移，则定义空间性能影响系数 η 为

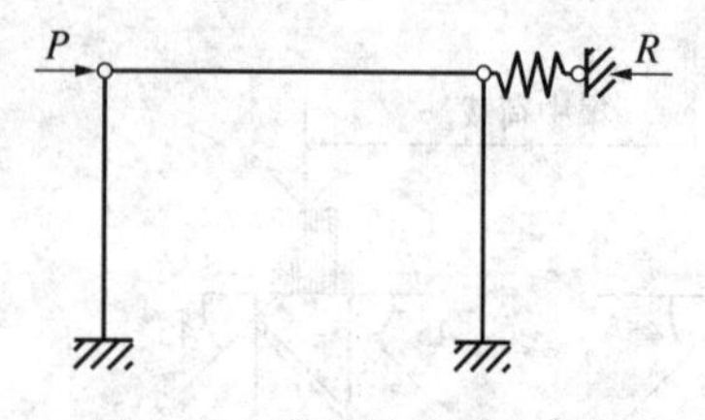

图 4-17　刚弹性方案计算简图

$$\eta=\frac{\Delta_{re}}{\Delta_e} \tag{4-7}$$

记 k_e 为无弹簧时计算单元相应于力 P 的刚度，则可证明，图 4-17 中弹簧的约束反力为 $R=(1-\eta)P$，弹簧的刚度系数为 $(1/\eta-1)k_e$。

刚弹性方案房屋的位移如图 4-18 所示。图中，Δ_w 为山墙顶水平位移，Δ_r 为屋面相对于山墙水平位移，$\Delta_{re}=\Delta_r+\Delta_w$。

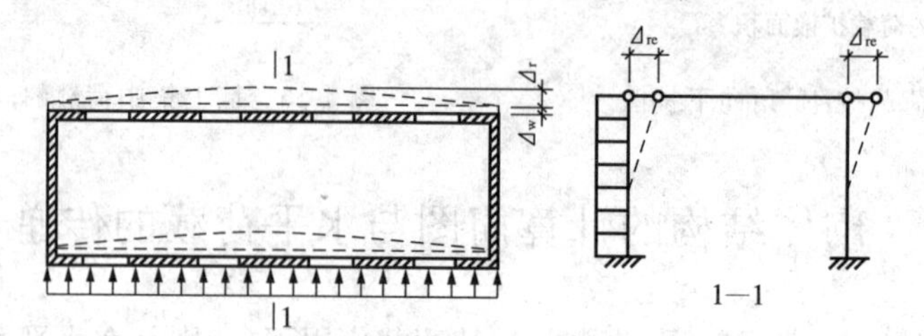

图 4-18　刚弹性方案房屋的位移

对其他影响空间工作效应的量作出构造性规定后，影响空间工作效应的变量主要就是横墙间距 s 和屋盖或楼盖的类别。以此为变量对房屋的 Δ_{re} 和 Δ_e 进行实测，再经过数理统计整理，就可得出 η 值的计算方法。规范给出的计算 η 的表格示于表 4-1，并规定，仅当 η 值在表格所给的上下限范围之内时，才按刚弹性方案计算。这是因为按刚弹性方案计算比较麻烦，只在确有必要时才这样算。

表 4-1　　房屋各层的空间性能影响系数 η

屋盖或楼盖类别	横墙间距 s/m														
	16	20	24	28	32	36	40	44	48	52	56	60	64	68	72
1	—	—	—	—	0.33	0.39	0.45	0.50	0.55	0.60	0.64	0.68	0.71	0.74	0.77
2	—	0.35	0.45	0.54	0.61	0.68	0.73	0.78	0.82	—	—	—	—	—	—
3	0.37	0.49	0.60	0.68	0.75	0.81	—	—	—	—	—	—	—	—	—

注：　屋盖或楼盖的类别中，1 类为整体式、装配整体和装配式无檩体系钢筋混凝土屋盖或钢筋混凝土楼盖，2 类为装配式有檩体系钢筋混凝土屋盖、轻钢屋盖和有密铺望板的木屋盖或木楼盖，3 类为瓦材屋面的木屋盖和轻钢屋盖。

4.3.2　刚性方案

理论上，当由式(4-7)确定的空间性能影响系数 η 等于零时，则相邻单元对计算单元的约束为无限刚性，也即弹簧的刚度为无穷大，转化为连杆约束，这就构成刚性方案。实际上，只要 η 的值小于一定值(表 4-1 中的下限值)，即可视为刚性方案。

刚性方案的楼、屋盖在水平方向可视为刚度很大的深梁(其支座为横墙)，横墙的尺寸和构造可视为一刚度很大的悬臂深梁，则纵墙与楼屋盖相交处的水平位移是小到可以略去不

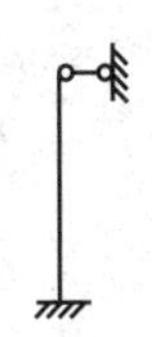

图 4-19　刚性方案(单层)计算简图

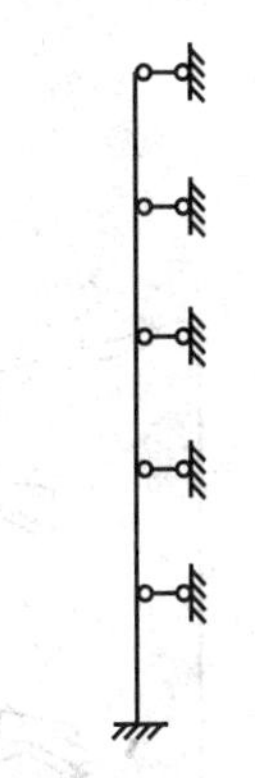

图 4-20　刚性方案(多层)计算简图

计的。在这种情况下,考虑如图 4-16 所示的计算单元,则可认为楼、屋盖是此单元中纵墙的水平不动铰支承。相应单层和多层房屋墙体的计算简图如图 4-19 和图 4-20 所示。

4.3.3　弹性方案

理论上,当由式(4-7)确定的空间性能影响系数 η 等于 1 时,则相邻单元对计算单元的约束为零,也即弹簧的刚度为零,等于没有约束,这就构成弹性方案。实际上,只要 η 的值大于一定值(表 4-1 中的上限值)时,即可视为弹性方案。图 4-16 中的计算单元,当按弹性方案计算时,其计算简图如图 4-21 所示,其中的水平轴力杆件为屋架或屋面大梁,其刚度可取为无穷大。

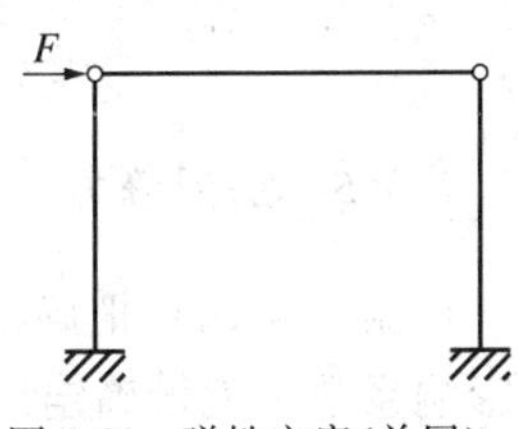

图 4-21　弹性方案(单层)计算简图

若一外纵墙承重的单层房屋两端无山墙,且作用于房屋上的水平荷载是均匀分布的,外纵墙窗洞也是有规律均匀布置的,则房屋的横向水平位移沿纵向处处相等(图 4-22)。

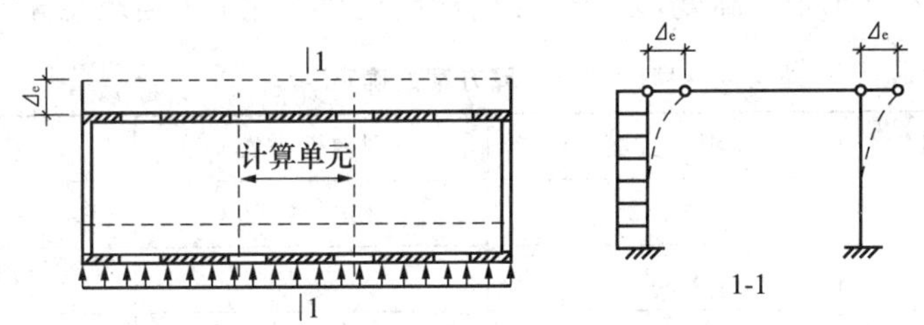

图 4-22　弹性方案房屋的水平位移

4.3.4　水平荷载的传递

在一般常见的刚性方案情况下,横向水平荷载(风、地震)在计算上的传递路线如下(图 4-23):

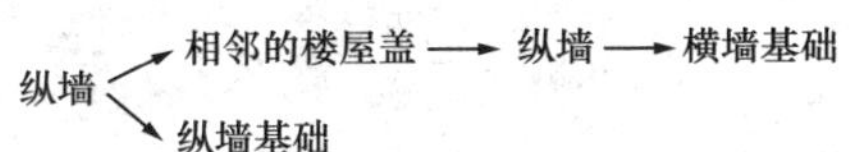

显然,纵墙上靠近横墙处的部分水平力还会直接传递到横墙。纵墙下部的水平荷载则直接传至纵墙基础。无横墙或横墙不起作用时为弹性方案,此时由纵墙和楼屋盖构成排架或框架来抵抗侧向荷载。刚弹性方案中水平荷载的传递情况则介于刚性方案与弹性方案两者之间。把上述“纵”与“横”两字互换,即得纵向水平荷载的传递路线。

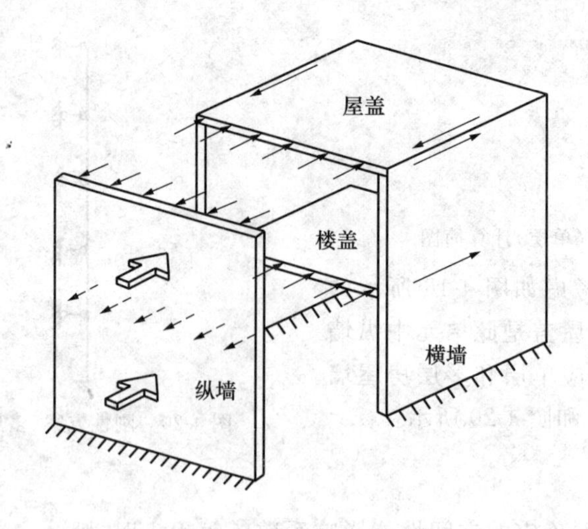

图 4-23　侧向力的传递

4.3.5　房屋静力计算方案的确定

根据表 4-1，可把确定房屋静力计算方案的规则简化为表 4-2。这样，不需计算空间性能影响系数 η 就可确定房屋的静力计算方案。前已提及，上述表格的确定，是突出了横墙间距和楼、屋盖类别这两个变量，而把其他变量通过构造要求相对限制了范围。这些构造要求规定刚性方案和刚弹性方案的房屋的横墙应同时符合下列几条：① 横墙中开有洞口时，洞口的水平截面面积不应超过横墙截面面积的 50%；② 横墙的厚度不宜小于 180mm；③ 单层房层的横墙长度不宜小于其高度，多层房屋的横墙长度不宜小于横墙总高度的一半。

表 4-2　　**房屋静力计算方案的确定**

屋盖或楼盖类别	刚性方案	刚弹性方案	弹性方案
1	$s<32$	$32\leqslant s\leqslant 72$	$s>72$
2	$s<20$	$20\leqslant s\leqslant 48$	$s>48$
3	$s<16$	$16\leqslant s\leqslant 36$	$s>36$

注：① 屋盖或楼盖的类别见表 4-1 的注；
② 表中 s 为房屋横墙间距，其长度单位为 m；
③ 对无山墙或伸缩缝处无横墙的房屋，应按弹性方案考虑。

当横墙不能同时符合上述要求时，应对横墙的刚度进行验算。如最大水平位移 u_{max} 满足

$$u_{max}\leqslant\frac{H}{4000} \tag{4-8}$$

时，相应横墙仍可视作刚性或刚弹性方案房屋的横墙。式中，H 为相应横墙的总高度。

计算水平位移时，应考虑墙体的弯曲变形和剪切变形。当门窗洞口的水平截面面积不超过横墙水平全截面面积的 75%时，可近似按墙体的毛截面计算。与横墙共同工作的纵墙部分的计算宽度，从横墙轴线处算起，每边近似取 0.3H。截面的剪应力分布不均匀系数可近似取 2.0。砖砌体的剪切模量可近似地取其杨氏弹性模量的一半。

显然，符合式(4-8)要求的一段横墙或其他结构构件(如框架等)也可视作刚性方案或刚弹性方案房屋的横墙。

4.4 刚性方案结构的计算

对于墙，首先应选取计算单元。通常取房屋一个开间的墙体，或者取有代表性的单位宽的墙体。当纵墙上开有门窗洞口时，取窗间墙截面作为计算截面。对不规则的情况，应选择荷载较大而计算截面较小的墙段为计算单元(图 4-24)。当承重纵墙或横墙没有门窗洞口，且承受均布荷载时，其沿墙长的受力状态相同，可取 1m 墙长为计算单元。墙体无洞口而承受大梁传来的集中荷载时，仍可取开间中线到中线的墙段为计算单元，并取一个开间的墙体截面面积为计算截面，但计算截面宽度不宜超过层高的 2/3；即当开间大于 2/3 层高时，计算截面的宽度宜取 2/3 层高；有壁柱时，可取 2/3 层高加壁柱宽度。同理，当墙体单独承受集中荷载作用时，计算单元宽度和计算截面宽度均近似取为 $2H/3$，其中，H 为层高(图4-25)。

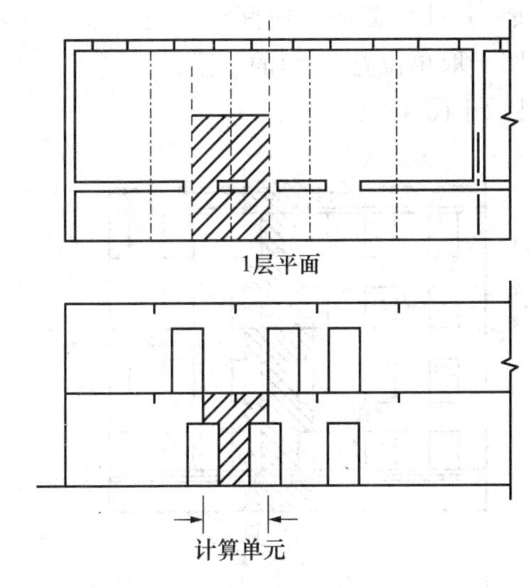

图 4-24　较薄弱的单元

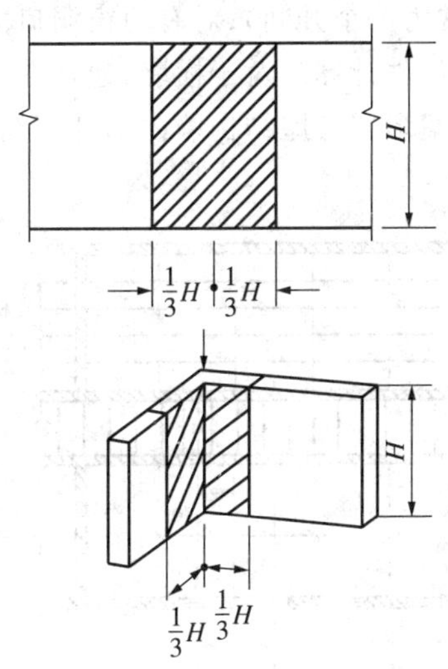

图 4-25　承受集中荷载的单元

4.4.1 刚性方案单层房屋墙和柱的计算

刚性方案单层房屋结构墙和柱的计算简图如图 4-19 所示。在屋面荷载和风荷载的作用下，其受力如图 4-26 所示。当采用屋架时，N_l 的作用点位于屋架下弦端部节点中心处，一般距墙定位轴线 150mm(图 4-27)。

对等截面的墙和柱，其自重只产生轴力。但对变截面阶形的墙和柱(下面以墙为例)，上阶墙自重 G_1 对下阶墙各截面产生弯矩 $M = G_1 e_1$(e_1 为上、下阶墙中心线之间的距离)。由于墙体自重在上部铰支撑的形成以前就已存在，故应按上端自由、底端固定的悬臂构件进行承载力验算。

设计时，应先求出各种荷载单独作用下的内力，然后按照可能同时作用的荷载进行内力组合，求出控制截面的最大内力，对墙或柱的截面进行承载力验算。根据荷载规范，对一般混合结构单层房屋，采用下列荷载效应组合：(1)恒载＋风载；(2)恒载＋屋面活载；(3)恒载＋0.9(屋面活载＋风载)；(4)恒载为主的组合。当有吊车时，还应将吊车荷载效应进行组合，组合方法与混凝土结构单层厂房相同。

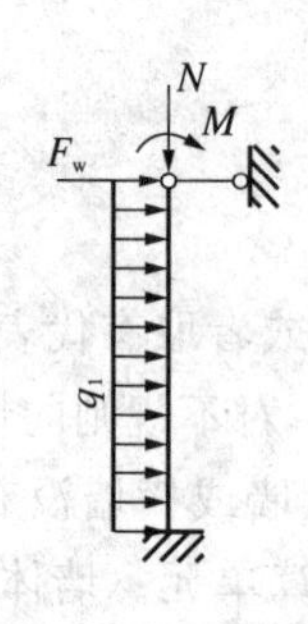

图 4-26 单层刚性房屋墙体计算简图

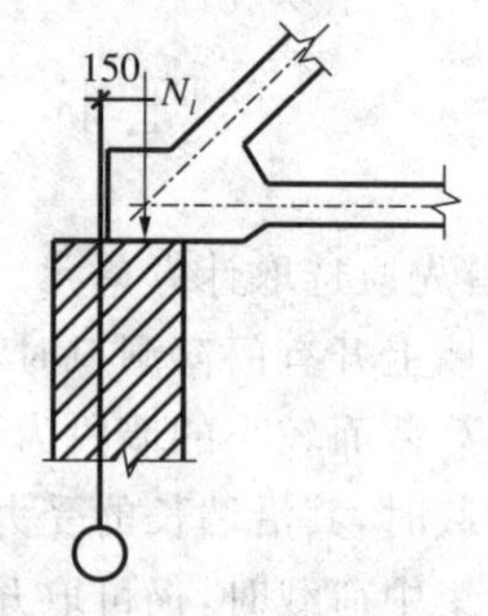

图 4-27 屋架 N_l 的作用点

4.4.2 刚性方案多层房屋墙体的计算

计算单元的选取与单层房屋相似。如图 4-28 所示，对于纵墙，在平面图上取有代表性的一段(通常为一个开间)；对有门窗洞口的纵墙，其计算截面取窗间墙截面，即取最小截面处按等截面杆件计算。对于横墙，通常在平面图上取单位宽(1m)的一段。

刚性方案多层房屋结构墙体的计算简图已示于图 4-20。

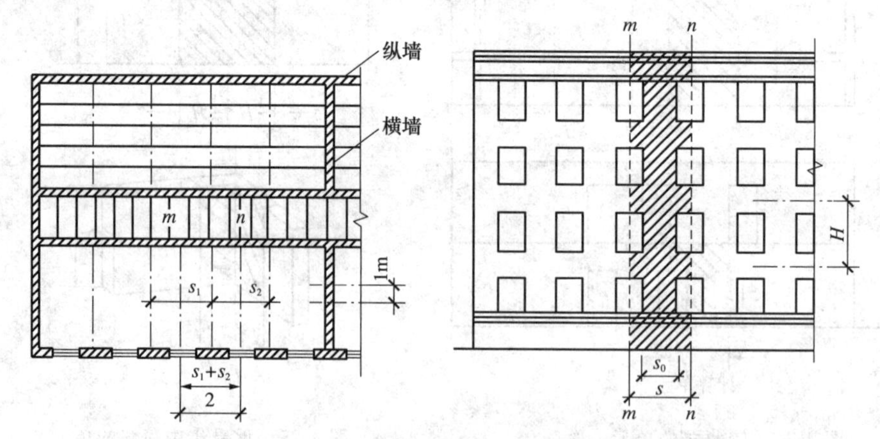

图 4-28 多层刚性方案房屋计算单元

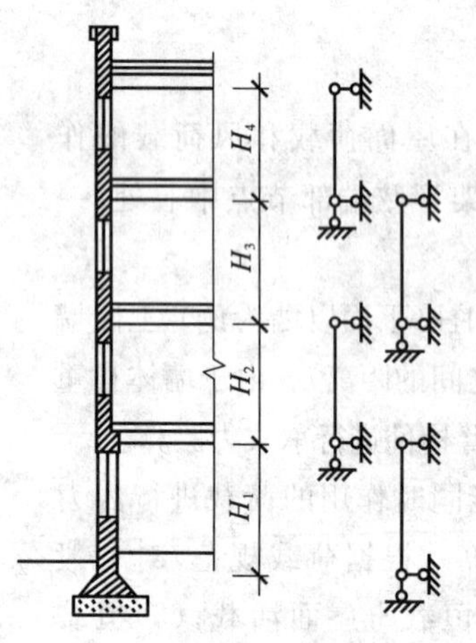

图 4-29 多层刚性方案墙体在竖向荷载作用下的计算简图

1. 刚性方案多层房屋墙体在竖向荷载作用下的计算

(1) 纵墙 在竖向荷载作用下，刚性方案多层房屋结构墙体的计算简图还可进一步简化。按前面讲述的竖向荷载的传递路径，可近似认为，某一处楼(屋)盖的偏心(偏离墙的中面)荷载传至下层时，都已成为均匀分布(弯矩为零)。另一方面，由于楼盖的梁或板搁置在墙内，使墙体的连续性和承受弯矩的能力受到削弱。因此，墙体在每层高度范围内，可近似地视作两端铰支的竖向构件，如图 4-29 所示。图中基础顶面处的墙也为铰接，这是因为此处的轴力很大而弯矩较小，故偏心距也较小，按铰接处理误差不大，且不需求解超静定结构。

作用在某一层纵墙上的竖向荷载如图 4-30 所示。其中，N_u 为上面各层屋盖、楼盖传来的荷载，其作用点位于上一层墙体截面重心处；N_l为本层楼（屋）盖传来的竖向荷载，在梁支承在墙上的情况，如前所述，其作用点到墙内边的距离取$0.4a_0$，其中，a_0为梁的有效支承长度；G为本层墙的自重，作用在本层底部墙体截面重心处。

当上、下层墙厚度相同时，由图4-30(a)可算得上部截面Ⅰ-Ⅰ的轴力和弯矩分别为

$$N_{\mathrm{I}}=N_{\mathrm{u}}+N_l,M_{\mathrm{I}}=N_le_l \tag{4-9}$$

其中e_l为N_l对墙截面形心的偏心距；下部截面的轴力为：

$$N_{\mathrm{I}}=N_{\mathrm{u}}+N_l+G \tag{4-10}$$

当上、下层墙厚度不同时，N_{u}对下层墙产生弯矩，此时，由图4-30(b)可得

$$M_{\mathrm{I}}=N_le_l-N_{\mathrm{u}}e_0 \tag{4-11}$$

其中，e_0为N_{u}对下层墙截面形心的偏心距。e_l和e_0的正方向如图4-30所示。

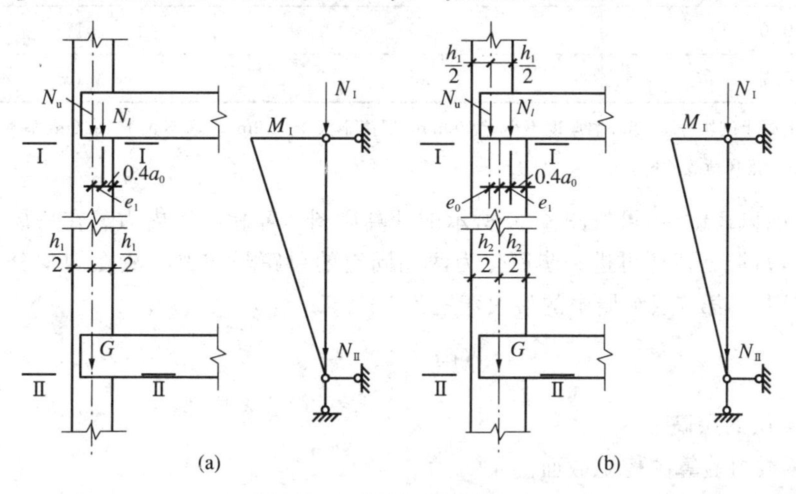

图4-30　纵墙的荷载和内力

（2）横墙　横墙的计算与纵墙相类似。横墙一般承受屋盖和楼盖直接传来的均布线荷载，通常可取宽度为1m的横墙作为计算单元，每层横墙视为两端铰支的竖向构件。每层构件的高度H的取值与纵墙相同；但当顶层为坡顶时，其层高取为层高加山墙尖高的1/2（图4-31）。

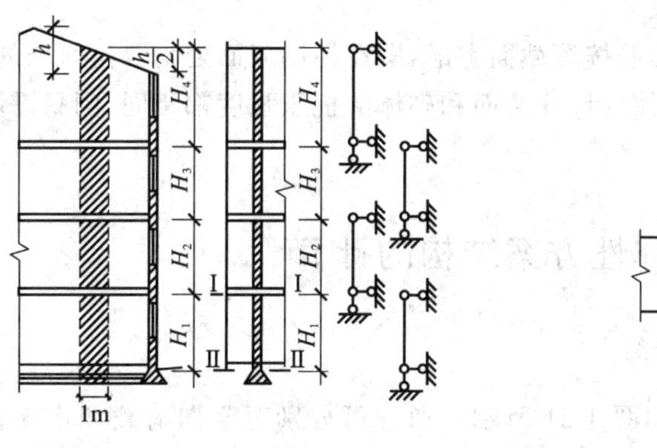

图4-31　横墙计算简图

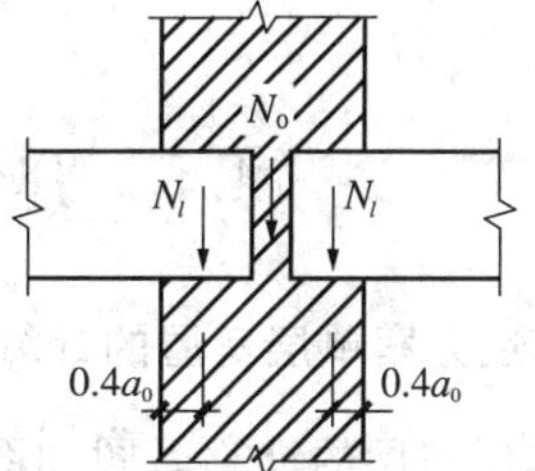

图4-32　横墙承受的荷载

横墙承受其两边楼（屋）盖传来的力N_l和上层传来的轴力N_0（图4-32），据此即可计算

其内力。

2. 刚性方案多层房屋墙体在水平荷载作用下的计算

此处水平荷载是指风荷载。规范规定，当刚性方案多层房屋的外墙符合下列要求时，在静力计算中可不考虑风荷载的影响：① 洞口水平截面积不超过全截面面积的 2/3；② 层高和总高不超过表 4-3 的规定；③ 屋面自重不小于 0.8kN/m^2。

表 4-3　　外墙不考虑风荷载影响时的最大高度

基本风压值/($\text{kN}\cdot\text{m}^{-2}$)	层高/m	总高/m
0.4	4.0	28
0.5	4.0	24
0.6	4.0	18
0.7	3.5	18

注：对于多层混凝土砌块房屋，当外墙厚度不小于 190mm、层高不大于 2.8m、总高不大于 19.6m、基本风压不大于 0.7kN/m^2 时，可不考虑风荷载的影响。

当必须考虑风荷载时，可按图 4-20 所示的计算简图计算相应的内力。在房屋沿高度较均匀的情况下，每层纵墙还可进一步简化为两端固定的单跨竖向梁。故在均匀分布的设计风荷载 q 的作用下，第 i 层纵墙中的最大弯矩为

$$M=\frac{qH_i^2}{12} \tag{4-12}$$

其中，H_i 为第 i 层的层高。

3. 纵墙承载力验算的控制截面

尽管每层纵墙有无穷个截面，但显然只要选择几个控制截面处进行承载力验算即可。控制截面按如下方式选取：每层墙取 Ⅰ—Ⅰ 和 Ⅱ—Ⅱ 两个控制截面，如图 4-30 所示。Ⅰ—Ⅰ 截面位于该层墙体顶部大梁（或板）底面；Ⅱ—Ⅱ 截面位于该层墙体下部大梁（或板）底面稍上的截面，对于底层墙的 Ⅱ—Ⅱ 截面取基础顶面处的截面。

在 Ⅰ—Ⅰ 截面处应按偏心受压验算承载力，并验算梁底砌体的局部受压承载力。在 Ⅱ—Ⅱ 截面处应按轴心受压验算承载力。

构件的截面一般取窗间墙的截面并按等截面考虑，即在控制截面处均取窗间墙的截面。

显然，若多层砌体房屋中几层墙体的计算截面和砌体的抗压强度都相同，则只需验算其中最下一层即可。

4.5　弹性方案结构的计算

4.5.1　弹性方案单层房屋的计算

弹性方案单层房屋的计算简图如图 4-21 所示。通常可分别对竖向荷载和水平荷载的作用进行计算。在竖向荷载作用下，若结构与荷载均对称，则顶端无侧移，可简化为顶端为不动铰时的情况。对一般不对称的情况，可按下述水平荷载作用下的方法计算。

在水平荷载（风荷载 F_w，q_1 和 q_2）作用下（或在一般不对称荷载作用下），运用叠加原理，

可按图 4-33 所示的方法计算。首先，在顶部加一水平连杆约束，算出其约束反力 R 及相应的结构内力。然后，去除约束并把反力 R 反向作用在顶部，算出相应的内力。最终的内力为上述两步内力的叠加。

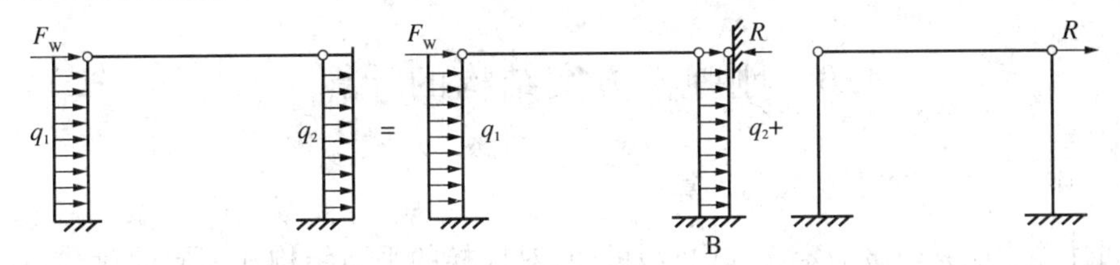

图 4-33　弹性方案单层房屋的计算

对于多跨单层弹性方案房屋，其计算方法与上述类似，一般可按不考虑空间作用时单层厂房的方法计算。

4.5.2　弹性方案多层房屋的计算

前面提到，楼(屋)面梁与墙体的连接可简化为铰接。实际上，这种连接是介于铰接和刚接之间。到底接近哪种连接，应由具体的构造来确定。显然，这两种连接得出的弯矩有很大差别，如弄错，则可能偏于不安全。

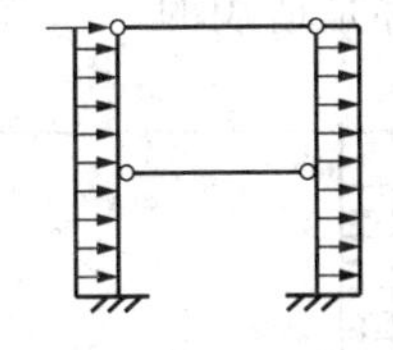

图 4-34　多层弹性方案(铰接)

当楼盖梁或板直接或通过刚性垫块支承在墙或壁柱上，且梁或板的支承长度较小时，或者在大梁顶面采取了构造措施(如设置软垫层或留空隙)以消除可能产生的嵌固作用时，可认为梁、板与墙铰接。当楼盖梁的支承长度较小时，由于大梁的局部压力作用，梁下砌体产生较大的压缩变形，梁端也随之下沉，使大梁顶面的压力通过墙体内的拱作用向大梁两侧的墙体转移，甚至大梁顶面完全与上部砌体脱离，使梁端可以自由转动而不受梁上墙体的约束。在这种情况下，采用梁与墙铰接的计算模式是合理的。此时，多层弹性方案房屋的计算简图如图 4-34 所示。

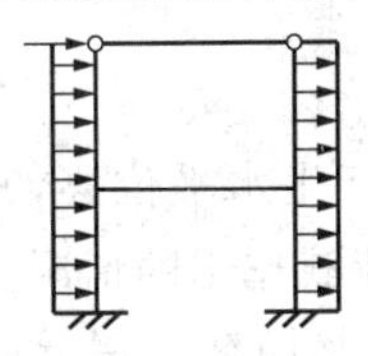

图 4-35　多层弹性方案(刚接)

当梁或板的支承长度较大，特别是在梁与梁垫或墙上的现浇圈梁整体浇筑且上部荷载足够大使墙体在弯矩的作用下仍不出现拉应力的情况下，楼盖受荷后产生的转角将带动其相邻的上、下墙体产生与梁端相近的转角。这时，梁端将受到较大的嵌固作用，使梁的跨中弯矩显著减小。相应地，墙体内也产生较大的弯矩。此时，梁与墙已接近刚性连接。在这种情况下，按刚架分析结构内力将更符合实际，相应的计算简图示于图 4-35。图中，对于顶层仍取梁与墙(柱)铰接，这是因为屋面梁梁端上部压力不足，嵌固作用较小。

多层房屋的弹性方案在受力上不够合理。对于层高和跨度较大而又比较空旷的多层房屋，应尽量避免设计成弹性方案。当难以避免而采用弹性方案时，为使设计偏于安全，宜按梁与墙铰接分析横梁内力，按梁与墙刚接验算墙体承载力。由于铰接点构造和计算均较简单，对不均匀沉降也较不敏感，故对一般多层房屋，均可按梁与墙铰接设计，并在构造上尽量减少墙体对梁端的约束作用。

计算简图确定后，内力分析的方法与单层相类似，也可用叠加法。特点是要在每个楼(屋)盖处加水平约束连杆，求出约束反力后，再把这些力反向施加在结构上。

4.6 刚弹性方案结构的计算

4.6.1 刚弹性方案单层房屋的计算

由空间性能影响系数 η 的定义式(4-7)可知，对同样的平面结构和相同的荷载，若其按弹性方案(无约束弹簧)计算的侧移为 Δ_e，则其按刚弹性方案(有约束弹簧)计算的侧移就为 Δ_{re}。由于线弹性结构的力与位移成正比，若无弹簧时(弹性方案)，结构顶部所受的水平力为 F，则有弹簧时(刚弹性方案)，作用在结构上的相应的力就为 ηF。由平衡条件可得作用在弹簧上的力为 $(1-\eta)F$。

由此可知，若作用在结构顶部的水平力为 F，实际作用在结构上的力只有 ηF。从而得刚弹性单层房屋的计算方法如下(图 4-36)：首先在结构的弹簧处(顶部)加水平连杆约束，求出约束反力 R 和这种情况下的内力；然后把上述约束反力 R 乘以 η 后反向施加于结构并求出相应的内力；最后的内力即为上述两种情况下内力的叠加。显然，上述方法对于一般荷载的情况都是适用的。

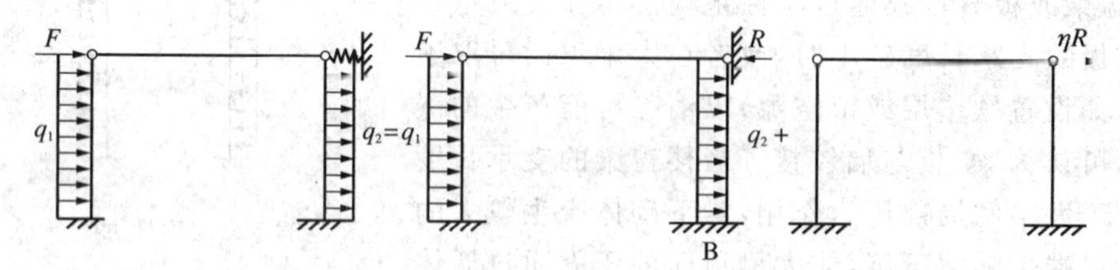

图 4-36 刚弹性方案单层房屋的计算

4.6.2 刚弹性方案多层房屋的计算

1. 多层房屋的空间性能影响系数

在竖向荷载作用下，当结构与荷载均为对称时，由于在节点处不产生水平位移，其内力计算与刚性方案相同。下面的方法适用于一般竖向荷载作用及水平荷载作用的情况。

多层房屋的特点是不仅沿纵向各开间之间存在空间作用，而且沿竖向各楼层之间也存在空间作用，这说明多层房屋的空间作用比单层房屋大。下面以图 4-37(a)所示的两层房屋为例进行分析。由叠加原理，可在各横梁处加水平约束连杆(图 4-37(b))，求出约束反力 R_1 和 R_2 后，再反向施加于结构。显然，空间作用仅体现在后一过程中，故可考虑在各横梁处作用水平荷载这种典型情况。

取坐标 1 在一层横梁处，坐标 2 在二层横梁处，均以向右为正。现仅以 R_1 作用于结构(图 4-38(a))，坐标 1 和 2 处弹簧的反力分别为 R_{11} 和 R_{21}。则结构在一、二层横梁处所受的实际水平力分别为

$$R_1-R_{11}=\eta_{11}R_1 \tag{4-13}$$

$$-R_{21}=-\eta_{21}R_1 \tag{4-14}$$

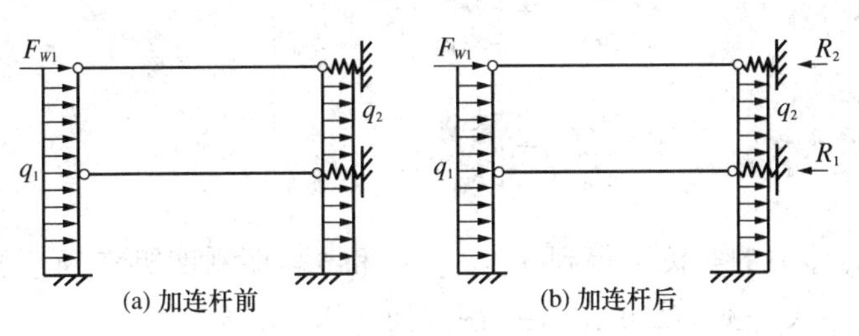

图 4-37　刚弹性方案两层房屋

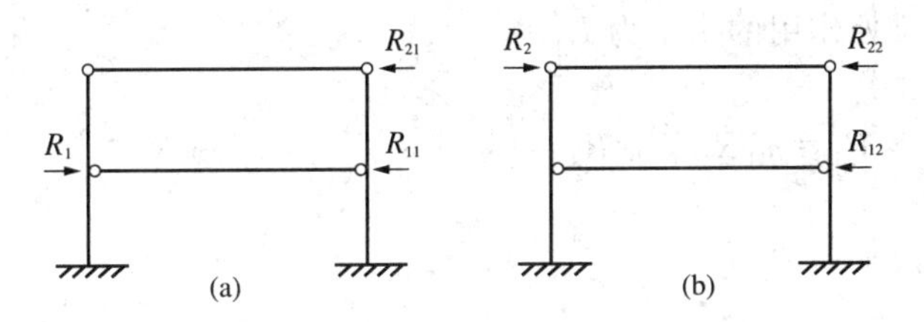

图 4-38　R_1 和 R_2 分别作用于结构

类似地，当仅以 R_2 作用于结构时(图 4-38(b))，坐标 1 和坐标 2 处的弹簧的反力分别为 R_{12} 和 R_{22}。此时，结构在一、二层横梁处所受的实际水平力分别为

$$-R_{12}=-\eta_{12}R_2 \tag{4-15}$$

$$R_2-R_{22}=\eta_{22}R_2 \tag{4-16}$$

称 η_{11} 和 η_{22} 为主空间性能影响系数，称 η_{12} 和 η_{21} 为副空间性能影响系数，它们显然都是小于 1 的系数。η_{11} 和 η_{21} 分别表示当在结构第一层横梁处施加单位力 $R_1=1$ 时，结构在第一层和第二层处考虑空间作用后承受的荷载(图 4-39(a))，相应的位移分别为 δ_{11} 和 δ_{21}。η_{12} 和 η_{22} 则分别表示当在结构第二层横梁处施加单位力 $R_2=1$ 时，结构在第一层和第二层处考虑空间作用后承受的荷载(图 4-39(b))，相应的位移分别为 δ_{12} 和 δ_{22}。

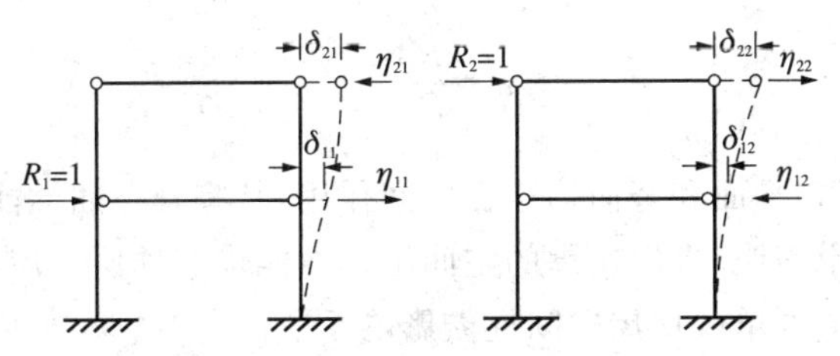

图 4-39　主、副空间性能影响系数

因此，可以认为，对于不带弹簧的平面框架，力 η_{11} 和 η_{21} 产生了位移 δ_{11} 和 δ_{21}；力 η_{12} 和 η_{22} 产生了位移 δ_{12} 和 δ_{22}。在每层横梁处建立向右为正的坐标系，在此坐标系下对不带弹簧的平面框架建立刚度矩阵[K]：

$$[K]=\begin{bmatrix} k_{11} & k_{12} \\ k_{21} & k_{22} \end{bmatrix} \tag{4-17}$$

其中，k_{ij} 表示在第 j 层横梁处发生单位位移时在第 i 坐标处产生的约束反力。根据以上，可以写出

$$\begin{Bmatrix} \eta_{11} \\ -\eta_{21} \end{Bmatrix}=\begin{bmatrix} k_{11} & k_{12} \\ k_{21} & k_{22} \end{bmatrix}\begin{Bmatrix} \delta_{11} \\ \delta_{21} \end{Bmatrix} \tag{4-18}$$

$$\begin{Bmatrix} -\eta_{12} \\ \eta_{22} \end{Bmatrix}=\begin{bmatrix} k_{11} & k_{12} \\ k_{21} & k_{22} \end{bmatrix}\begin{Bmatrix} \delta_{12} \\ \delta_{22} \end{Bmatrix} \tag{4-19}$$

通过对空间受力体系的实测可得到 δ_{11}，δ_{21}，δ_{12} 和 δ_{22}，而刚度矩阵[K]可以通过计算求出，从而由式(4-18)和式 4-19)就可求出主、副空间性能影响系数。

当 R_1 和 R_2 同时作用在考虑空间工作(带弹簧)的平面框架计算单元上时，不带弹簧的平面框架的第一层横梁处作用的水平力 R_1' 为

$$R_1'=\eta_{11}R_1-\eta_{12}R_2=\left(\eta_{11}-\eta_{12}\frac{R_2}{R_1}\right)R_1=\eta_1 R_1 \tag{4-20}$$

第二层横梁处作用的水平力 R_2' 为

$$R_2'=\eta_{22}R_2-\eta_{21}R_1=\left(\eta_{22}-\eta_{21}\frac{R_1}{R_2}\right)R_2=\eta_2 R_2 \tag{4-21}$$

从而得第一层和第二层的综合空间性能影响系数：

$$\eta_1=\left(\eta_{11}-\eta_{12}\frac{R_2}{R_1}\right) \tag{4-22}$$

$$\eta_2=\left(\eta_{22}-\eta_{21}\frac{R_2}{R_1}\right) \tag{4-23}$$

对于一般多层房屋，综合空间性能影响系数 η_i 表示考虑房屋空间工作后平面结构(不带弹簧)在第 i 层横梁处所承受的实际水平力 R_i' 与平面结构(带弹簧)在第 i 层横梁处所受的水平荷载 R_i 的比值：

$$\eta_i=\frac{R_i'}{R_i} \tag{4-24}$$

可见，多层房屋由于在平面和竖向均存在空间作用，其综合空间性能影响系数的计算比较复杂。实测和计算结果表明，多层房屋的空间工作性能优于单层房屋，各层的空间性能影响系数一般小于相同构造的单层房屋空间性能影响系数。

为简化计算并偏于安全，规范规定，多层房屋的空间性能影响系数按单层房屋的相应值(表 4-1)采用。

2. 刚弹性方案多层房屋的内力分析

与刚弹性方案单层房屋相似，刚弹性方案多层房屋的内力分析也可用叠加原理按以下步骤进行(图 4-40)：① 在各横梁处加水平连杆约束，求出相应的内力和各层的约束反力 R_i，$i=1,\cdots,n$，其中，n 为层数；② 把第 i 层的约束反力 R_i 反向后再乘以该层的空间性能影响系数 η_i 后作用于结构($i=1,\cdots,n$)，求出相应的内力；③ 把上两步所求出的内力相叠加，就得到原结构的内力。

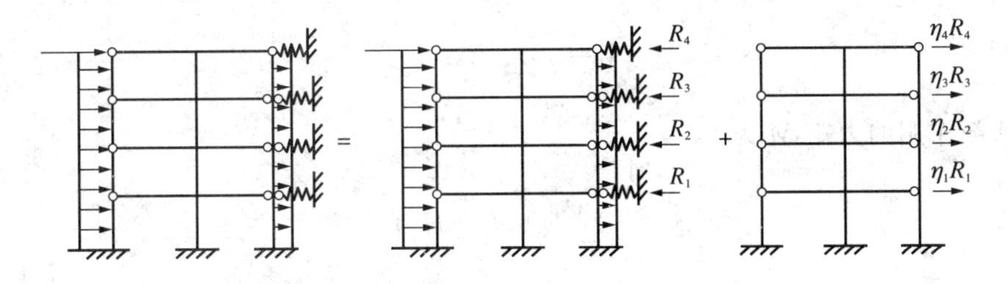

图 4-40　刚弹性方案多层房屋的计算

4.7　上柔下刚和上刚下柔多层房屋的内力计算

4.7.1　上柔下刚多层房屋的内力计算

若房屋顶层的横墙间距较大，只能满足刚弹性方案的要求，而下面各层的横墙间距可满足刚性方案的要求时，则称此类房屋为上柔下刚多层房屋。这类房屋的顶层常为食堂、俱乐部、会议室等，其下部各层常为办公室、宿舍、住宅等。

这类房屋的顶层可近似按单层刚弹性方案房屋进行分析，其空间性能影响系数可根据屋盖类别和横墙间距按表 4-1 确定；下面各层仍按刚性方案进行计算。设计时，应使下面各层的墙、柱截面尺寸至少不小于顶层相应的墙、柱截面尺寸。

4.7.2　上刚下柔多层房屋的内力计算

若房屋的底层横墙间距较大，属刚弹性方案；而上面各层横墙间距较小，属刚性方案，则称此类房屋为下柔上刚多层房屋。这类房屋的底层常为商店、食堂、俱乐部等，其上面各层常为住宅、办公室等。

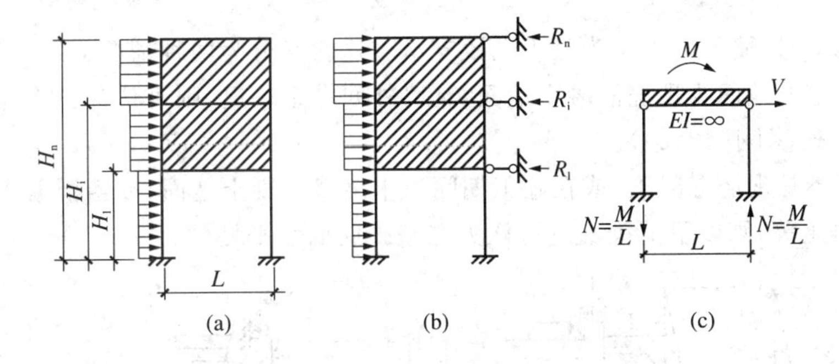

图 4-41　上刚下柔多层房屋的计算

在水平荷载的作用下进行计算时(图 4-41(a))。可采用如下的基于叠加法的计算步骤：

(1) 在各层横梁处加不动铰支座，计算相应的内力和各支座的反力 R_i，$i=1,\cdots,n$，其中，n 为房屋的层数(图 4-41(b))。

(2) 把上述求出的支座反力 R_i 反向作用于结构。这时，相对于底层，上面各层可简化为刚度无穷大的横梁，与底层一起构成单层排架(图 4-41(c))。此时，可按第一类屋盖和底层横墙间距来确定空间性能影响系数 η。此单层排架顶部作用的水平力 V 为

$$V=\eta\sum_{i=1}^{n}R_i \tag{4-25}$$

单层排架顶部作用的力矩 M 为

$$M=\sum_{i=1}^{n}R_i(H_i-H_1) \tag{4-26}$$

其中,$H_i(i=1,\cdots,n)$为第 i 层顶部横梁到房屋底部支座的距离。求出在 M 和 V 作用下此单层排架的内力。各柱的轴力为

$$N=\pm\frac{M}{L} \tag{4-27}$$

其中,L 为底层排架的跨度。

(3) 把上两步求得的内力叠加,即得原结构的内力。

4.8 地下室墙的内力计算

地下室墙的受力特点是:其一侧为使用空间,另一侧为回填土,有时还有地下水。地下室墙所承受的竖向荷载一般也较大。因此,地下室墙一般比第一层的墙要厚。地下室的横墙间距一般较小,故常为刚性方案。

4.8.1 计算简图

地下室墙的计算简图也与刚性方案中墙的计算简图相类似,如图 4-42 所示。墙上端可视为简支于地下室顶盖梁或板的底面。墙下端支承点的性质则与墙的厚度 d 与基础宽度 D 的比值有关。

当 $d/D\geqslant 0.7$ 时,墙下端可认为是不动铰支承。这时又分为两种情况:

(1) 若地下室的地面为现浇混凝土地面,且墙外回填土较迟,则可认为铰支点的位置在地下室地面水平处(图 4-42(b))。

(2) 若地面不是现浇混凝土,或在施工期间尚未浇捣混凝土地面,或当混凝土地面尚未结硬就进行回填土等,则墙下端铰支点可认为在基础底面水平处(图 4-42(c))。

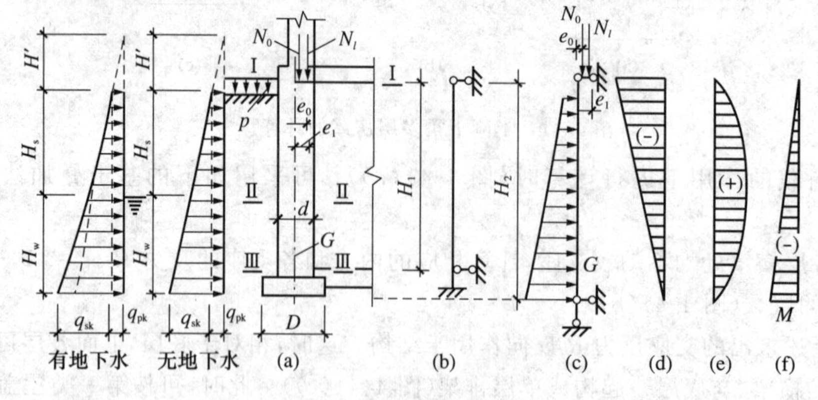

图 4-42　地下室墙的计算

当 $d/D<0.7$ 时，下端支承可认为是位于基础底面水平处的弹性嵌固支座。此时应考虑相应的弹性嵌固弯矩。

4.8.2 荷载计算

地下室墙的荷载计算与一般墙体基本相同，其特点是要考虑土的侧压力(图 4-42)。

土的侧压力取静止土压力。地下水位以上，距室外地表深度为 H 处的静止土压力为

$$q_{sk}=K_0\gamma H \tag{4-28}$$

其中，γ 为回填土的天然重度，K_0 为静止土压力系数，可按表 4-4 采用。

表 4-4　　静止土压力系数 K_0 的参考值

土的类型和状态	碎石土	砂土	粉土	粉质黏土			黏土		
				硬塑	可塑	软塑及流塑	硬塑	可塑	软塑及流塑
K_0	0.18～0.25	0.25～0.33	0.33	0.33	0.43	0.54	0.33	0.54	0.72

对位于地下水位以下的土压力，应考虑水的浮力影响，并同时考虑水的压力。作用在墙上的侧压力为

$$\begin{aligned}q_{sk}&=K_0\gamma H_s+K_0(\gamma-\gamma_w)H_w+\gamma_w H_w\\&=K_0(\gamma H-\gamma_w H_w)+\gamma_w H_w\end{aligned} \tag{4-29}$$

其中，H_s 为历年来可能发生的最高地下水位以上的土层厚度，H_w 为最高地下水位以下的土层厚度(即 $H_w=H-H_s$)，γ_w 为地下水的重度。

室外地面上的活荷载 p_k，如无特殊要求，一般可取 10kN/m^2。它产生作用于墙面的均布侧压力 $q_{pk}=K_0 p_k$。

4.8.3 内力计算

竖向荷载和水平荷载产生的弯矩分别示于图 4-42(d)和图 4-42(e)。

当墙体下部按前述被考虑为弹性嵌固时，底部约束弯矩 M_k(图 4-42(f))可按下式计算：

$$M_k=\frac{M_{0k}}{1+\frac{3E}{CH_2}\left(\frac{d}{D}\right)^3} \tag{4-30}$$

式中　M_{0k}——按墙下端完全固定时计算所得的固端弯矩标准值；

E——墙砌体的弹性模量；

d——地下室墙体的厚度；

D——基础底面的宽度；

H_2——地下室顶板底面至基础底面的距离；

C——地基的刚度(可按表 4-5 采用)。

对地下室墙，一般要验算顶部、底部和最大弯矩处三个截面处的弯矩。

表 4-5 地基的刚度 C

地基的承载力设计值 /($kN \cdot m^{-2}$)	地基的刚度 C /($kN \cdot m^{-3}$)
≤150	≤30000
300	60000
600	100000
600 以上	100000 以上
龄期在两年以上的填土	15000～30000

4.8.4 施工阶段抗滑移验算

在施工阶段进行回填土时，土对地下室墙产生侧压力，如果此时上部结构产生的轴向力还较小时，则可能在基础底面处产生滑移。为避免这种破坏，应满足下式：

$$1.2V_{sk}+1.4V_{qk}\leqslant 0.8\mu N \tag{4-31}$$

式中 V_{sk}——土侧压力合力的标准值；

V_{qk}——室外地面施工活荷载产生的侧压力合力的标准值；

μ——基础与土的摩擦系数，可按表 4-6 采用；

N——回填土时实际存在的轴向力设计值。

表 4-6 基础与土的摩擦系数 μ

土的类别	摩擦面状态	
	干燥的	潮湿的
基础沿砂或卵石滑动	0.6	0.5
基础沿砂质黏土滑动	0.55	0.4
基础沿黏土滑动	0.5	0.3

4.9 最不利荷载效应组合

在第 2 章，已讲过砌体结构设计时规定的荷载组合。在此基础上，如何考虑最不利荷载效应(内力)组合呢？我们知道，在混凝土结构偏心受压构件的内力组合中，最不利内力组合是基于截面破坏时的弯矩(M)-轴力(N)相关曲线而得出的，下面简称此曲线为 M-N 相关曲线。因此，为了得出砌体受压构件截面的最不利内力组合，也要得出它的 M-N 相关曲线。

对于短柱，规范规定的截面破坏时的 M-N 相关曲线为

$$N=\frac{fA}{1+12\left(\frac{e}{h}\right)^{2}} \tag{4-32}$$

$$M=Ne=\frac{efA}{1+12\left(\frac{e}{h}\right)^2} \tag{4-33}$$

式中　f——砌体的抗压强度；

A——受压构件的截面积；

e——轴压力相对于截面形心的偏心距；

h——在轴力偏心方向的截面高度。

显然，式(4-32)和式(4-33)给出了以 e 为参数的 M-N 相关曲线的参数方程。式(4-32)的推导详见第 5 章。

从式(4-32)和式(4-33)中消去 e，得

$$M^2=\frac{h^2}{12}(fAN-N^2) \tag{4-34}$$

式(4-34)是关于 M-N 的椭圆曲线。显然有：① $N=0$ 时，$M=0$；② $N=fA$ 时，$M=0$；③ 曲线关于 N 轴对称，即椭圆的一个轴位于 N 轴；④ 在 $N=fA/2$ 处，M^2 取极大值；⑤ 在 $N=0$ 和 $N=fA$ 处，导数 $\mathrm{d}M/\mathrm{d}N$ 均为无穷大。

从式(4-34)可知，在 M^2 取极大值的点 $N=fA/2$ 处，偏心距为

$$e=\frac{M}{N}=\frac{h}{2\sqrt{3}}=0.2887h \tag{4-35}$$

考虑规范的限制：

$$e\leqslant 0.6y \tag{4-36}$$

式中，y 为截面形心到截面受压较大边缘的距离(详见第 5 章)。对矩形截面，式(4-36)相当于 $e\leqslant 0.3h$。对 T 形截面，上述限制用 h 表示时可能会更宽。

综上所述，可得砌体受压构件的 M-N 相关曲线如图 4-43 所示。由此图可知，砌体受压构件以“小偏心”受压($\mathrm{d}M/\mathrm{d}N<0$)为主，但在 M 取最大值的“界限破坏”点下方仍有 $\mathrm{d}M/\mathrm{d}N>0$ 的一小段。因此，考虑最不利内力组合时，仍应分别以最大弯矩(M_{max})、最小弯矩(M_{min})、最大轴力(N_{max})、最小轴力(N_{min})为目标进行组合。

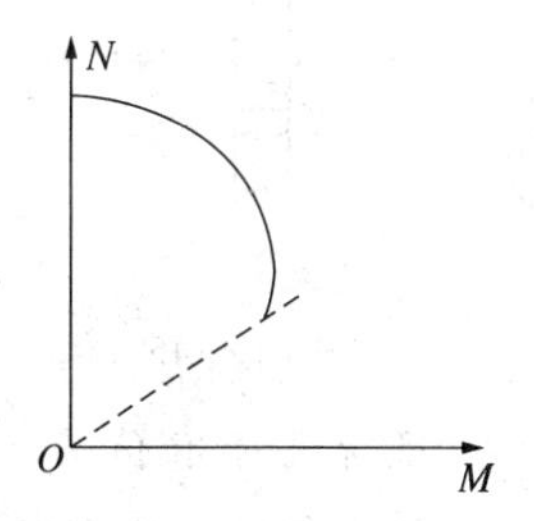

图 4-43　截面受压破坏时的 M-N 相关曲线

以上是从模型的角度进行分析。考虑到计算模型的误差，在上述“界限破坏”点的下方，$\mathrm{d}M/\mathrm{d}N>0$小段的示性作用就很小了。故对无筋砌体，基本可认为是小偏心受压。因此，轴力和弯矩都是越大越不利。实际设计时，一般情况下，对控制截面取尽可能大的轴力和弯矩即可。但对沿构件轴线方向(通常为竖向)配筋的砌体，其特性与钢筋混凝土柱很相近(图 6-7)，故应分别以最大弯矩、最小弯矩、最大轴力、最小轴力为目标进行组合。

4.10　例题

[例题 4-1]　某车间采用装配式有檩体系钢筋混凝土槽瓦屋盖(图 4-44)，屋面坡度为

1∶3($\tan\alpha = 0.33, \alpha = 18°26'$)，截面尺寸如图4-46所示。基本风压 $w_0 = 0.55\text{kN/m}^2$(B类)，屋面恒载标准值为 2kN/m^2(水平投影)，屋面活载标准值为 0.7kN/m^2(屋面雪荷载小于此值)。屋面出檐0.5m，屋架支座底面标高为5.0m，屋架支座底面至屋脊的高度为2.6m，室外地坪标高−0.20m，基础顶面标高为−0.5m。试计算窗间墙的最不利内力。

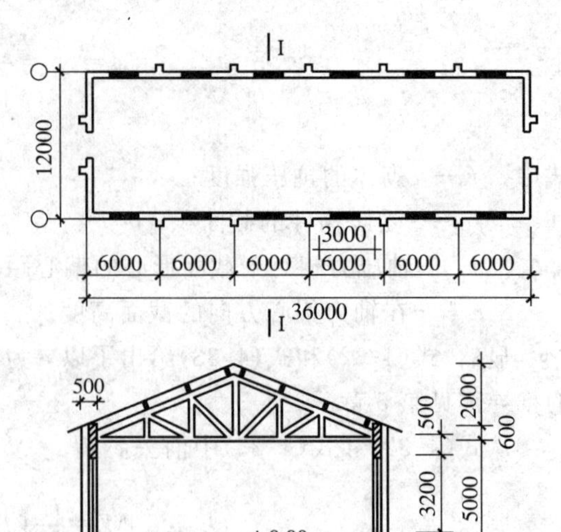

图 4-44　例 4-1 平、剖面图

[解]1. 确定静力计算方案

此房屋屋盖属第2类，横墙间距36m，由表4-2可知为刚弹性方案房屋。查表4-1得房屋的空间性能影响系数为 $\eta = 0.68$。

2. 确定计算简图及荷载计算

取一个开间(6m)为计算单元，窗宽3m，墙高 $H = 5 + 0.5 = 5.5\text{m}$。计算简图如图4-45所示。

屋面恒载标准值：$G_0 = 2 \times 6 \times \dfrac{12+1}{2} = 78.00(\text{kN})$

屋面活载标准值：$Q_0 = 0.7 \times 6 \times \dfrac{12+1}{2} = 27.30(\text{kN})$

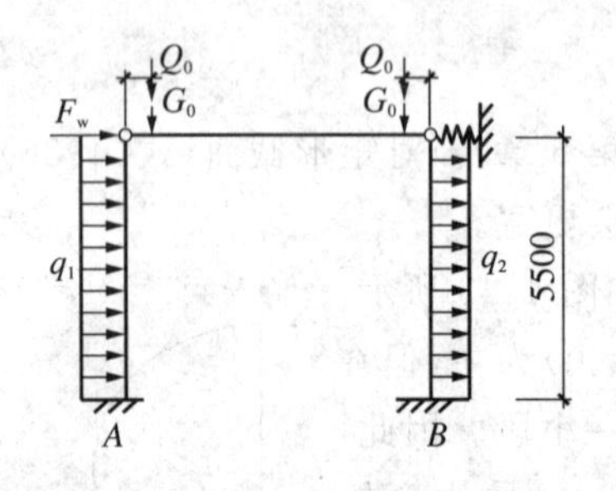

图 4-45　例 4-1 计算简图

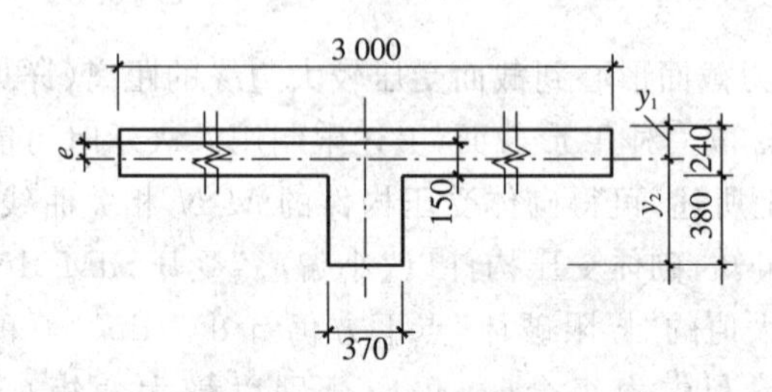

图 4-46　例 4-1 截面尺寸

风荷载标准值为 $w_k = \mu_s \mu_z w_0$。计算作用于柱顶的集中风荷载 F_w 时，取柱顶至屋脊平均高度处的 μ_z 值，此点距室外地面的高度为 $0.2 + 5.0 + 2.6/2 = 6.50\text{m}$，则 $\mu_z = 1.0$。根据屋面坡度 $\alpha = 18°26'$，由荷载规范求得迎风斜面的风载体型系数 $\mu_s = -0.463$，其余的 μ_s 值示于图4-47中。由此算得柱顶集中风载标准值为

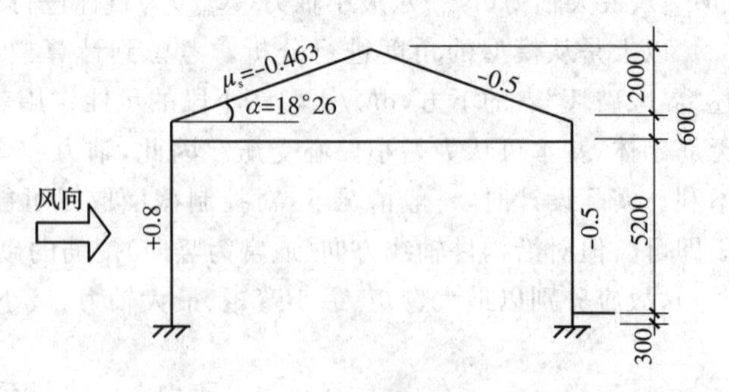

图 4-47　例 4-1 风载 μ_s 图

$$F_w = (0.5-0.463)\times1\times0.55\times6\times2+(0.8+0.5)\times1\times0.55\times6\times0.6$$
$$=2.82(\text{kN})$$

计算墙面均布风荷载时，取柱顶处的 μ_z 值；显然，此值也为 1.0。从而得迎风面和背风面的均布风荷载分别为

$$q_1=0.8\times1\times0.55\times6=2.64(\text{kN/m})$$

$$q_2=0.5\times1\times0.55\times6=1.65(\text{kN/m})$$

经验算，墙的高厚比满足要求（方法详见第 5 章）。

3. 内力分析

内力符号规定如下：弯矩以使柱外侧受拉为正；轴力以受压为正；剪力以使杆端顺时针转动为正。

(1) 竖向力

墙体自重标准值（圈梁自重近似按墙体算）：

双面粉刷的 240mm 厚砖墙自重为 5.24kN/m^2，混合砂浆的容重为 17kN/m^3，普通砖的容重为 19kN/m^3。屋架支座底面以上墙体自重：

$$G_1 = 5.24\times6\times0.6+2\times0.02\times0.38\times0.6\times17+0.37\times0.38\times0.6\times19=20.62\text{kN}$$

钢框玻璃窗自重为 0.45kN/m^2，故屋架支座底面以下、基础顶面以上墙、窗自重为

$$G_2 = 5.24\times(6\times5.5-3\times3.2)+2\times0.02\times0.38\times5.5\times17$$
$$+0.37\times0.38\times5.5\times19+0.45\times3\times3.2=143.05(\text{kN})$$

(2) 排架内力分析

如图 4-48 所示，由于该车间为单跨对称排架，故其内力可按柱顶为不动铰支承的一次超静定杆件求解。屋架支承反力作用点距外墙面为 150mm。窗间墙截面特征值为：面积 $A=8.606\times10^5\text{mm}^2$，惯性矩 $I=16452\times10^6\text{mm}^4$，截面形心到内边的距离 $y_1=170.65\text{mm}$，截面形心到外边的距离 $y_2=449.35\text{mm}$。可得

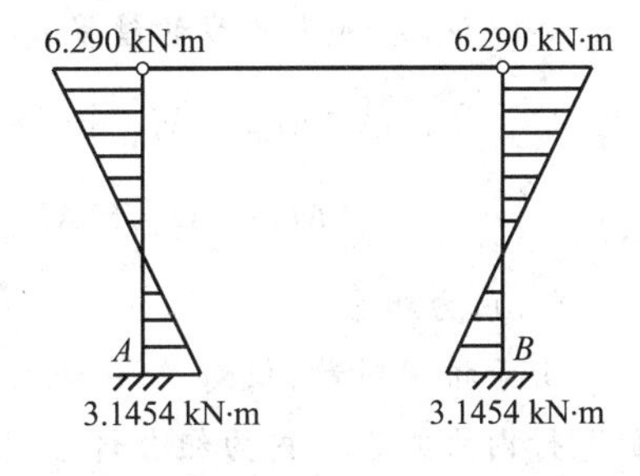

图 4-48 例 4-1 竖向荷载下弯矩图

荷载的偏心距

$$e=150-(240-170.65)=80.65(\text{mm})$$

① 屋面恒载作用

柱顶部的弯矩

$$M=G_0e=78.00\times0.08065=6.2907(\text{kN}\cdot\text{m})$$

柱底部的弯矩

$$M_A=M_B=-\frac{M}{2}=-\frac{6.2907}{2}=-3.145(\text{kN}\cdot\text{m})$$

② 屋面活载作用

$$M=Q_0e=27.30\times0.08065=2.2017(\text{kN}\cdot\text{m})$$

$$M_A = M_B = -\frac{M}{2} = -\frac{2.2017}{2} = -1.1009(\text{kN·m})$$

③ 风荷载作用

前已求出：$F_w = 2.82\text{kN}$，$q_1 = 2.64\text{kN/m}$，$q_2 = 1.65\text{kN/m}$

下面对左风情况进行计算。

第一步，排架顶部加连杆。连杆的反力 R 为

$$R = 2.82 + \frac{3\times2.64\times5.5}{8} + \frac{3\times1.65\times5.5}{8} = 11.67(\text{kN})$$

柱底部弯矩为

$$M_{A1} = \frac{2.64\times5.5^2}{8} = 9.9825(\text{kN·m})$$

$$M_{B1} = \frac{-1.65\times5.5^2}{8} = -6.239(\text{kN·m})$$

第二步，把 R 乘以 η 后反向施加。得

$$\eta R = 0.68\times11.67 = 7.936(\text{kN})$$

由于结构对称，柱 A 和柱 B 的剪力相同，均为 7.936/2 =3.968(kN)。所以，柱底部弯矩为

$$M_{A2} = 3.968\times5.5 = 21.82(\text{kN·m})$$

$$M_{B2} = -M_{A2} = -21.82(\text{kN·m})$$

第三步，叠加上两步的结果：

$$M_A = M_{A1} + M_{A2} = 9.9825 + 21.82 = 31.80(\text{kN·m})$$

$$M_B = M_{B1} + M_{B2} = -6.2391 - 21.82 = -28.06(\text{kN·m})$$

4. 内力组合

由于排架对称，仅对 A 柱进行内力组合即可。由于柱顶截面弯矩很小，故只对柱底截面进行内力组合。内力组合计算过程列于表 4-7 中，内力组合的结果列于表 4-8 中。此结果可用于验算截面的承载力。

表 4-7　A 柱底部截面内力组合表

内力	荷载情况					
	屋面		墙自重		风载	
	恒载	活载	G_1	G_2	左风	右风
	①	②	③	④	⑤	⑥
$M/(\text{kN·m})$	−3.145	−1.101	0	0	31.80	−28.06
N/kN	78.00	27.30	20.62	143.05	0	0

续表

内力	1.2恒+1.4活+1.4×0.7风			
	M_{max}	M_{min}	N_{max}	N_{min}
	①③④⑤	①②③④⑥	①②③④⑥	①③④⑥
$M/(kN\cdot m)$	27.39	−32.81	−32.81	−31.27
N/kN	290.00	328.22	328.22	290.00
内力	1.2恒+1.4风+1.4×0.7活			
	M_{max}	M_{min}	N_{max}	N_{min}
	①③④⑤	①②③④⑥	①②③④⑥	①③④⑥
$M/(kN\cdot m)$	40.75	−44.14	−44.14	−43.06
N/kN	290.00	316.76	316.76	290.00
内力	1.35恒+1.4×0.7(活+风)			
	M_{max}	M_{min}	N_{max}	N_{min}
	①③④⑤	①②③④⑥	①②③④⑥	①③④⑥
$M/(kN\cdot m)$	26.92	−32.82	−32.82	−31.74
N/kN	326.25	353.01	353.01	326.25

表4-8　　**A柱底部截面内力组合结果**

组合目标	M /(kN·m)	N /kN	起控制的荷载组合
M_{max}/(kN·m)	40.75	290.00	1.2恒+1.4风+1.4×0.7活
M_{min}/(kN·m)	−44.14	316.76	1.2恒+1.4风+1.4×0.7活
N_{max}/kN	−32.82	353.01	1.35恒+1.4(0.7×活+风)
N_{min}/kN	−43.06	290.00	1.2恒+1.4风+1.4×0.7活

思考题

[**4-1**] 混合结构房屋有哪几种承重体系？各有何优缺点？
[**4-2**] 刚性、刚弹性、弹性三种静力计算方案有哪些不同点？
[**4-3**] 房屋空间性能影响系数的物理意义是什么？
[**4-4**] 刚性方案单层和多层房屋墙、柱的计算简图有何异同？
[**4-5**] 什么情况下不考虑风荷载的影响？
[**4-6**] 如何选取墙和柱的承载力验算控制截面？
[**4-7**] 弹性方案和刚弹性方案单层房屋在水平风荷载的作用下的内力计算步骤各是怎

样的？有何异同？

[4-8] 在水平风荷载作用下，刚弹性方案多层房屋墙、柱内力计算步骤是怎样的？

习 题

[4-1] 某三层教学试验楼平面及外纵墙剖面如图4-49所示，采用装配式梁、板，梁L_1截面尺寸为$b\times h$ = 200mm×500mm。顶层及二层墙厚为240mm，二层梁伸入墙内370mm。试计算底层外纵墙控制截面处的最不利内力。

已知荷载资料：

1. 屋面荷载

屋面恒载标准值（防水层、找平层、隔热层、空心板、抹灰等）：3.54kN/m^2

屋面活载标准值：0.7kN/m^2

2. 楼面荷载

楼面恒载标准值：2.94kN/m^2

楼面活载标准值：2.0kN/m^2

根据荷载规范，设计底层外纵墙时，该墙上有两层楼面，故楼面活荷载应乘以折减系数0.85。

钢筋混凝土的容重取25kN/m^3，双面粉刷的240厚砖墙重为5.24kN/m^2，双面粉刷的370厚砖墙重为7.56kN/m^2，木窗自重为0.3kN/m^2，基本风压值w_0=0.40kN/m^2。

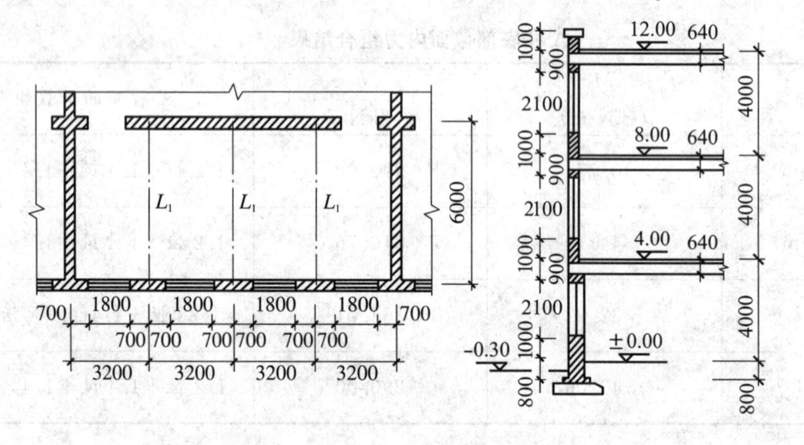

图4-49 习题4-1图

5 无筋砌体结构构件的承载力和构造

5.1 受压构件

无筋砌体的抗拉、抗弯和抗剪强度远远低于抗压强度。在静力荷载下，无筋砌体主要用作墙、柱受压构件。

无筋砌体的受压承载力既与截面尺寸、砌体强度有关，也与构件的高厚比有关。

5.1.1 墙、柱的高厚比验算

墙、柱高厚比验算是保证墙柱构件在施工阶段和使用期间稳定性的一项重要构造措施。砌体结构构件的一般构造要求见第五节。

无论墙、柱是否承重，首先应确保其稳定性。一片独立墙从基础顶面开始砌筑到足够高度时，即使未承受外力，也可能在自重下失去稳定而倾倒。若增加墙片厚度，则不致倾倒的高度增大。若墙片上下或周边的支承情况不同，则不致倾倒的高度也不同。墙柱丧失整体稳定的原因，包括施工偏差、施工阶段和使用期间的偶然撞击和振动等。

需要进行高厚比验算的构件不仅包括承重的柱、无壁柱墙、带壁柱墙，也包括带构造柱墙以及非承重墙等。无壁柱墙是指壁柱之间或相邻窗间墙之间的墙体。构造柱是在砌体房屋墙体的规定部位，按构造配筋，并按先砌墙后浇筑混凝土的施工程序制成的混凝土柱，用于抗震设防房屋中，详见第 8 章。

墙、柱高厚比还是计算其受压承载力的重要参数。

1. 墙、柱的计算高度

计算墙、柱高厚比时，要用到计算高度。结构中的细长构件在轴心受压时，常常由于侧向变形的增大而引发稳定破坏。失稳时，临界荷载的大小与构件端部约束程度有关。墙、柱的实际支承情况极为复杂，不可能是完全铰支，也不可能是完全固定，同时，各类砌体由于水平灰缝数量多，其整体性也受到削弱。因而，确定计算高度时，既要考虑构件上、下端的支承条件（对于墙来说，还要考虑墙两侧的支承条件），又要考虑砌体结构的构造特点。

墙、柱的计算高度 H_0 取值如表 5-1。表中构件高度 H 按下列规定取值：对房屋底层取楼顶面到构件下端支点的距离，下端支点的位置可取在基础顶面，当基础埋置较深且有刚性地坪时，可取室外地面以下 500mm；对房屋其他层次为楼板或其他水平支点之间的距离；对无壁柱的山墙可取层高加山墙尖高度的 1/2，对带壁柱山墙可取壁柱处的山墙高度。

2. 墙、柱的高厚比 β

(1) 矩形截面　高厚比按下式计算。

$$\beta=\frac{H_0}{h} \tag{5-1}$$

式中　H_0——墙、柱的计算高度，按表 5-1 取用；

h——墙的厚度或矩形柱与 H_0 相对应的边长。

表 5-1　　　　受压构件的计算高度 H_0

<table>
<tr><th colspan="3" rowspan="2">房屋类别</th><th colspan="2">柱</th><th colspan="3">带壁柱墙或周边拉结的墙</th></tr>
<tr><th>排架方向</th><th>垂直排架方向</th><th>$s>2H$</th><th>$2H\geqslant s>H$</th><th>$s\leqslant H$</th></tr>
<tr><td rowspan="3">有吊车的单层房屋</td><td rowspan="2">变截面柱上段</td><td>弹性方案</td><td>$2.5H_u$</td><td>$1.25H_u$</td><td colspan="3">$2.5H_u$</td></tr>
<tr><td>刚性、刚弹性方案</td><td>$2.0H_u$</td><td>$1.25H_u$</td><td colspan="3">$2.0H_u$</td></tr>
<tr><td colspan="2">变截面柱下段</td><td>$1.0H_l$</td><td>$0.8H_l$</td><td colspan="3">$1.0H_l$</td></tr>
<tr><td rowspan="5">无吊车的单层和多层房屋</td><td rowspan="2">单跨</td><td>弹性方案</td><td>$1.5H$</td><td>$1.0H$</td><td colspan="3">$1.5H$</td></tr>
<tr><td>刚弹性方案</td><td>$1.2H$</td><td>$1.0H$</td><td colspan="3">$1.2H$</td></tr>
<tr><td rowspan="2">多跨</td><td>弹性方案</td><td>$1.25H$</td><td>$1.0H$</td><td colspan="3">$1.25H$</td></tr>
<tr><td>刚弹性方案</td><td>$1.10H$</td><td>$1.0H$</td><td colspan="3">$1.1H$</td></tr>
<tr><td colspan="2">刚性方案</td><td>$1.0H$</td><td>$1.0H$</td><td>$1.0H$</td><td>$0.4s+0.2H$</td><td>$0.6s$</td></tr>
</table>

注：① 表中 H_u 为变截面柱的上段高度，H_l 为变截面柱的下段高度；

② 上端为自由端的构件，$H_0=2H$；

③ 无柱间支撑的独立砖柱在垂直排架方向的 H_0 应按表中数值乘以 1.25 后采用；

④ s 为房屋横墙间距；

⑤ 自承重墙的计算高度应根据周边支承或拉结条件确定。

在带构造柱墙中，当构造柱的截面宽度不小于墙厚时，可按式(5-1)计算高厚比，此时式中 h 取墙厚。确定带构造柱墙的计算高度 H_0 时，s 以相邻横墙之间的距离。这里所指带构造柱墙即砌体和钢筋混凝土构造柱组合墙，详见 7.4 节。

(2) T 形截面(带壁柱墙)　带壁柱墙是指沿墙长度方向隔一定距离将墙体局部加厚形成的墙体，其高厚比按下式计算：

$$\beta=\frac{H_0}{h_T} \tag{5-2}$$

式中　h_T——T 形截面的折算厚度，可近似按 $3.5i$ 计算；

i——截面回转半径，$i=\sqrt{\frac{I}{A}}$。I，A 分别为截面的惯性矩和面积。

当确定截面回转半径时，T 形截面墙的计算翼缘宽度 b_f 可按下列规定确定：对于多层房屋，当有门窗洞口时，可取窗间墙宽度；当无门窗洞口时，每侧翼墙宽度可取壁柱高度(层高)的 1/3，但不应大于相邻壁柱间的距离。对于单层房屋，可取壁柱宽加 2/3 墙高，但不应大于窗间墙宽度和相邻壁柱间的距离。

当确定带壁柱墙计算高度 H_0 时，s 应取与之相交相邻墙之间的距离。

3. 墙、柱高厚比验算

(1) 验算公式　墙、柱的高厚比应符合下式要求：

$$\beta \leqslant \mu_1 \mu_2 [\beta] \tag{5-3}$$

式中　$[\beta]$——墙、柱的允许高厚比，应按表 5-2 取值；

μ_1——自承重墙允许高厚比的修正系数；

μ_2——有门窗洞口墙允许高厚比的修正系数。

表 5-2　墙、柱的允许高厚比[β]值

砌体类型	砂浆强度等级	墙	柱
无筋砌体	M2.5	22	15
	M5.0 或 Mb5.0、Ms5.0	24	16
	≥M7.5 或 Mb7.5、Ms7.5	26	17
配筋砌体	—	30	21

注：① 毛石墙、柱的允许高厚比应按表中数值降低 20%；

② 带有混凝土或砂浆面层的组合砖砌体构件的允许高厚比，可按表中数值提高 20%，但不得大于 28；

③ 验算施工阶段砂浆尚未硬化的新砌砌体构件高厚比时，允许高厚比对墙取 14，对柱取 11。

与承重墙相比，对自承重墙的稳定性要求显然可以降低，可适当提高其允许高厚比值。厚度不大于 240mm 的自承重墙的允许高厚比修正系数 μ_1，按下列规定采用：墙厚为 240mm 时，取 $\mu_1=1.2$；墙厚为 90mm 时，取 $\mu_1=1.5$；当墙厚小于 240mm 且大于 90mm 时，μ_1 按插入法取值。上端为自由端墙的允许高厚比，除按上述规定提高外，可再提高 30%。对厚度小于 90mm 的墙，当双面采用不低于 M10 的水泥砂浆抹面，包括抹面层在内的墙厚不小于 90mm 时，可按 90mm 的墙厚验算高厚比。

门窗洞口对墙体的稳定性有所削弱，其允许高厚比应予降低。有门窗洞口的墙的允许高厚比修正系数 μ_2，应按下式计算(图 5-1)：

$$\mu_2 = 1 - 0.4\frac{b_s}{s} \tag{5-4}$$

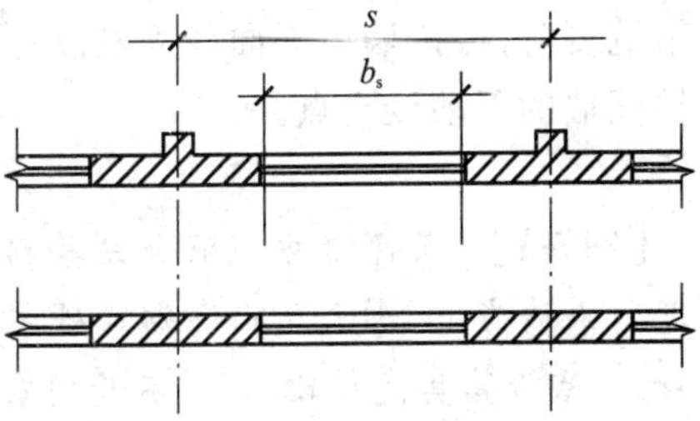

图 5-1　有门窗洞口墙允许高厚比的修正系数 μ_2 的计算

式中　b_s——在宽度 s 范围内的门窗洞口总宽度；

s——相邻横墙或壁柱之间的距离。

同时要求：当按公式(5-4)计算的 μ_2 值小于 0.7 时，取 $\mu_2=0.7$；当洞口高度等于或小于墙高的 1/5 时，取 $\mu_2=1.0$。当洞口高度大于或等于墙高的 4/5 时，可按独立墙段验算高厚比。

当与墙相连接的相邻两墙间的距离 $s \leqslant \mu_1 \mu_2 [\beta] h$ 时，墙的高度可不受式(5-3)的限制。

在墙中设置钢筋混凝土构造柱可以提高墙体在使用阶段的稳定性和刚度，因此，验算带构造柱墙的高厚比时，其允许高厚比$[\beta]$可乘以提高系数 μ_c。μ_c 可按下式计算：

$$\mu_c = 1 + \gamma \frac{b_c}{l} \tag{5-5}$$

式中 γ——系数，对细料石砌体，$\gamma=0$；对混凝土砌块、混凝土多孔砖、粗料石、毛料石及毛石砌体，$\gamma=1.0$；其他砌体，$\gamma=1.5$；

b_c——构造柱沿墙长方向的宽度；

l——构造柱的间距。

当 $b_c/l>0.25$，取 $b_c/l=0.25$；当 $b_c/l<0.05$ 时，取 $b_c/l=0$，因为构造柱间距过大时，提高墙体稳定性和刚度的作用已经很少。

上述考虑构造柱有利作用的高厚比验算不适用于施工阶段。施工程序要求先砌筑墙体，后浇筑混凝土柱，因此应注意采取措施保证墙体在施工期间的稳定性。

(2) 带壁柱墙的高厚比验算　带壁柱墙的高厚比验算应包括两部分：横墙之间整片的高厚比验算和壁柱间墙的高厚比验算(图 5-2)。

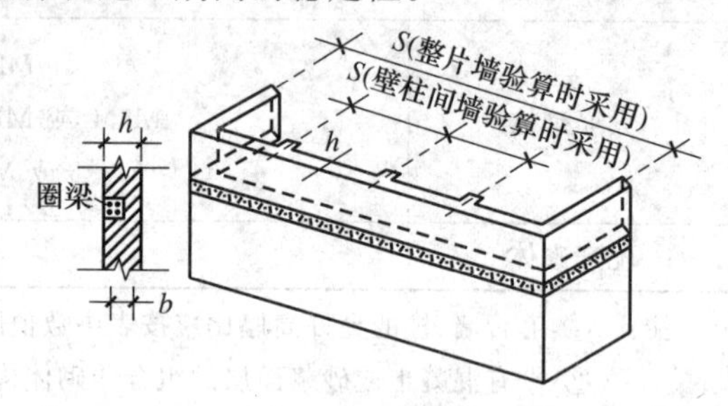

图 5-2　带壁柱墙的高厚比验算

验算整片墙时，按式(5-2)计算高厚比，按式(5-3)进行高厚比验算。

验算壁柱间墙的高厚比，是为了保证其局部稳定性，按式(5-1)计算高厚比，按式(5-3)进行高厚比验算。同时，s 应取相邻壁柱间的距离。由于墙体四周支承条件对其稳定比较有利。故规定此时无论房屋结构属于何种静力计算方案，壁柱间墙的计算高度 H_0 一律按刚性方案取值。

(3) 构造柱间墙的高厚比验算　带构造柱墙中构造柱间墙的高厚比，以式(5-3)验算，s 应取相邻构造柱间的距离。计算高度 H_0 也按刚性方案取值。

设有钢筋混凝土圈梁的带壁柱墙、带构造柱墙，当 $b/s\geqslant 1/30$ 时，圈梁可视作壁柱间墙或构造柱间墙的不动铰支点(即取 $H_b=H$，b 为圈梁宽度)。当满足上述条件且不允许增加圈梁宽度时，可按墙体平面外等刚度原则增加圈梁高度，此时，圈梁仍可视为壁柱间墙或构造柱间墙的不动铰支点。

[例 5-1]　某刚性方案混合结构房屋的顶层山墙高度为 4.1m(取山墙顶和檐口的平均高度)，山墙为用 Mb7.5 砌块砌筑砂浆砌筑的单排孔混凝土小型空心砌块墙，厚 190mm，长 8.4m。试验算其高厚比：(1) 不开门窗洞口时；(2) 开有三个 1.2m 宽的窗洞口时。

[解]　　$s=8400>2H=2\times4100=8200\text{mm}$

查表 5-1　$H_0=1.0H=4100\text{mm}$

查表 5-2　$[\beta]=26$

(1) 不开门窗洞口　$\beta=\frac{H_0}{h}=\frac{4100}{190}=21.6<[\beta]$

满足要求。

(2) 有门窗洞口

$$\mu_2=1-0.4\frac{b_s}{s}=1-0.4\times\frac{1200\times3}{8400}=0.83$$

$$\mu_2[\beta]=0.83\times26=21.6$$

$$\beta=\frac{H_0}{h}=\frac{4100}{190}=21.6=\mu[\beta]$$

满足要求。

[例 5-2] 某单跨房屋墙的壁柱间距为 4m，中间开有宽为 1.8m 的窗，壁柱高度(从基础顶面开始计算)为 5.5m，房屋属刚弹性方案。试验算带壁柱墙(图 5-3)的高厚比(砂浆强度等级 M2.5)。

[解] 带壁柱墙的截面用窗间墙截面验算。

(1) 求壁柱截面的折算厚度

$$A=240\times2200+370\times250=620500(\text{mm}^2)$$

$$y_1=\frac{240\times2200\times120+250\times370\left(240+\frac{250}{2}\right)}{620500}=156.5(\text{mm})$$

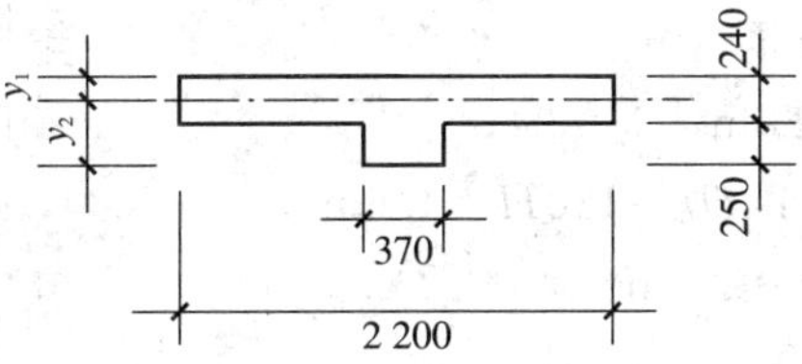

图 5-3 例题 5-2 图

$$y_2=(240+250)-156.5=333.5(\text{mm})$$

$$I=\frac{1}{12}\times2200\times240^3+2200\times240\times(156.5-120)^2+\frac{1}{12}\times370\times250^3$$

$$+370\times250\times(333.5-125)^2=7.74\times10^9(\text{mm}^4)$$

$$i=\sqrt{\frac{I}{A}}=\sqrt{\frac{7.74\times10^9}{620500}}=111.7(\text{mm})$$

$$h_T=3.5i=3.5\times111.7=391(\text{mm})$$

(2) 确定计算高度

查表 5-1 得 $H_0=1.2H=1.2\times5500=6600(\text{mm})$

(3) 整片墙高厚比验算

查表 5-2 得 $[\beta]=22$

墙上开有门窗

$$\mu_2=1-0.4\frac{b_s}{s}=1-0.4\frac{1800}{4000}=0.82$$

$$\mu_2[\beta]=0.82\times22=18.0$$

$$\beta=\frac{H_0}{h_T}=\frac{6600}{391}=16.9<\mu_2[\beta]$$

满足要求。

(4) 壁柱间墙高厚比验算

$$s=4000<H=5500\ (\text{mm})$$

查表 5-1　$H_0=0.6s=0.6\times4000=2400(\text{mm})$

$$\beta=\frac{H_0}{h}=\frac{2400}{240}=10.0<\mu_2[\beta]$$

满足要求。

[例 5-3]　某办公楼平面布置如图 5-4 所示，采用钢筋混凝土楼盖，为刚性方案房屋。纵、横墙均为 240mm 厚，砂浆为 M5.0，底层墙高 4.6m（算至基础顶面）。隔墙厚 120mm，砂浆 M2.5，高 3.6m。试验算各种墙的高厚比。

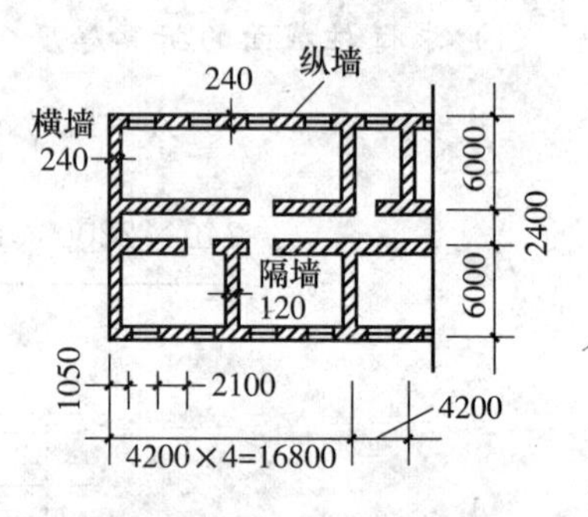

图 5-4　例题 5-3 图

[解]　(1) 纵墙高厚比验算

横墙间距 $s=4.2\times4=16.8\text{m}$，$[\beta]=24$；

横墙间距 $s>2H$，查表 5-1，$H_0=1.0H=4.6\text{m}$

壁柱间距 $s=4.2\text{m}$，且 $b_s=2.1\text{m}$

$$\mu_2=1-0.4\times\frac{b_s}{s}=1-0.4\times\frac{2100}{4200}=0.8$$

$$\beta=\frac{H_0}{h}=\frac{4600}{240}=19.2=\mu_2[\beta]=0.8\times24=19.2$$

满足要求。

(2) 横墙高厚比验算

纵墙间距 $s=6\text{m}$，$2H>s>H$

$$H_0=0.4s+0.2H=0.4\times6000+0.2\times4600=3320(\text{mm})$$

$$\beta=\frac{H_0}{h}=\frac{3320}{240}=13.8<[\beta]=22$$

满足要求。

(3) 隔墙高厚比验算

因隔墙上端砌筑时一般只能用斜放立砖顶住楼板，应按顶端为不动铰支座考虑，两侧与纵横拉结不好，按两侧无拉结考虑。则取其计算高度为

$$H_0=1.0H=3.6(\text{m})$$

隔墙是非承重墙，$h=120\text{mm}$。

$$\mu_1=1.2+\frac{1.5-1.2}{240-90}(240-120)=1.44$$

$$\mu_1[\beta]=1.44\times22=31.7$$

$$\beta=\frac{H_0}{h}=\frac{3600}{120}=30<\mu_1[\beta]$$

满足要求。

5.1.2 无筋砌体受压承载力

1. 单向偏心受压构件

(1) 短柱　短柱是指其承载力仅与截面尺寸和材料强度有关的柱。设计中按高厚比值区分,可认为 $\beta\leqslant3$ 的墙柱构件为短柱受力。

试验研究表明,荷载 N 的偏心距 $e=0$ 时,截面应力基本上呈均匀分布(图 5-5(a))。随荷载偏心距的增大,截面应力分布变得不均匀(图 5-5(b))。偏心距继续增大后,远离荷载的截面边缘由受压而逐渐变为受拉。一旦该拉应力达到砌体沿通缝截面的弯曲抗拉强度,短柱相继产生水平裂缝(图 5-5(c))。且随荷载的增大,水平裂缝不断地向荷载偏心一侧延伸发展(图 5-5(d)),直至破坏。

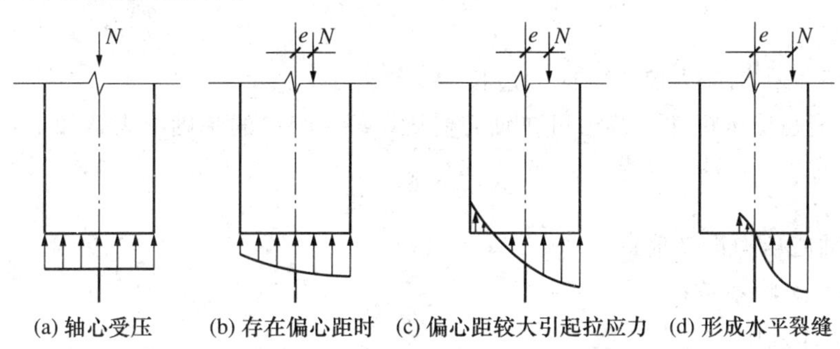

图 5-5　砌体短柱受压时应力的变化

由上述砌体在单向偏心受压时的受力特性可以看出,一方面,砌体截面的压应力图形呈曲线分布,随水平裂缝的发展受压面积逐渐减小,荷载对减小了的受压截面的偏心距也逐渐减小,局部受压面积上的砌体抗压强度一般都有所提高(见本章第二节)。这些因素对砌体的承载能力产生有利影响;而另一方面,砌体截面受压面积的削弱又对承载能力产生不利影响,总的来说是不利的。现有的试验研究对上述因素的影响尚难以分别予以确定,因此,实用上用一个其值小于 1.0 的系数即短柱偏心影响系数 α 综合反映单向偏心受压的不利影响。

根据四川省建筑科学研究所等单位对矩形、T 形、十字形截面砌体的试验结果,经统计分析,得到如下砌体短柱单向偏心受压影响系数 α 计算公式(图 5-6):

$$\alpha=\frac{1}{1+(e/i)^2}\tag{5-6}$$

式中　e—— 轴向力偏心距,$e=\frac{M}{N}$;

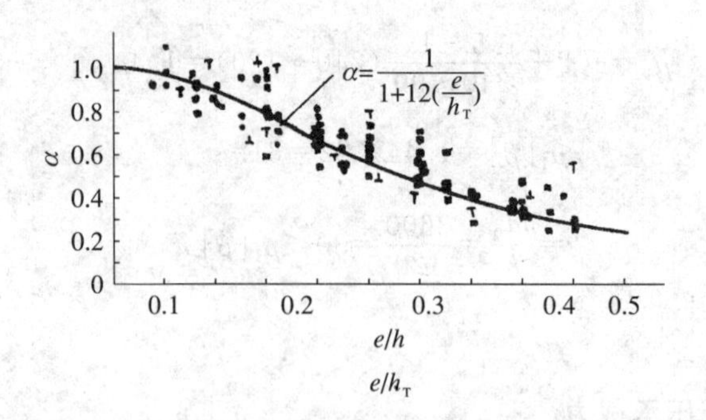

图 5-6 偏心影响系数 α

M,N——截面弯矩和轴力设计值；

i——截面的回转半径，$i=\sqrt{\dfrac{I}{A}}$；

I——截面沿偏心方向的惯性矩；

A—— 构件毛截面面积。带壁柱墙的翼缘计算宽度 h_f 取值如前所述。

对矩形截面墙、柱，可用下式计算：

$$\alpha=\frac{1}{1+12(e/h)^2} \tag{5-7}$$

式中，h 为矩形截面在轴向力偏心方向的边长。

所以，单向偏心受压短柱承载力可在轴心受压（$N=fA$）的基础上表达如下：

$$N\leqslant \alpha fA \tag{5-8}$$

式中 N——轴心压力设计值；

α——偏心影响系数；

f—— 砌体抗压强度设计值。

计算 T 形截面构件时也可直接用式(5-7)计算，但此时应以折算厚度 h_T 取代 h，取 $h_T=3.5i$。i 为截面的回转半径。

(2) 长柱 长柱的受压承载力计算还应考虑高厚比的不利影响。设计时可认为 $\beta>3.0$ 的墙柱构件属于长柱受力。

较细长的柱或高而薄的墙承受轴心压力时，由于偶然偏心的影响往往产生侧向变形，引起构件纵向弯曲，因而导致受压承载力的降低。这种偶然偏心是由于砌体材料的非匀质性、砌筑时构件尺寸的偏差以及轴心压力实际作用位置的偏差等因素引起的。由于砌体中块体和砂浆的匀质性较差，又有大量灰缝，构件整体性差，增加了产生偶然偏心的机率。与钢结构构件或钢筋混凝土构件相比，砌体构件中的偶然偏心影响更为不利。这种纵向弯曲的影响可用轴心受压稳定系数 φ_0 反映：

$$\varphi_0=\frac{1}{1+\eta\beta^2} \tag{5-9}$$

式中的系数 η 反映砂浆强度等级等因素对砌体稳定性质的影响。当砂浆强度等级大于或等于 M5 时，$\eta=0.0015$；当砂浆强度等级为 M2.5 时，$\eta=0.002$；当砂浆强度为 0 时，η

=0.009。以上取值也是根据受压砌体的试验结果和工程经验得出的。

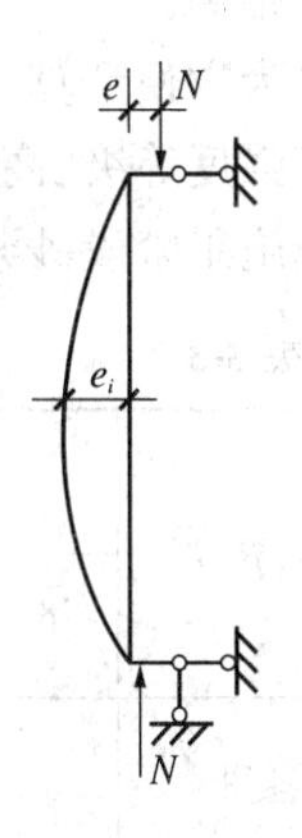

图 5-7 单向偏心受压的纵向弯曲

长柱单向偏心受压时，将产生侧向变形 e_i（图 5-7），由它引起的附加弯矩为 M_{e_i}，故称 e_i 为附加偏心距。因此，单向偏心受压长柱承载力的影响系数 φ 应在短柱受力的基础上再考虑附加偏心距 e_i 的影响，即

$$\varphi=\frac{1}{1+[(e+e_i)/i]^2} \tag{5-10}$$

φ 称为高厚比 β 和轴向力偏心距 e 对受压构件承载力的影响系数，简称承载力影响系数。

当轴心受压时，$e=0$，该承载力影响系数等于稳定系数，即

$$\frac{1}{1+(e_i/i)^2}=\varphi_0$$

解得附加偏心距

$$e_i=i\sqrt{\frac{1}{\varphi_0}-1}$$

于是

$$\varphi=\frac{1}{1+\left(\frac{e}{i}+\sqrt{\frac{1}{\varphi_0}-1}\right)^2} \tag{5-11}$$

上式可用于计算任意截面的单向偏心受压承载力影响系数。

当为矩形截面时，附加偏心距

$$e_i=\frac{h}{\sqrt{12}}\sqrt{\frac{1}{\varphi_0}-1}$$

其承载力影响系数 φ 按下式计算：

$$\varphi=\frac{1}{1+12\left[\frac{e}{h}+\sqrt{\frac{1}{12}\left(\frac{1}{\varphi_0}-1\right)}\right]^2} \tag{5-12}$$

其中，稳定系数 φ_0 按式(5-9)计算。

计算 T 形受压构件时，应以折算厚度 h_T 取代式(5-12)中的 h，$h_T=3.5i$。i 为截面的回转半径。

对于短柱，稳定系数 $\varphi_0=1.0$，则其承载力影响系数为

$$\varphi=\frac{1}{1+12(e/h)^2} \tag{5-13}$$

与式(5-7)相比，可知短柱的承载力影响系数 φ 即为偏心影响系数 α。

试验表明，偏心距相当大时，承载能力值很离散且较低，可靠度难以保证。因此，计算时要求控制偏心距。《规范》规定 $e\leqslant 0.6y$，其中，y 为截面重心到轴向力所在偏心方向截面边

缘的距离。

为方便计算,《规范》给出了影响系数 φ 的计算表格,见表 5-3—表 5-5。根据构件所用砂浆强度等级、高厚比 β 和相对偏心距 e/h(或 e/h_T),可查得 φ 值。表 5-5(砂浆强度为 0)用于施工阶段砂浆尚未硬化的新砌砌体计算。

表 5-3　影响系数 φ(砂浆强度等级≥M5)

β	$\frac{e}{h}$或$\frac{e}{h_T}$												
	0	0.025	0.05	0.075	0.1	0.125	0.15	0.175	0.2	0.225	0.25	0.275	0.3
≤3	1	0.99	0.97	0.94	0.89	0.84	0.79	0.73	0.68	0.62	0.57	0.52	0.48
4	0.98	0.95	0.90	0.85	0.80	0.74	0.69	0.64	0.58	0.53	0.49	0.45	0.41
6	0.95	0.91	0.86	0.81	0.75	0.69	0.64	0.59	0.54	0.49	0.45	0.42	0.38
8	0.91	0.86	0.81	0.76	0.70	0.64	0.59	0.54	0.50	0.46	0.42	0.39	0.36
10	0.87	0.82	0.76	0.71	0.65	0.60	0.55	0.50	0.46	0.42	0.39	0.36	0.33
12	0.82	0.77	0.71	0.66	0.60	0.55	0.51	0.47	0.43	0.39	0.36	0.33	0.31
14	0.77	0.72	0.66	0.61	0.56	0.51	0.47	0.43	0.40	0.36	0.34	0.31	0.29
16	0.72	0.67	0.61	0.56	0.52	0.47	0.44	0.40	0.37	0.34	0.31	0.29	0.27
18	0.67	0.62	0.57	0.52	0.48	0.44	0.40	0.37	0.34	0.31	0.29	0.27	0.25
20	0.62	0.57	0.53	0.48	0.44	0.40	0.37	0.34	0.32	0.29	0.27	0.25	0.23
22	0.58	0.53	0.49	0.45	0.41	0.38	0.35	0.32	0.30	0.27	0.25	0.24	0.22
24	0.54	0.49	0.45	0.41	0.38	0.35	0.32	0.30	0.28	0.26	0.24	0.22	0.21
26	0.50	0.46	0.42	0.38	0.35	0.33	0.30	0.28	0.26	0.24	0.22	0.21	0.19
28	0.46	0.42	0.39	0.36	0.33	0.30	0.28	0.26	0.24	0.22	0.21	0.19	0.18
30	0.42	0.39	0.36	0.33	0.31	0.28	0.26	0.24	0.22	0.21	0.20	0.18	0.17

表 5-4　影响系数 φ(砂浆强度等级=M2.5)

β	$\frac{e}{h}$或$\frac{e}{h_T}$												
	0	0.025	0.05	0.075	0.1	0.125	0.15	0.175	0.2	0.225	0.25	0.275	0.3
≤3	1	0.99	0.97	0.94	0.89	0.84	0.79	0.73	0.68	0.62	0.57	0.52	0.48
4	0.97	0.94	0.89	0.84	0.78	0.73	0.67	0.62	0.57	0.52	0.48	0.44	0.40
6	0.93	0.89	0.84	0.78	0.73	0.67	0.62	0.57	0.52	0.48	0.44	0.40	0.37
8	0.89	0.84	0.78	0.72	0.67	0.62	0.57	0.52	0.48	0.44	0.40	0.37	0.34
10	0.83	0.73	0.72	0.67	0.61	0.56	0.52	0.47	0.43	0.40	0.37	0.34	0.31

续表

β	$\frac{e}{h}$或$\frac{e}{h_T}$												
	0	0.025	0.05	0.075	0.1	0.125	0.15	0.175	0.2	0.225	0.25	0.275	0.3
12	0.78	0.72	0.67	0.61	0.56	0.52	0.47	0.43	0.40	0.37	0.34	0.31	0.29
14	0.72	0.66	0.61	0.56	0.51	0.47	0.43	0.40	0.36	0.34	0.31	0.29	0.27
16	0.66	0.61	0.56	0.51	0.47	0.43	0.40	0.36	0.34	0.31	0.29	0.26	0.25
18	0.61	0.56	0.51	0.47	0.43	0.40	0.36	0.33	0.31	0.29	0.26	0.24	0.23
20	0.56	0.51	0.47	0.43	0.39	0.36	0.33	0.31	0.28	0.26	0.24	0.23	0.21
22	0.51	0.47	0.43	0.39	0.36	0.33	0.31	0.28	0.26	0.24	0.23	0.21	0.20
24	0.46	0.43	0.39	0.36	0.33	0.31	0.28	0.26	0.24	0.23	0.21	0.20	0.18
26	0.42	0.39	0.36	0.33	0.31	0.28	0.26	0.24	0.22	0.21	0.20	0.18	0.17
28	0.39	0.36	0.33	0.30	0.28	0.26	0.24	0.22	0.21	0.20	0.18	0.17	0.16
30	0.36	0.33	0.30	0.28	0.26	0.24	0.22	0.21	0.20	0.18	0.17	0.16	0.15

计算无筋砌体受压承载力时，无论是用式(5-12)计算影响系数φ或查用φ表，对不同块体材料的砌体，应先对高厚比值β乘以修正系数γ_β：烧结普通砖、烧结多孔砖砌体，$\gamma_\beta=1.0$；混凝土及轻集料混凝土砌块砌体，$\gamma_\beta=1.1$；对蒸压灰砂砖、蒸压粉煤灰砖、细料石、半细料石砌体，$\gamma_\beta=1.2$；粗料石、毛石砌体，$\gamma_\beta=1.5$；灌孔混凝土砌块砌体，$\gamma_\beta=1.0$。

表 5-5　　影响系数φ(砂浆强度=0)

β	$\frac{e}{h}$或$\frac{e}{h_T}$												
	0	0.025	0.05	0.075	0.1	0.125	0.15	0.175	0.2	0.225	0.25	0.275	0.3
≤3	1	0.99	0.97	0.94	0.89	0.84	0.79	0.73	0.68	0.62	0.57	0.52	0.48
4	0.87	0.82	0.77	0.71	0.66	0.60	0.55	0.51	0.46	0.43	0.39	0.36	0.33
6	0.76	0.70	0.65	0.59	0.64	0.50	0.46	0.42	0.39	0.36	0.33	0.30	0.28
8	0.63	0.58	0.54	0.49	0.45	0.41	0.38	0.35	0.32	0.30	0.28	0.25	0.24
10	0.53	0.48	0.44	0.41	0.37	0.34	0.32	0.29	0.27	0.25	0.23	0.22	0.20
12	0.44	0.40	0.37	0.34	0.31	0.29	0.27	0.25	0.23	0.21	0.20	0.19	0.17
14	0.36	0.33	0.31	0.28	0.26	0.24	0.23	0.21	0.20	0.18	0.17	0.16	0.15
16	0.30	0.28	0.26	0.24	0.22	0.21	0.19	0.18	0.17	0.16	0.15	0.14	0.13
18	0.26	0.24	0.22	0.21	0.19	0.18	0.17	0.16	0.15	0.14	0.13	0.12	0.12
20	0.22	0.20	0.19	0.18	0.17	0.16	0.15	0.14	0.13	0.12	0.12	0.11	0.10
22	0.19	0.18	0.16	0.15	0.14	0.14	0.13	0.12	0.12	0.11	0.10	0.10	0.09
24	0.16	0.15	0.14	0.13	0.13	0.12	0.11	0.11	0.10	0.10	0.09	0.09	0.08
26	0.14	0.13	0.13	0.12	0.11	0.11	0.10	0.10	0.09	0.09	0.08	0.08	0.07
28	0.12	0.12	0.11	0.11	0.10	0.10	0.09	0.09	0.08	0.08	0.08	0.07	0.07
30	0.11	0.10	0.10	0.09	0.09	0.09	0.08	0.08	0.07	0.07	0.07	0.07	0.06

(3) 综合以上讨论，墙、柱等受压构件承载力应按下式计算

$$N\leqslant \varphi fA \tag{5-14}$$

对于矩形截面构件，若轴向力偏心方向的截面边长大于另一边长时，除了按单向偏心受压计算承载力外，还应对较小边长按轴心受压计算承载力。

[例 5-4] 一承受轴心压力砖柱的截面尺寸为 370mm×490mm，采用 MU10 烧结普通砖、M2.5 混合砂浆砌筑，荷载设计值(其中仅有一个活荷载)在柱顶产生的轴向力 140kN，柱的计算高度取其实际高度 3.5m。试验算该柱承载力。

[解] 砖柱自重

$$1.2\times18\times0.37\times0.49\times3.5=13.7(\text{kN})$$

柱底截面的轴心压力

$$N=13.7+140=153.7(\text{kN})$$

高厚比 $\beta=\dfrac{H_0}{h}=\dfrac{3500}{370}=9.46<[\beta]=15$，查表 5-4，$\varphi=0.846$

查得 $f=1.30\text{N/mm}^2$

因柱截面面积 $A=0.37\times0.49=0.181<0.3\text{m}^2$，应考虑强度调整系数

$$\gamma_a=0.7+A=0.7+0.181=0.881$$

$$\varphi\gamma_a fA=0.846\times0.881\times1.30\times181000=175(\text{kN})>N=153.7(\text{kN})$$

满足要求。

[例 5-5] 一矩形截面单向偏心受压柱的截面尺寸 $b\times h=490\text{mm}\times620\text{mm}$，计算高度 5m，承受轴力和弯矩设计值 $N=160\text{kN}$，$M=18\text{kN}\cdot\text{m}$，弯矩沿截面长边方向。用 MU10 烧结多孔砖及 M2.5 混合砂浆砌筑($f=1.30\text{N/mm}^2$)。试验算柱的承载力。

[解] (1) 验算柱长边方向承载力

$$e=\frac{M}{N}=\frac{18\times10^3}{160}=112.5\text{mm}<0.6y=0.6\times\frac{620}{2}=186(\text{mm})$$

$$\frac{e}{h}=\frac{112.5}{620}=0.181$$

查表 5-2，得$[\beta]=15$

$$\beta=\frac{H_0}{h}=\frac{5000}{620}=8.06<[\beta]$$

查表 5-4，得 $\varphi=0.51$

$$A=490\times620=0.304\ \text{m}^2>0.3\ \text{m}^2$$

$$\varphi fA=0.51\times1.30\times0.304\times10^6=202(\text{kN})>N=160(\text{kN})$$

满足要求。

(2) 验算柱短边方向承载力

由于轴向力偏心方向的截面边长为长边，故应对短边方向按轴心受压进行承载力验算。

$$\beta=\frac{H_0}{b}=\frac{5000}{490}=10.2<[\beta]$$

查表 5-4，得 $\varphi=0.825(e=0)$

$$\varphi fA=0.825\times1.30\times0.304\times10^6=326(\text{kN})>N=160(\text{kN})$$

满足要求。

［例 5-6］ 截面尺寸为 1200mm×190mm 的窗间墙用 MU10 单排孔混凝土砌块与 Mb7.5 砌块砂浆砌筑（$f=2.50\text{N/mm}^2$），灌孔混凝土强度等级 Cb20（$f_c=9.6\text{N/mm}^2$），混凝土砌块孔洞率 $\delta=35\%$，砌体灌孔率 $\rho=33\%$。墙的计算高度 4.2m，承受轴向力设计值 $N=143\text{kN}$，在截面厚度方向的偏心距 $e=40\text{mm}$。试验算该窗间墙的承载力。

［解］

$$\beta=\gamma_\beta\frac{H_0}{h}=1.1\times\frac{4200}{190}=24.3<[\beta]=26$$

窗间墙砌块砌体孔洞没有全部用混凝土灌注，故取 $\gamma_\beta=1.1$。

$$e=40<0.6y=0.6\times190/2=57(\text{mm}),\ \frac{e}{h}=\frac{40}{190}=0.211$$

查表 5-3，得 $\varphi=0.263$

灌孔混凝土面积和砌体毛面积的比值

$$\alpha=\delta\rho=0.35\times0.33=0.116$$

灌孔砌体的抗压强度设计值

$$f_g=f+0.6\alpha f_c=2.50+0.6\times0.116\times9.6=3.17(\text{N/mm}^2)<2f=5.0(\text{N/mm}^2)$$

截面面积 $A=1.2\times0.19=0.228(\text{m}^2)<0.3\text{m}^2$，应考虑强度调整系数

$$\gamma_a=0.7+A=0.7+0.228=0.928$$

$$\varphi\gamma_a f_g A=0.263\times0.928\times3.16\times228000$$

$$=175.8(\text{kN})>N=143(\text{kN})$$

满足要求。

［例 5-7］ 房屋柱距 4m，带壁柱窗间墙尺寸如图 5-8所示。计算高度 $H_0=6.5\text{m}$，用 MU10 烧结多孔砖及 M5 混合砂浆砌筑（$f=1.50\text{N/mm}^2$），由荷载产生的轴向力设计值 $N=280\text{kN}$，偏心距 $e=120\text{mm}$，荷载偏向截面翼缘。试验算壁柱墙的承载力。

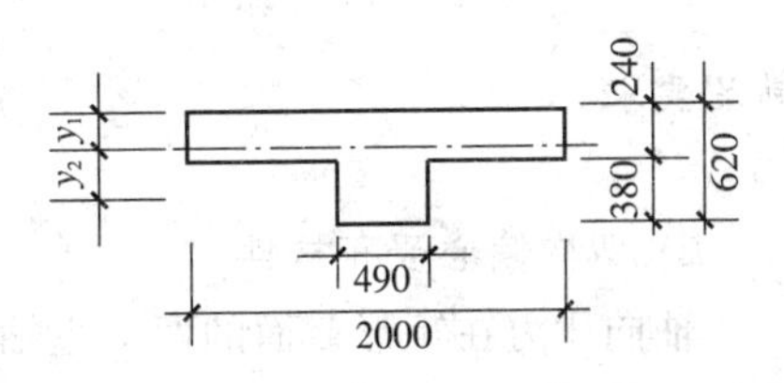

图 5-8 例题 5-7 图

［解］ (1) 求折算厚度

$$A=2\times0.24+0.49\times0.38=0.666>0.3\text{m}^2$$

$$y_1=\frac{2\times0.24\times0.12+0.49\times0.38(0.24+0.19)}{0.666}\times10^3=207(\text{mm})$$

$$y_2=620-207=413(\text{mm})$$

$$I=\left[\frac{1}{12}\times2\times0.24^3+2\times0.24\times(0.207-0.12)^2\right.$$

$$\left.+\frac{1}{12}\times0.49\times0.38^3+0.49\times0.38\times(0.413-0.19)^2\right]\times10^{12}$$

$$=17.44\times10^9(\text{mm}^4)$$

$$i=\sqrt{\frac{I}{A}}=\sqrt{\frac{17.44\times10^9}{666000}}=162(\text{mm})$$

$$h_T=3.5i=3.5\times162=567(\text{mm})$$

(2) 受压承载力计算

$$e=120<0.6y_1=0.6\times207=124(\text{mm})$$

$$[\beta]=24,\mu_1=1.0$$

$$\mu_2=1-0.4b_s/S=1-(0.4\times2)/4=0.8$$

$$\mu_1\mu_2[\beta]=1.0\times0.8\times24=19.2$$

$$\beta=\frac{H_0}{h_T}=\frac{6500}{567}=11.5<19.2$$

$$\frac{e}{h_T}=\frac{120}{567}=0.21$$

$$\varphi_0=\frac{1}{1+\eta\beta^2}=\frac{1}{1+0.0015\times11.5^2}=0.834$$

$$\varphi=\frac{1}{1+12\left[\frac{e}{h_T}+\sqrt{\frac{1}{12}\left(\frac{1}{\varphi_0}-1\right)}\right]^2}=\frac{1}{1+12\left[\frac{1}{12}\left(\frac{1}{0.834}-1\right)\right]^2}=0.42$$

φ 值也可通过查表 5-3 得到。

$$\varphi fA=0.42\times1.50\times666000=419.6(\text{kN})>N=280(\text{kN})$$

满足要求。

2. 双向偏心受压构件

轴向压力在矩形截面的两个主轴方向都有偏心距，或同时承受轴心压力及两个方向弯矩的构件，即为双向偏心受压构件。

双向偏心受压构件截面承载力的计算，显然比单向偏心受压构件复杂。国内外有关研究较少，目前尚无精确的理论求解方法。根据湖南大学的试验研究，《规范》中建议仍采用附加偏心距法。

如图 5-9 所示，记轴向力在截面重心 x 轴、y 轴方向的偏心距为 e_b，e_h。并记截面重心 x 轴、y 轴方向的附加偏心距为 e_{ib}，e_{ih}。承载力仍按单向偏心受压公式(5-14)计算。

无筋砌体矩形截面双向偏心受压构件承载力的影响系数 φ，可按下列公式计算：

$$\varphi=\frac{1}{1+12\left[\left(\frac{e_{b}+e_{ib}}{b}\right)^{2}+\left(\frac{e_{h}+e_{ih}}{h}\right)^{2}\right]} \tag{5-15}$$

其中，轴向力在截面重心 x 轴、y 轴方向的的附加偏心距 e_{ib}、e_{ih} 计算公式为

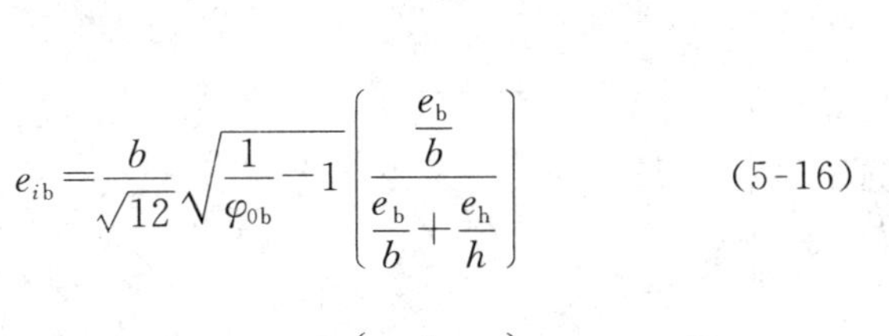

$$e_{ib}=\frac{b}{\sqrt{12}}\sqrt{\frac{1}{\varphi_{0b}}-1}\left(\frac{\frac{e_{b}}{b}}{\frac{e_{b}}{b}+\frac{e_{h}}{h}}\right) \tag{5-16}$$

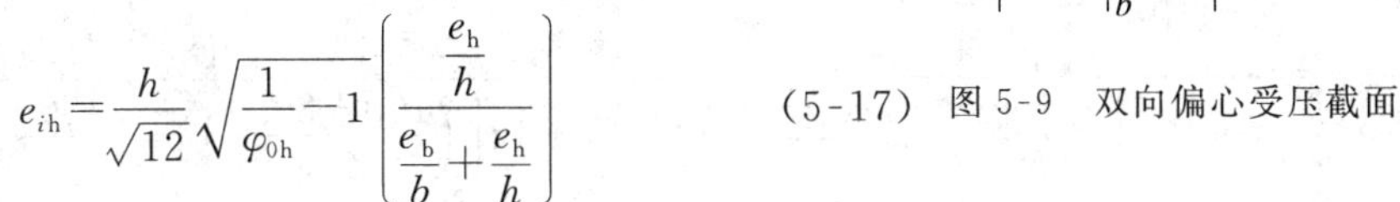

$$e_{ih}=\frac{h}{\sqrt{12}}\sqrt{\frac{1}{\varphi_{0h}}-1}\left(\frac{\frac{e_{h}}{h}}{\frac{e_{b}}{b}+\frac{e_{h}}{h}}\right) \tag{5-17}$$

图 5-9　双向偏心受压截面

试验表明，当偏心距 $e_{b}>0.3b$ 和 $e_{h}>0.3h$ 时，随着荷载的增加，砌体内水平裂缝和竖向裂缝几乎同时发生，甚至水平裂缝早于竖向裂缝出现，因而设计双向偏心受压构件时，规定偏心距限值为 $e_{b}\leqslant 0.5x$ 和 $e_{h}\leqslant 0.5y$。x 和 y 分别为自截面重心沿 x 轴和 y 轴至轴向力所在偏心方向截面边缘的距离。

附加偏心距法分析还表明，当一个方向的偏心率（如 e_{b}/b）不大于另一方向偏心率（e_{h}/h）的 5%时，可简化按另一方向的单向偏心受压（e_{h}/h）计算，其承载力的计算误差小于 5%。上述计算方法与单向偏心受压承载力计算相衔接，且与试验研究结果符合良好。

［例 5-8］　某矩形截面砖柱截面尺寸为 490mm×620mm，用 MU10 烧结普通砖和 M5 混合砂浆砌筑。柱沿 x 轴和 y 轴两个方向的计算高度均为 6m。作用于柱上的轴向力 $N=100\text{kN}$，已知偏心距 $e_{b}=100\text{mm}$，$e_{h}=150\text{mm}$。试验算该柱的受压承载力。

［解］　$e_{b}=100\leqslant 0.5x=0.5\times 490/2=122.5(\text{mm})$

$e_{h}=150\leqslant 0.5y=0.5\times 620/2=155(\text{mm})$，可以。

（1）求高厚比

$$\beta_{h}=H_{0}/h=6000/620=9.68$$

$$\beta_{b}=H_{0}/b=6000/490=12.24$$

（2）求稳定系数

$$\varphi_{0h}=\frac{1}{1+\eta\beta_{h}^{2}}=\frac{1}{1+0.0015\times 9.68^{2}}=0.877$$

$$\varphi_{0b}=\frac{1}{1+\eta\beta_{b}^{2}}=\frac{1}{1+0.0015\times 12.24^{2}}=0.817$$

（3）求相对偏心距

$$e_{b}/b=100/490=0.204$$

$$e_{h}/h=150/620=0.242$$

(4) 求附加偏心距

$$e_{ib}=\frac{b}{\sqrt{12}}\sqrt{\frac{1}{\varphi_{0b}}-1}\left(\frac{\frac{e_b}{b}}{\frac{e_b}{b}+\frac{e_h}{h}}\right)=\frac{490}{\sqrt{12}}\sqrt{\frac{1}{0.817}-1}\left(\frac{0.204}{0.204+0.242}\right)=30.6(\text{mm})$$

$$e_{ih}=\frac{h}{\sqrt{12}}\sqrt{\frac{1}{\varphi_{0h}}-1}\left(\frac{\frac{e_h}{h}}{\frac{e_b}{b}+\frac{e_h}{h}}\right)=\frac{620}{\sqrt{12}}\sqrt{\frac{1}{0.817}-1}\left(\frac{0.242}{0.204+0.242}\right)=36.4(\text{mm})$$

(5) 求影响系数 φ

$$\varphi=\frac{1}{1+12\left[\left(\frac{e_b+e_{ib}}{b}\right)^2+\left(\frac{e_h+e_{ih}}{h}\right)^2\right]}=\frac{1}{1+12\left[\left(\frac{100+30.6}{490}\right)^2+\left(\frac{150+36.4}{620}\right)^2\right]}$$

$$=0.34$$

(6) 截面承载力

查得砌体抗压强度设计值 $f=1.50\text{N/mm}^2$

$$\varphi fA=0.34\times490\times620\times1.50=154.9\text{kN}>N=100\text{kN}$$

满足要求。

5.2 砌体局部受压

局部受压是砌体结构中常见的受力状态之一，此时，轴向压力仅作用于砌体截面的部分面积上。局部压应力均匀分布时，称局部均匀受压，例如在承受上部柱传来的压力时墙体或基础顶面上的应力分布；局部压应力不均匀时，称为局部不均匀受压，例如梁或屋架端部支承处的砌体截面应力分布(图 5-10)。

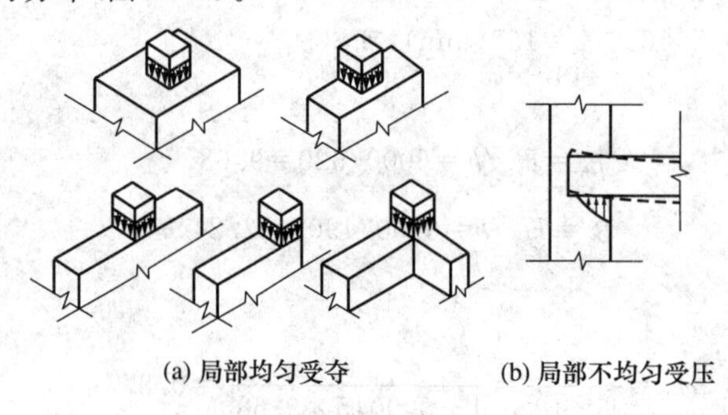

(a) 局部均匀受夺　　(b) 局部不均匀受压

图 5-10　砌体的局部受压应力

5.2.1　砖砌体局部受压破坏形态

通过大量试验研究发现，砖砌体局部受压有三种破坏形态(其他砌体也相似)。

1. 竖向裂缝发展而破坏

首先在垫块下方一段长度上出现竖向裂缝，随着荷载的增加，裂缝向上、下方向发展，同时出现其他竖向裂缝和斜裂缝。砌体临破坏时，砖块被压碎并有脱落。破坏时，均有一条主要竖向裂缝贯穿整个试件(图 5-11(a))。破坏是在试件内部而不是在局部受压面积处发生的。在局部受压中，这是较为常见的也是基本的破坏形态。

2. 劈裂破坏

当局部受压面积 A_l 与试件面积 A 的比值相当小时，试件的开裂与破坏几乎同时发生，形成劈裂破坏。裂缝少而集中，犹如刀劈(图 5-11(b))。

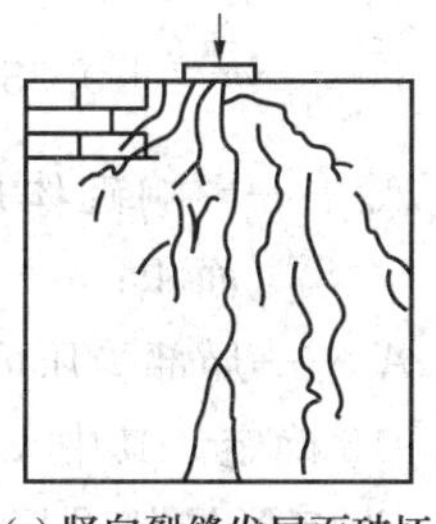

(a) 竖向裂缝发展而破坏

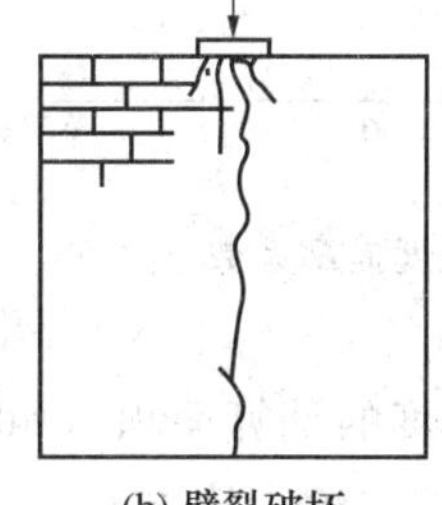

(b) 劈裂破坏

图 5-11　砌体局部均匀受压破坏

3. 与垫板直接接触处的局部破坏

这种情况较少见，一般当墙梁的墙高与跨度的比值较大、砌体强度较低时，可能发生梁支座附近砌体被压碎的现象。有关墙梁的内容见第 6 章。

构件的局部受压承载力与全截面受压相比有明显提高。受压承载力提高的机理可以用“力的扩散作用”解释(图 5-12)。一般，墙段在中部局部受压荷载作用下，试件中线上的横向应力 σ_x 和竖向应力 σ_y 的分布如图 5-13 所示，表明由于力线扩散，使钢垫板下的砌体处于双向或三向(当中心局部受压时)受压状态。中部以下砌体处于竖向受压、横向受拉的应力状态，当最大横向拉应力 σ_x 达到砌体抗拉强度时，出现第一条竖向裂缝。但由于只是在小范围内的 σ_x 达到抗拉强度，砌体并不破坏。随着竖向裂缝的发展，出现其他的竖向裂缝和斜裂缝，砌体内部应力分布情况发生变化，只有当被竖向裂缝分割的条带内的竖向压应力 σ_y 达到砌体抗压强度时，砌体才告破坏。而随着 A_l 与 A 的比值减小，最大横向拉应力的位置逐渐上移，力的扩散作用在上部较小范围内完成，局部受压破坏应在上部发生，故 A_l 与 A 的比值相当小时引起劈裂破坏。

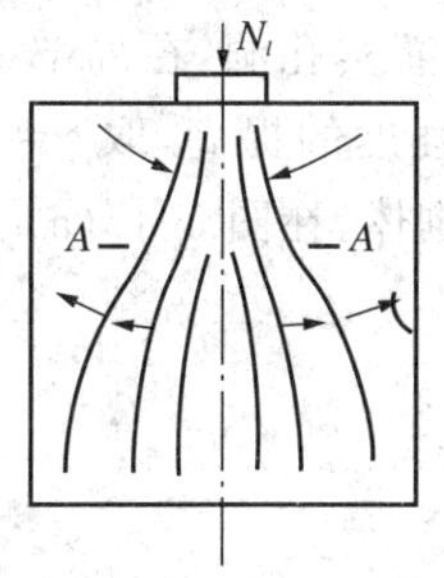

图 5-12　力的扩散作用图

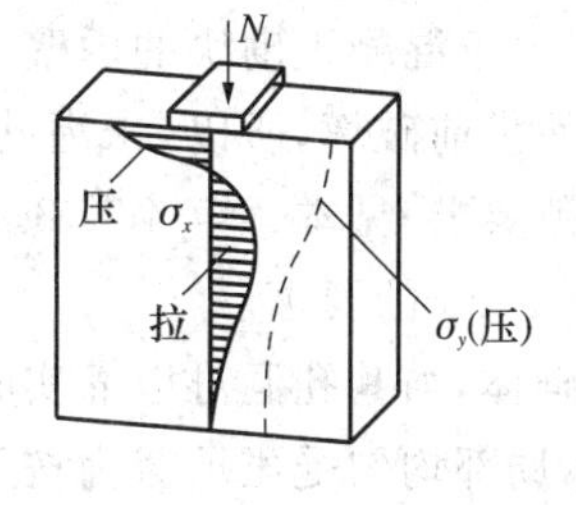

图 5-13　均匀局部受压的应力分布

砌体的受压只要存在未直接受压面积，就有力的扩散作用，就会引起双向应力或三向应力，在不同程度上提高了直接受压部分的抗压强度。

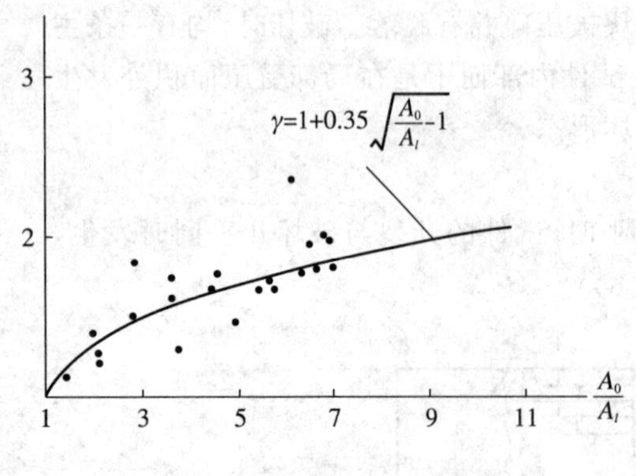

图 5-14　局部抗压强度提高系数 γ

5.2.2　局部均匀受压

通过对各种局部均匀受压砌体的试验研究分析，局部受压面积上砌体抗压强度的提高可用砌体局部抗压强度提高系数 γ 反映，并以下式计算(图 5-14)：

$$\gamma=1+0.35\sqrt{\frac{A_0}{A_l}-1} \tag{5-18}$$

式中　A_0——影响砌体局部抗压强度的计算面积；

A_l——局部受压面积。

影响砌体局部抗压强度的计算面积 A_0 可按图 5-15 确定。其中，a，b 为矩形局部受压面积 A_l 的边长；h 为墙厚或柱的较小边长，h_1 为墙厚；c 为矩形局部受压面积的外边缘至构件边缘的较小距离，当 c 大于 h 时，应取 $c=h$。

鉴于砌体的局部受压破坏是突然发生的，应限制局部抗压强度提高系数 γ 的最大值：

图 5-15(a)的情况，$\gamma \leqslant 2.5$。

图 5-15(b)的情况，$\gamma \leqslant 1.25$。

图 5-15(c)的情况，$\gamma \leqslant 2.0$。

图 5-15(d)的情况，$\gamma \leqslant 1.5$。

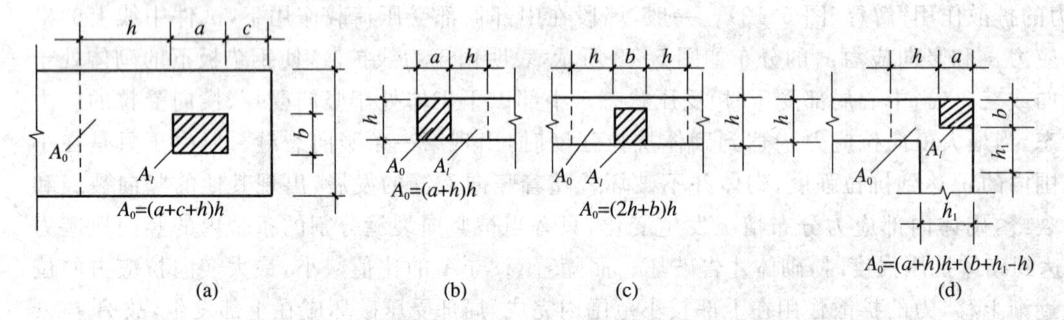

图 5-15　局部受压面积 A_l 和影响砌体局部抗压强度的计算面积 A_0

试验证实，由于混凝土砌块的内壁较薄，如未用灌孔混凝土灌实孔洞，在局部荷载下因砌块内壁压酥而提前破坏，所以，未灌孔时，不能考虑局部受压强度的提高，取 $\gamma=1.0$。对按砌体结构规范要求[见本章第 4 节 8.(4)]灌孔的混凝土砌块砌体，在图 5-15(a)、(c)的情况下，应符合 $\gamma \leqslant 1.5$ 的要求。

对多孔砖砌体，当其孔洞难以灌实时，应取 $\gamma=1.0$。

所以，砌体局部均匀受压承载力按下式计算：

$$N_l \leqslant \gamma f A_l \tag{5-19}$$

式中　N_l——局部受压面积上的轴向力设计值；

f——砌体抗压强度设计值。当局部受压面积小于 0.3m^2 时，可不考虑强度调整系数 γ_a 的影响。

5.2.3 梁端支承处砌体局部受压

砌体房屋楼(屋)盖梁端下的墙,除承受梁端传来的局部荷载 N_l外,还承受上部墙砌体传来的荷载(引起的墙体平均压应力为 σ_0)。试验研究表明,在砌体受到上部均匀压应力的情况下,若增加梁端荷载,梁底砌体局部压应力以及局部应变都增大,但梁顶面附近的 σ_0 却有所下降。其机理是此时上部的部分荷载会通过梁两侧的砌体往下传递,因而减小了由梁顶面直接传递的压应力,这一工作机理称为砌体的内拱卸荷作用(图 5-16)。这是一种内力重分布现象,对局部受压无疑是一种卸载作用,于砌体局压承载力是有利的。

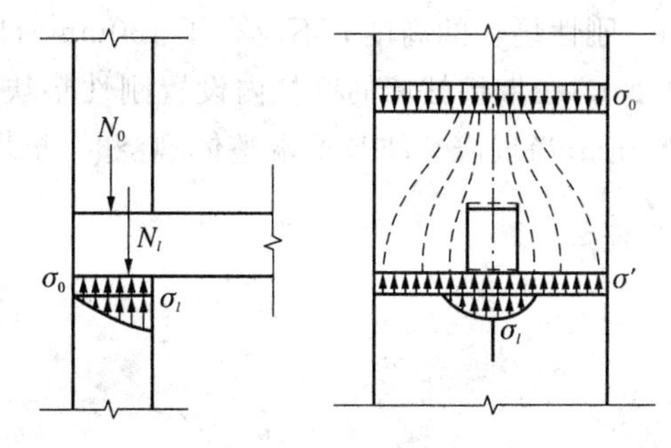

图 5-16 砌体中的内拱卸荷作用

试验还表明,内拱卸荷作用的程度与 A_0/A_l比值有关,上部荷载的效应随 A_0/A_l值增大而逐渐减弱,$A_0/A_l \geqslant 2.0$ 时已很小。因而《规范》规定,$A_0/A_l \geqslant 3.0$ 时,可以不考虑上部荷载的作用。

根据上述试验结果,可按下式验算梁端支承处砌体局部不均匀受压承载力:

$$\psi N_0 + N_l \leqslant \eta \gamma f A_l \tag{5-20}$$

$$\psi = 1.5 - 0.5\frac{A_0}{A_l} \tag{5-21}$$

式中 ψ——上部荷载的折减系数,当 $A_0/A_l \geqslant 3$ 时,应取 $\psi=0$;

N_0——局部受压面积内的上部轴向力设计值(N),$N_0=\sigma_0 A_l$;

N_l—— 梁端支承压力设计值(N);

σ_0——上部平均压应力设计值(N/mm^2);

η——梁端底面压应力图形的完整性系数,应取 $\eta=0.7$;对于过梁和墙梁应取 $\eta=1.0$。

A_l——局部受压面积,$A_l=a_0 b$;

a_0——梁端有效支承长度(mm)

$$a_0 = 10\sqrt{\frac{h_c}{f}} \tag{5-22}$$

当 a_0计算值大于 a 时,应取 $a_0=a$;

a——梁端实际支承长度(mm);

b——梁的截面宽度(mm);

h_c——梁的截面高度(mm);

f——砌体抗压强度设计值(N/mm^2)。

当梁端上部无荷载时($N_0=0$),仍可用式(5-20)计算。

5.2.4 梁端下设有刚性垫块时的砌体局部受压

若梁端支承处砌体的局部受压承载力不能满足式(5-20)的要求,一个有效措施是在梁端下设置刚性垫块,增大砌体的局部受压面积。垫块可以预制,也可以与梁浇成整体(图

5-17)。若墙中设有圈梁，垫块宜与圈梁浇成整体。若梁支承于独立砖柱上，不论梁跨大小均须设置垫块。

刚性垫块的高度 t_b不应小于 180mm，自梁边算起的垫块挑出梁边的长度不应大于垫块高度 t_b；在带壁柱墙的壁柱内设置刚性垫块时(图 5-18)，垫块伸入翼墙内的长度不应小于 120mm；当现浇垫块与梁端整体现浇时，垫块可在梁高范围内设置。

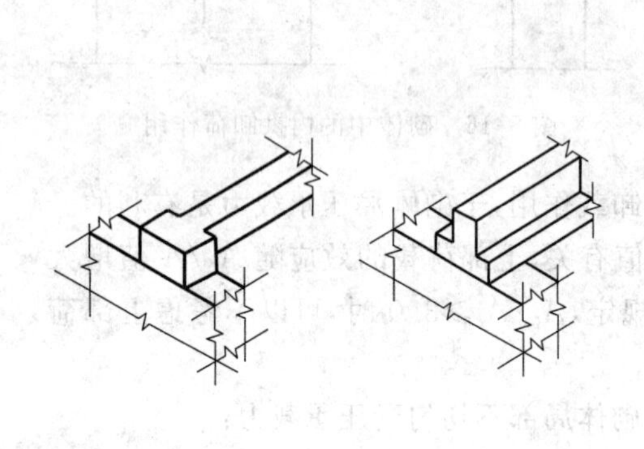

图 5-17　与梁浇成整体的刚性垫块

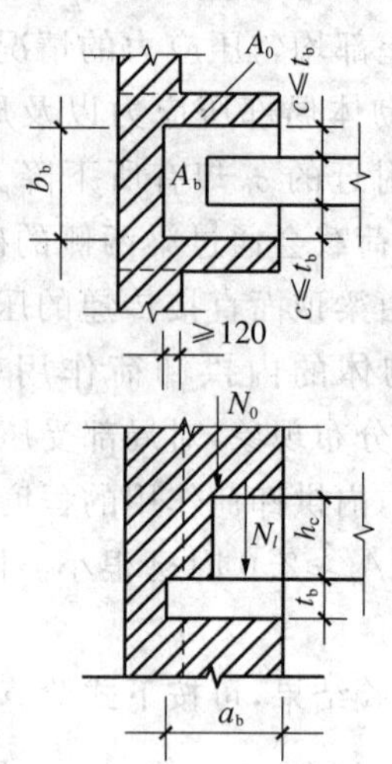

图 5-18　壁柱上设有垫块时梁端局部受压

计算刚性垫块下的砌体局部受压承载力时，应考虑荷载偏心距的影响，但不必考虑纵向弯曲；应考虑局部抗压强度的提高，但不必考虑有效支承长度。计算公式如下：

$$N_0 + N_l \leqslant \varphi \gamma_1 f A_b \tag{5-23}$$

式中　N_0——垫块面积 A_b内上部轴向力设计值(N)，$N_0=\sigma_0 A_b$；

φ——垫块上 N_0及 N_l合力的承载力影响系数，应取 $\beta \leqslant 3.0$ 时的值(表 5-3—表 5-5)；

γ_1——垫块外砌体面积的有利影响系数，γ_1应取为 0.8γ，但不小于 1.0。γ 为砌体局部抗压强度提高系数，按式(5-18)并以 A_b替代 A_l计算；

A_b——垫块面积，(mm^2)，$A_b=a_b b_b$；在带壁柱墙的壁柱上设置刚性垫块时，计算面积 A_0应取壁柱范围内的面积，不应计入墙体翼缘面积(图 5-18)；

a_b，b_b——垫块伸入墙内的长度、垫块的宽度。

确定支座压力 N_l合力点的位置时，应按下式计算刚性垫块上表面梁端有效长度 a_0：

$$a_0 = \delta_1 \sqrt{\frac{h_c}{f}} \tag{5-24}$$

式中，刚性垫块的影响系数 δ_1可按表 5-6 取用，表中其间的数值可采用插入法求得。垫块上 N_l作用点的位置可取梁端有效支承长度 a_0 的 0.4 倍(图 5-19)。

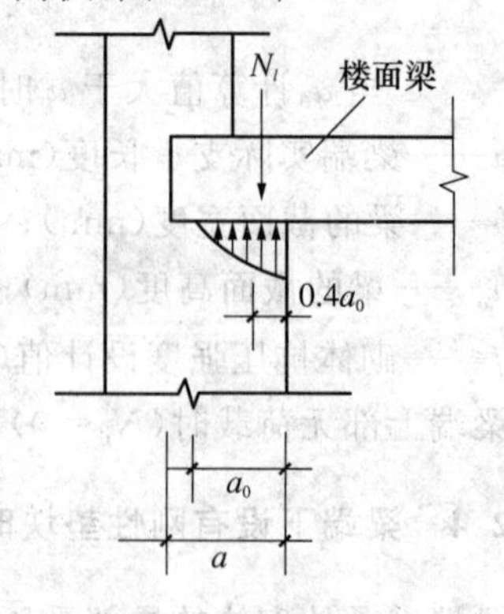

图 5-19　垫块上 N_l 作用点的位置

表 5-6　　系数 δ_1 值表

σ_0/f	0	0.2	0.4	0.6	0.8
δ_1	5.4	5.7	6.0	6.9	7.8

注：表中其间的数值可采用插入法求得。

5.2.5　梁下设置垫梁的砌体局部受压

为了扩散梁端的集中力，有时采用钢筋混凝土垫梁代替垫块，也可以利用圈梁作为垫梁。

垫梁可视为弹性地基上的无限长梁，墙体即为弹性地基。柔性垫梁能把集中荷载传布于砌体较大范围，砌体中的应力分布如图5-20。为便于计算，可近似视为三角形分布，分布长度 $s=\pi h_0$。h_0 为垫梁的折算高度。

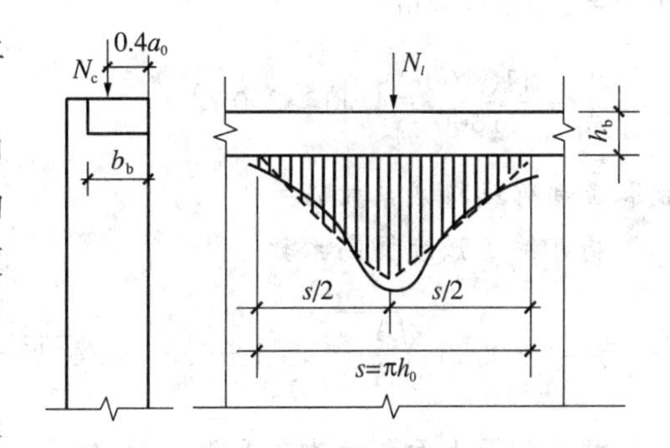

图 5-20　垫梁下的砌体局部受压

根据力的平衡条件和试验结果，梁下设有长度大于 πh_0 的垫梁下的砌体局部受压承载力，应按下列公式计算：

$$N_0+N_l\leqslant 2.4\delta_2 f b_b h_0 \tag{5-25}$$

$$N_0=\frac{1}{2}\pi b_0 \sigma_0 \tag{5-26}$$

式中　N_0——垫梁上部轴向力设计值(N)；

δ_2——垫梁底面压应力分布系数，当荷载沿墙厚方向均匀分布时，δ_2 取 1.0；当荷载不均匀分布时，δ_2 取 0.8；

b_b——垫梁在墙厚方向的宽度(mm)；

σ_0——上部平均压应力设计值(N/mm^2)；

h_0——垫梁折算高度(mm)；

$$h_0=2\sqrt[3]{\frac{E_c I_c}{Eh}} \tag{5-27}$$

E_c，I_c——垫梁的弹性模量和截面惯性矩；

E——砌体弹性模量；

h——墙厚(mm)。

垫梁上梁端有效支承长度 a_0 可按式(5-24)计算。

[例 5-9]　外纵墙上大梁跨度为 5.8m，截面尺寸 $b\times h=200mm\times 400mm$，支承长度 $a=190mm$，支座反力 $N_l=79kN$。梁底墙体截面上的上部荷载设计值 $N_u=240kN$，窗间墙截面为1200mm×190mm(图 5-21)。墙体用 MU10 单排孔混凝土小型砌块、Mb5 砌块砌筑砂浆砌筑($f=2.22N/mm^2$)，并灌注 Cb20 混凝土($f_c=9.6N/mm^2$)，孔洞率 $\delta=30\%$，灌孔率 $\rho=33\%$。试验算梁端支承处砌体的局部受压承载力。

［解］ 梁端有效支承长度

$$a_0=10\sqrt{\frac{h_c}{f}}=10\times\sqrt{\frac{400}{2.22}}=134(\mathrm{mm})$$

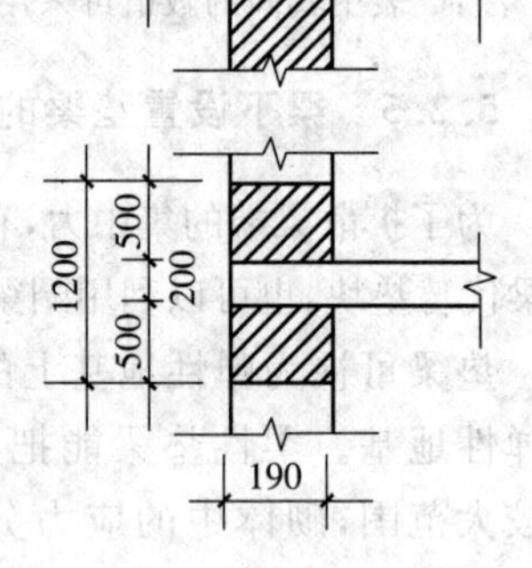

图 5-21 例题 5-9 图

局部受压面积 $A_l=a_0b=134\times200=26\,800(\mathrm{mm}^2)$

影响砌体局部抗压强度的计算面积 $A_0=190(2\times190+200)=110\,200(\mathrm{mm}^2)$

$$\frac{A_0}{A_l}=\frac{110\,200}{26\,800}=4.11>3.0$$

故取上部荷载折减系数 $\psi=0$

局部抗压强度提高系数

$$\gamma=1+0.35\sqrt{\frac{A_0}{A_l}-1}=1+0.35\times\sqrt{4.11-1}=1.62<2.0$$

灌孔混凝土面积和砌体毛面积的比值

$$\alpha=\delta\rho=0.30\times0.33=0.10$$

灌孔砌体的抗压强度设计值

$$f_g=f+0.6\alpha f_c=2.22+0.6\times0.10\times9.6=2.80(\mathrm{N/mm^2})<2f=4.44(\mathrm{N/mm^2})$$

$$\eta\gamma f_gA_l=0.7\times1.62\times2.80\times26\,800=85.1(\mathrm{kN})>N_l=79(\mathrm{kN})$$

满足要求。

［例 5-10］ 钢筋混凝土大梁截面尺寸 $b\times h=250\mathrm{mm}\times600\mathrm{mm}$，$l_0=7\mathrm{m}$，支承于带壁柱的窗间墙上，如图 5-22。墙体截面上的上部荷载值 $N_u=205\mathrm{kN}$，$N_l=80\mathrm{kN}$。墙体用 MU15 烧结普通砖、M7.5 混合砂浆砌筑（$f=2.07\mathrm{N/mm^2}$）。经验算，梁端支承处砌体的局部受压承载力不满足要求，试设计混凝土刚性垫块。

［解］ 设梁端刚性垫块尺寸 $a_b=370\mathrm{mm}$，$b_b=490\mathrm{mm}$，$t_b=180\mathrm{mm}$

$$A_b=a_bb_b=370\times490=181\,300(\mathrm{mm}^2)$$

$$A_0=740\times490=362\,600(\mathrm{mm}^2)$$

$$\gamma_1=0.8\left(1+0.35\sqrt{\frac{A_0}{A_b}-1}\right)$$

$$=0.8\left(1+0.35\sqrt{\frac{362\,600}{181\,300}-1}\right)=1.08>1.0$$

$$\sigma_0=\frac{N}{A}=\frac{250\,000}{(240\times1120+250\times740)}=0.45(\mathrm{N/mm^2})$$

$\sigma_0/f=0.45/1.48=0.217$，查表 5-6，得 $\delta_1=5.75$

$$a_0=\delta_1\sqrt{\frac{h}{f}}=5.75\sqrt{\frac{600}{2.07}}=98(\text{mm})$$

$$N_0=\sigma_0 A_b=0.45\times181\,300=81.6(\text{kN})$$

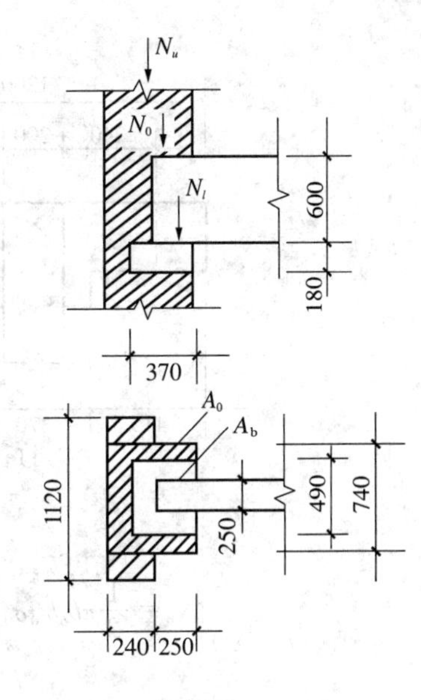

图 5-22　例题 5-10 图

轴向力 N_l 对壁柱轴线的偏心距

$$e_l=\frac{h}{2}-0.4a_0=\frac{240+250}{2}=0.4\times98=206(\text{mm})$$

轴向力 N_0 对壁柱轴线的偏心距

$$e_0=\frac{h}{2}-\frac{a_b}{2}=\frac{240+250}{2}-\frac{370}{2}=60(\text{mm})$$

$$N_0+N_l=81.6\text{kN}+80\text{kN}=161.6\text{kN}$$

轴向力(N_0+N_l)对壁柱轴线的偏心距

由各力对截面形心轴取矩的平衡条件：$(N_0+N_l)e=N_0e_0+N_le_l$

$$e=\frac{N_0e_0+N_le_l}{N_0+N_l}=\frac{81.6\times60+80\times206}{161.6}=132(\text{mm})$$

$$\frac{e}{h}=\frac{132}{490}=0.27$$

查表 5-3 得 $\varphi=0.53$

$$\varphi\gamma_1 fA_b=0.53\times1.08\times2.07\times181300=214.8(\text{kN})>161.6(\text{kN})$$

满足要求。

[例 5-11]　某带壁柱窗间墙的截面尺寸如图 5-23 所示，采用 MU10 烧结多孔砖和 M5 混合砂浆砌筑，墙上支承截面尺寸为 200mm×650mm 的钢筋混凝土梁(图 5-23)。梁端荷载设计值产生的支承压力为 70kN，上部荷载设计值产生的支承压力为 107kN。若经验算砌体局部受压承载力不足，现改为设置钢筋混凝土垫梁，截面尺寸为 240mm×180mm，混凝土强度等级 C20($E_c=2.55\times10^4\text{N/mm}^2$)。试确定垫梁长度并验算局部受压承载力。

[解]　查得 $f=1.48\text{N/mm}^2$，砌体弹性模量 $E=1500f=1500\times1.48=2\,220\text{N/mm}^2$。

折算厚度

$$h_0=2\sqrt[3]{\frac{E_cI_c}{Eh}}=2\sqrt[3]{\frac{25.5\times\frac{1}{12}\times240\times180^3}{2.22\times240}}=355(\text{mm})$$

垫梁沿墙设置，长度应大于 $\pi h_0=1115\text{mm}$，

上部荷载设计值产生的平均压应力

$$\sigma_0=\frac{107\times10^3}{1\,200\times240+130\times370}=0.318(\text{N/mm}^2)$$

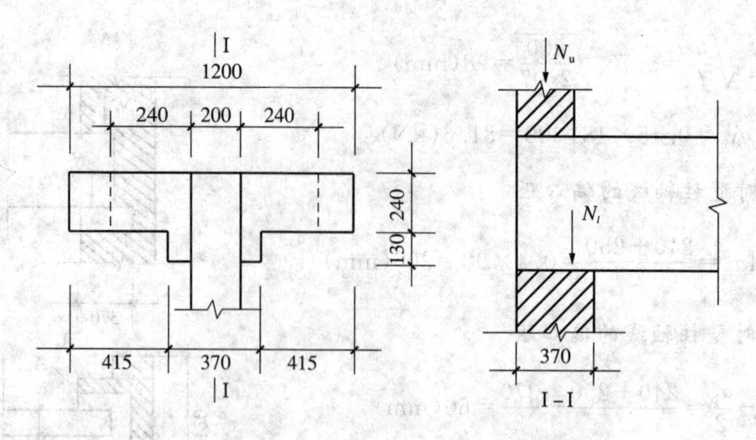

图 5-23　例题 5-11 图

$$N_0=\frac{1}{2}\pi b_b h_0\sigma_0=\frac{1}{2}\pi\times240\times355\times0.318=42.6(\mathrm{kN})$$

$$N_0+N_l=42.6+107=149.6(\mathrm{kN})$$

$$2.4b_b h_0 f=2.4\times240\times355\times1.50\times10^{-3}=306.7(\mathrm{kN})>149.6\mathrm{kN}$$

满足要求，取垫梁长度为 1200mm。

5.3　轴心受拉、受弯和受剪构件

5.3.1　轴心受拉构件

轴心受拉构件承载力应按下式计算：

$$N_t\leqslant f_t A \tag{5-28}$$

式中　N_t——轴心拉力设计值；

f_t——砌体的轴心抗拉强度设计值。

圆形砌体水池池壁的受力状态为轴心受拉(图5-24)。

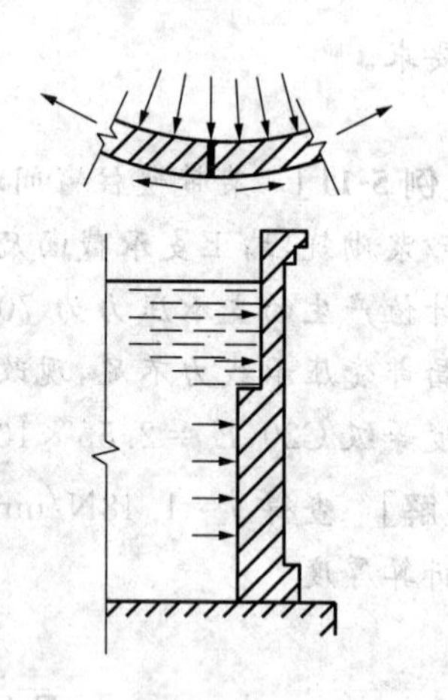
图 5-24　圆形砌体水池池壁的受力

5.3.2　受弯构件

房屋中的砖砌过梁、挡土墙等是受弯构件。在弯矩作用下，砌体可能沿齿缝或沿砖和竖向灰缝截面、沿通缝截面因弯曲受拉破坏(图 5-25)。此外，支座处的剪力较大时，可能发生受剪破坏。所以，对受弯构件应进行受弯承载力和受剪承载力计算。

1. 受弯承载力

按下式计算：

$$M\leqslant f_{tm}W \tag{5-29}$$

式中　M——弯矩设计值；

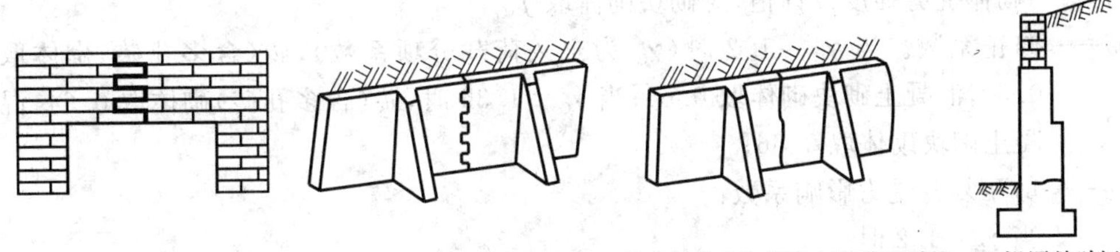

图 5-25　受弯构件举例

f_{tm}——砌体弯曲抗拉强度设计值；

W——截面抵抗矩。

2. 受剪承载力

受弯构件的受剪承载力，应按下式计算：

$$V \leqslant f_v bz \tag{5-30}$$

式中　V——剪力设计值；

f_v——砌体抗剪强度设计值；

b——截面宽度；

z——内力臂长度，$z = I/S$。当截面为矩形时取 $z = 2h/3$；

I——截面惯性矩；

S——截面面积矩；

h——矩形截面高度。

5.3.3　受剪构件

如图 5-26 所示为无拉杆拱的支座截面在拱的推力作用下承受剪力，同时上部墙体对支座水平截面产生垂直压力。试验研究表明，当构件水平截面上作用有压应力时，由于灰缝粘结强度和摩擦力的共同作用，砌体抗剪承载力有明显的提高，因此计算时应考虑剪、压的复合作用。

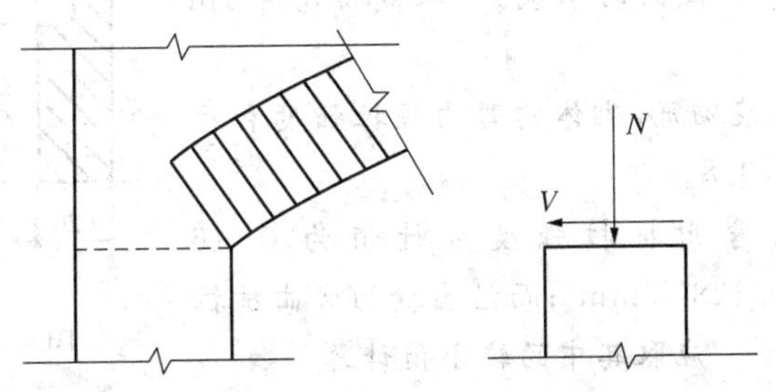

图 5-26　拱支座水平截面受剪

沿通缝或阶梯形截面破坏时受剪构件的承载力应按下式计算：

$$V \leqslant (f_v + \alpha\mu\sigma_0)A \tag{5-31}$$

式中　V——剪力设计值；

A——水平截面面积；

f_v——砌体抗剪强度设计值，对砌块砌体取 f_{vG}；

α——修正系数。当 $\gamma_G=1.2$ 时（γ_G 为永久荷载分项系数），砖（含多孔砖）砌体取 0.60，混凝土砌块砌体取 0.64；当 $\gamma_G=1.35$ 时，砖（含多孔砖）砌体取 0.64，混凝土砌块砌体取 0.66；

μ——剪压复合受力影响系数：

当 $\gamma_G=1.2$ 时

$$\mu=0.26-0.082\sigma_0/f \tag{5-32}$$

当 $\gamma_G=1.35$ 时

$$\mu=0.263-0.065\sigma_0/f \tag{5-33}$$

σ_0——永久荷载设计值产生的水平截面平均压应力，其值不应大于 $0.8f$；

f——砌体抗压强度设计值。

［例 5-12］ 某圆形水池采用 MU15 烧结普通砖和 M7.5 水泥砂浆砌筑。其中某 1m 高的池壁作用有环向拉力 $N=62$kN。试选择该段池壁的厚度。

［解］ 可查得该池壁沿灰缝截面破坏的轴心抗拉强度设计值为 0.16 N/mm²。由于用水泥砂浆砌筑，$\gamma_a=0.8$，故取 $0.16\times0.8=0.128\text{N/mm}^2$。

$$h=\frac{N}{bf_t}=\frac{62000}{1000\times0.128}=484\text{mm}$$

选取池壁厚度 490mm（两砖厚）。

［例 5-13］ 某悬臂式水池池壁壁高 1.5m（图 5-27），采用 MU15 烧结普通砖和 M7.5 水泥砂浆砌筑。已算得池壁底端截面的弯矩设计值 $M=6.19\text{kN·m}$，剪力设计值 $V=12.38$kN。试验算池壁底端截面的承载力（取截面宽度 1m 计算）。

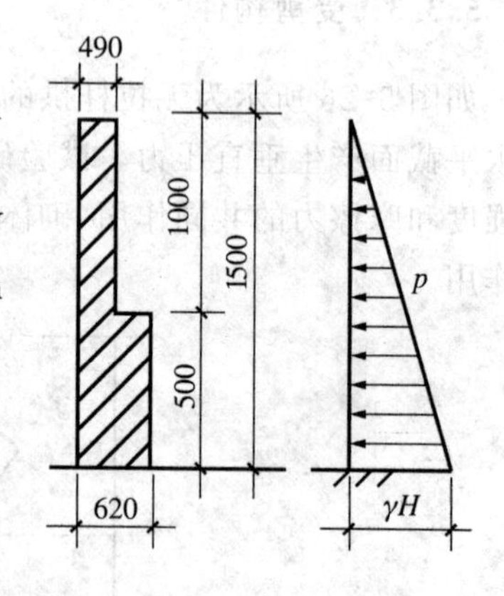

图 5-27 例 5-13 图

［解］ 由于用水泥砂浆砌筑，砌体的弯曲抗拉强度和抗剪强度都应乘以调整系数 0.8。

查得沿通缝截面的弯曲抗拉强度设计值为 0.16 N/mm²，取 $0.16\times0.8=0.128\text{N/mm}^2$；而沿齿缝的弯曲抗拉强度设计值为 0.29N/mm²。应取其中的较小值计算。

$$W=bh^2/6=1000\times620^2/6=64\times10^6(\text{mm}^3)$$

$$f_{tm}W=0.128\times64\times10^6=8.19(\text{kN·m})>M=6.19(\text{kN·m})$$

查得抗剪强度设计值为 0.14N/mm²，取 $0.14\times0.8=0.112\text{N/mm}^2$。

$$f_vbz=0.112\times1000\times(2\times620)/3=46.29(\text{kN})>V=12.38(\text{kN})$$

满足要求。

［例 5-14］ 砖砌筒拱如图 5-28 所示，用 MU10 烧结普通砖和 M10 水泥砂浆砌筑。沿纵向取 1m 宽的筒拱计算，拱支座截面的水平力为 V＝60kN，永久荷载设计值产生的水平截面平均压力为 50kN。试验算拱支座截面的受剪承载力（$\gamma_G=1.2$）。

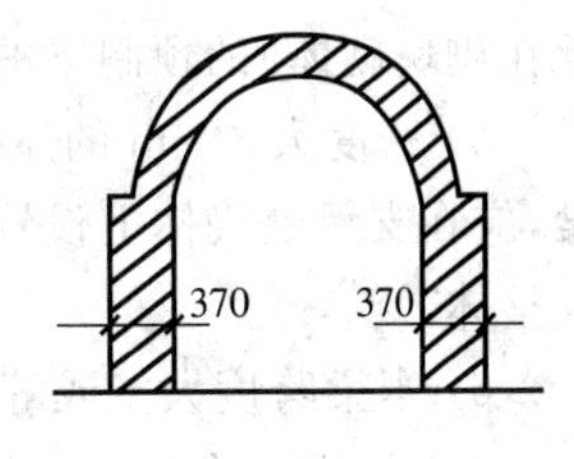

图 5-28 例题 5-14 图

［解］ 由于用水泥砂浆砌筑，砌体的抗剪强度都应乘以调整系数 0.8。查得抗剪强度设计值为 0.17N/mm²，取 0.17×0.8＝0.136N/mm²；查得砌体抗压强度设计值为 1.87N/mm²，取 1.87×0.9＝1.78N/mm²。

$$\sigma_0=50\times10^3/(0.37\times1000)=0.135(\text{N/mm}^2)<0.8f=1.42(\text{N/mm}^2)$$

$$\mu=0.26-0.082\sigma_0/f=0.26-(0.082\times0.135)/1.78=0.254$$

$$(f_v+\alpha\mu\sigma_0)A=(0.136+0.60\times0.254\times0.135)\times1000\times370$$
$$=57.93(\text{kN})<V=60(\text{kN})$$

不满足要求，但相差不大。可改用混合砂浆砌筑。请读者自行验算。

5.4 一般构造要求

为保证房屋的空间刚度和整体性以及结构可靠性，除了墙、柱必须满足高厚比、设置圈梁（见第 6 章）等要求外，砌体房屋还应满足下列一般构造要求。

1）预制钢筋混凝土板在混凝土圈梁上的支承长度不应小于 80mm，板端伸出的钢筋应与圈梁可靠连接，且同时浇筑混凝土；预制钢筋混凝土板在墙上的支承长度不应小于 100mm，并应按下列方法连接：

（1）板支承在内墙时，板端钢筋伸出长度不应小于 70mm，且与支座处沿墙配置的纵筋绑扎，用强度等级不应低于 C25 的混凝土浇筑成板带。

（2）板支承在外墙时，板端钢筋伸出长度不应小于 100mm，且与支座处沿墙配置的纵筋绑扎，并用强度等级不应低于 C25 的混凝土浇筑成板带。

（3）预制钢筋混凝土板与现浇板对接时，预制板端钢筋应伸入现浇板中进行连接后再浇筑现浇板。

预制钢筋混凝土板之间可靠连接，才能保证楼面板的整体作用，增加墙体约束，减小墙体竖向变形，避免楼板在较大位移时倒塌。上述要求是保证结构安全和房屋整体性的主要措施之一，应严格遵行。

2）墙体转角处和纵横墙交接处应沿竖向每隔 400～500mm 设拉结钢筋，其数量为每 120mm 墙厚不少于 1 根直径 6mm 的钢筋：或采用焊接钢筋网片，其埋入长度从墙的转角或交接处算起，对实心砖每边不少于 500mm，对多孔砖墙和砌块墙每边不小于 700mm。

工程实践表明，在墙体转角处和纵横墙交接处设拉结钢筋是提高墙体稳定性和房屋整体性的重要措施之一。对于防止由温度或干缩变形引起的开裂也有一定作用。以上要求应严格遵行。

3）承重的独立砖柱截面尺寸不应小于 240mm×370mm。

4）支承在墙、柱上的吊车梁、屋架以及跨度大于或等于9m（支承在砖砌体）、7.2m（支承在砌块砌体）的预制梁的端部，应采用锚固件与墙、柱上的垫块锚固。

5）跨度大于6m的屋架和跨度大于4.8m（支承在砖砌体）、4.2m（支承在砌块砌体）的梁，应在支承处砌体上设置混凝土或钢筋混凝土垫块；当墙中设有圈梁时，垫块与圈梁宜浇成整体。

6）当梁跨度大于或等于6m（支承在240mm厚的砖墙）、4.8m（支承在180mm厚的砖墙）、4.8m（支承在砌块砌体）时，其支承处宜加设壁柱。如设壁柱后影响房间的使用功能，也可采用配筋砌体或在墙中设钢筋混凝土构造柱等措施加强墙体。

7）山墙处的壁柱或构造柱宜砌至山墙顶部，且屋面构件应与山墙可靠拉结。

8）对砌块砌体的其他要求

(1) 砌块砌体应分皮错缝搭砌，上下皮搭砌长度不应小于90mm。当搭砌长度不满足上述要求时，应在水平灰缝内设置不小于2根直径不小于4mm的焊接钢筋网片（横向钢筋的间距不应大于200mm，网片每端应伸出该垂直缝不小于300mm）。

(2) 砌块墙与后砌隔墙交接处，应沿墙高每400mm在水平灰缝内设置不少于2根直径不小于4mm、横筋间距不应大于200mm的焊接钢筋网片（图5-29）。

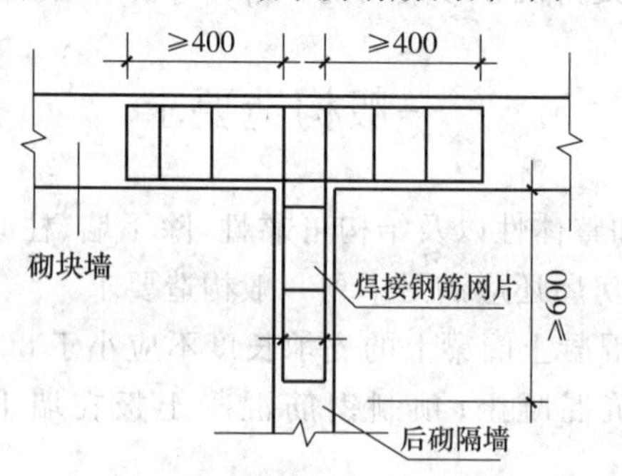

图5-29　砌块墙与后砌隔墙交接处钢筋网片

(3) 混凝土砌块房屋中，宜将纵横墙交接处，距墙中心线每边不小于300mm范围内的孔洞，采用不低于Cb20（坍落度为160～200mm）的专用灌孔混凝土沿全墙高度灌实。目的是增强混凝土砌块房屋的整体性和抗裂能力。

(4) 混凝土砌块墙体的下列部位，如未设圈梁或混凝土垫块，应采用不低于Cb20混凝土将孔洞灌实：搁栅、檩条和钢筋混凝土楼板的支承面下，高度不应小于200mm的砌体；屋架、梁等构件的支承面下，长度不应小于600mm，高度不应小于600mm的砌体；挑梁支承面下，距墙中心线每边不应小于300mm，高度不应小于600mm的砌体。

9）填充墙、隔墙应分别采取措施与周边主体结构构件可靠连接，连接构造和嵌缝材料应能满足传力、变形、耐久和防护要求。

10）在砌体中留槽洞及埋设管道对砌体的承载力影响较大，故不应在截面长边小于500mm的承重墙体、独立柱内埋设管线；不宜在墙体中穿行暗线或预留、开凿沟槽，当无法避免时应采取必要的措施或按削弱后的截面验算墙体的承载力（允许在受力较小或未灌孔的砌块砌体墙体的竖向孔洞中设置管线）。

11）设计使用年限为50年时，地面以下或防潮层以下的砌体、潮湿房间的墙或环境类别 2(即潮湿的室内或室外环境,包括与无侵蚀性土和水接触的环境)的砌体,所用材料的最低强度等级应符合表 5-7 的规定。

表 5-7　　地面以下或防潮层以下的砌体、潮湿房间墙所用材料最低强度等级

地基土的潮湿程度	烧结普通砖	混凝土普通砖、蒸压普通砖	混凝土砌体	石材	水泥砂浆
稍潮湿的	MU15	MU10	MU7.5	MU30	M5
很潮湿的	MU20	MU20	MU10	MU30	M7.5
含水饱和的	MU20	MU25	MU10	MU40	M10

注:① 在冻胀地区,地面以下或防潮层以下的砌体,不宜采用多孔砖。如采用时,其孔洞应用不低于 M10 的水泥砂浆预先灌实。当采用混凝土实心砌块时,其孔洞应用强度等级不低于 Cb20 的混凝土预先灌实;

② 对安全等级为一级或设计使用年限大于 50 年的房屋,表中材料强度等级应至少提高一级。

5.5　防止或减轻墙体开裂的主要措施

砌体属于脆性材料,容易开裂。图 5-30 是砌体房屋最常见的几种裂缝。

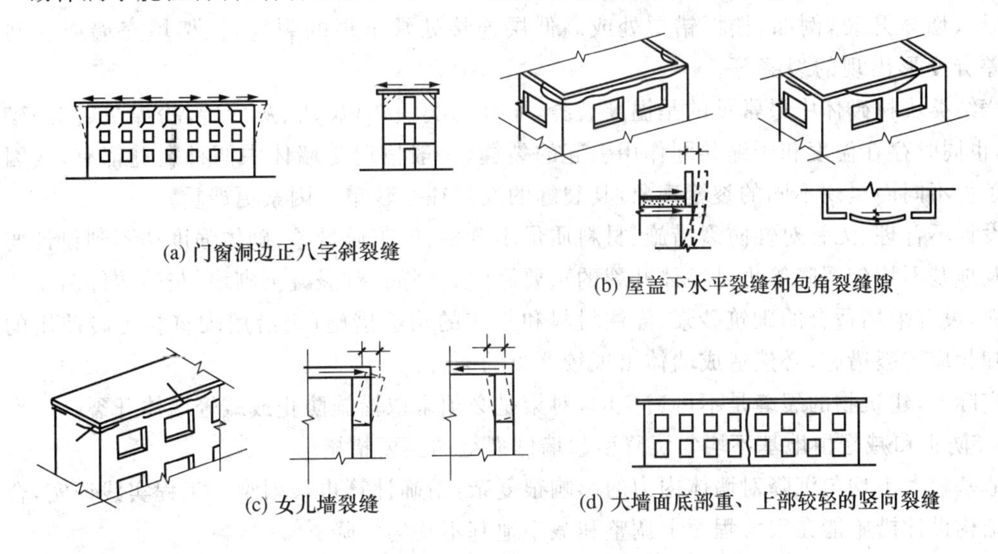

图 5-30　常见砌体裂缝

墙体裂缝不仅有损建筑物外观,更重要的是有些裂缝可能影响墙体的整体性、承载能力、耐久性和抗震性能,同时给使用者在心理上造成压力。裂缝的防治是砌体结构工程的重要技术问题之一。

引起砌体结构墙体裂缝的因素很多,除了设计质量、施工质量、材料质量、地基不均匀沉降等以外,根据工程实践和统计资料,最为常见的裂缝有温度裂缝、材料干燥收缩裂缝等。这类裂缝几乎占全部可遇裂缝的 80%以上。

温度变化引起材料的热胀冷缩变形,在砌体受到约束的情况下,当变形引起的温度应力足够大时,即在墙体中引起温度裂缝。最常见的裂缝是在混凝土平屋盖房屋顶层两端的墙体上，如在门窗洞边的正八字斜裂缝、平屋顶下或屋顶圈梁下沿灰缝的水平裂缝，以及水平包角裂缝（包括女儿墙）等，如图5-30所示。导致平屋顶温度裂缝的原因，是顶板的温度比下方墙体高，而顶板混凝土的线膨胀系数又比砖砌体大得多，顶板和墙体间的变形差使墙体产生较大的拉应力和剪应力，最终导致裂缝。温度裂缝是造成墙体早期裂缝的主要原因。这些裂缝一般要经过一个冬夏之后才逐渐稳定，不再继续发展，裂缝的宽度随着温度变化而略有变化。

材料干燥收缩裂缝简称干缩裂缝。烧结黏土砖（包括其他材料的烧结制品）的干缩变形很小，且变形完成比较快。只要不使用新出窑的砖，一般不需考虑由砌体本身的干缩变形引起的附加应力。而砌块、灰砂砖、粉煤灰砖等材料，随着含水量的降低，将产生较大的干缩变形，例如混凝土砌块的干缩率为0.3～0.45mm/m，相当于25～40℃的温差变形，可见干缩变形的影响很大。轻集料混凝土砌块砌体的干缩变形更大。干缩变形的特征是早期发展比较快，如砌块出窑后放置28d能完成50%左右的干缩变形，以后逐步变慢，几年后才停止干缩。但是，干缩后的材料一旦受湿，仍会发生膨胀，脱水后，材料再次发生干缩变形（干缩率有所减小，为第1次的80%左右）。干缩裂缝分布广，数量多，开裂的程度也比较严重，例如，房屋内、外纵墙两端对称分布的倒八字裂缝、建筑底部1至2层窗台边出现的斜裂缝或竖向裂缝，屋顶圈梁下出现的水平缝和水平包角裂缝，大片墙面上出现的底部较严重、上部较轻微的竖向裂缝等。另外，不同材料和构件的差异变形也会导致墙体开裂，例如，楼板错层处或高低层连接处常出现的裂缝，框架填充墙或柱间墙因差异变形出现的裂缝等。

烧结类块材砌体中最常见的是温度裂缝，非烧结类块体（砌块、灰砂砖、粉煤灰砖等）砌体中，也同时存在温度和干缩共同作用引起的裂缝，一般情况是墙体中两种裂缝都有，或因具体条件不同而呈现不同的裂缝现象，其裂缝的发展往往较单一因素更严重。

设计不合理、无针对性防裂措施、材料质量不合格、施工质量差、砌体强度达不到设计要求以及地基不均匀沉降等也是墙体开裂的重要原因。例如，对混凝土砌块、灰砂砖等新型墙体材料，没有采用适合的砌筑砂浆、灌注材料和相应的构造措施，仍沿用砌筑黏土砖使用的砂浆和相应抗裂措施，必然造成墙体出现较严重的裂缝。

实际上，建筑物的裂缝是不可避免的，对策是必须采取措施防止或减轻墙体开裂。

1. 防止和减轻由地基不均匀沉降引起墙体裂缝的主要措施

地基较大不均匀沉降对墙体内力的影响很复杂，精确计算也很困难。工程实践证实，合理的结构设计措施能在很大程度上调整和减小地基不均匀沉降。

(1) *合理的结构布置*　控制软土地基上房屋的长高比，长度与高度之比L/H不宜大于2.5（其他地基上可适当大些）；平面形状力求简单，体型较复杂时，宜用沉降缝将其划分成若干平面形状规则且刚度较好的单元；房屋各部分高差不宜过大，对于空间刚度较好的房屋，连接处的高差不宜超过一层，超过时，宜用沉降缝分开；相邻两幢房屋的高差（或荷载差异）较大时，基础之间的距离应根据本地有效工程经验确定，不应过近。

(2) *加强房屋结构的整体刚度*　合理布置承重墙体，应尽量将纵墙拉通，并隔一定距离（不大于房屋宽度的1.5倍）设置一道横墙且与纵墙可靠连接；设置钢筋混凝土圈梁，圈梁有增强纵、横墙连接、提高墙柱稳定性、增强房屋的空间刚度和整体性、调整房屋不均匀沉降的显著作用。

（3）设置沉降缝　沉降缝一般设置于地基土压缩性能有显著差异处、房屋高度或荷载差异较大的交接处，房屋过长时，也宜在适当部分设沉降缝。沉降缝应自屋顶到基础把房屋完全分开，形成若干长高比较小、体型规则、整体刚度较好的独立沉降单元。

2. 设置伸缩缝

为防止或减轻房屋在正常使用条件下由温差和干缩变形引起的墙体裂缝，应在墙体中设置伸缩缝。伸缩缝应设在因温度和收缩变形可能引起应力集中、砌体中产生裂缝可能性最大的位置。伸缩缝的间距可按表5-8采用。

表5-8　　砌体房屋伸缩缝的最大间距

屋盖或楼盖类别		间距/m
整体式或装配整体式钢筋混凝土结构	有保温层或隔热层的屋盖、楼盖	50
	无保温层或隔热层的屋盖	40
装配式无檩体系钢筋混凝土结构	有保温层或隔热层的屋盖、楼盖	60
	无保温层或隔热层的屋盖	50
装配式有檩体系钢筋混凝土结构	有保温层或隔热层的屋盖、楼盖	75
	无保温层或隔热层的屋盖	60
黏土瓦或石棉水泥瓦屋盖、木屋盖或楼盖、砖石屋盖或楼盖		100

注：① 表中数值适用于烧结普通砖、烧结多孔砖、配筋砌块砌体房屋。对石砌体、蒸压灰砂普通砖、蒸压粉煤灰普通砖、混凝土砌块、混凝土普通砖和混凝土多孔砖房屋取表中数值乘以0.8。当墙体有可靠外保温措施时，其间距可取表中数值；
② 在钢筋混凝土屋面上挂瓦的屋盖应按钢筋混凝土屋盖采用；
③ 层高大于5m的烧结普通砖、烧结多孔砖、配筋砌块砌体结构单层房屋的伸缩缝间距可按表中数值乘以1.3；
④ 温差较大且变化频繁的地区和严寒地区内不采暖的房屋及构筑物伸缩缝的最大间距，应按表中数值予以适当减小；
⑤ 墙体的伸缩缝应与结构的其他变形缝相重合，缝宽应满足各种变形缝的变形要求；在进行立面处理时，必须保证缝隙的伸缩作用。

按表5-8设置的墙体伸缩缝，一般不能同时防止由于钢筋混凝土屋盖的温度变形和砌体干缩变形引起的墙体局部裂缝。

3. 防止或减轻房屋顶层墙体开裂的措施

（1）屋面应设置有效的保温、隔热层。

（2）屋面保温（隔热）层或屋面刚性面层及砂浆找平层中应设置分隔缝，分隔缝间距不宜大于6m，并与女儿墙隔开，其缝宽不宜小于30mm。

（3）采用装配式有檩体系钢筋混凝土屋盖和瓦材屋盖。

（4）顶层屋面板下设置现浇钢筋混凝土圈梁，并沿内外墙拉通，房屋两端圈梁下的墙体内宜设置水平钢筋。

（5）顶层墙体有门窗等洞口时，在过梁上的水平灰缝内设置2～3道焊接钢筋网片或2ϕ6拉结筋，并应伸入过梁两端墙内不小于600mm。

（6）顶层及女儿墙砂浆强度等级不低于M7.5(Mb7.5，Ms7.5)。

(7) 女儿墙应设置构造柱，构造柱间距不宜大于 4m，构造柱应伸至女儿墙顶并与现浇钢筋混凝土压顶整体浇筑。

(8) 对顶层墙体施加竖向预应力。

4. 防止或减轻房屋底层墙体裂缝的措施

(1) 增大基础圈梁的刚度。

(2) 在底层的窗台下墙体灰缝内设置 3 道焊接钢筋网片或 2 根直径 6mm 钢筋)，并伸入两边窗间墙内不小于 600mm。

5. 在每层门、窗过梁上方的水平灰缝内及窗台下第一道和第二道水平灰缝内宜设置焊接钢筋网片或 2 根直径 6mm 钢筋，焊接钢筋网片或钢筋应伸入两边窗间墙内不小于 600mm。当墙长大于 5m 时，宜在每层墙高度中部设置 2～3 道焊接钢筋网片或 3 根直径 6mm 的通长水平钢筋，竖向间距为 500mm。这一措施可以防止或减轻当各种砌体的墙长超过 5m 时，墙体中部往往出现两端小、中间大的竖向收缩裂缝。

6. 房屋两端和底层第一、第二开间门窗洞处，可采取下列措施：

(1) 在门窗洞口两边墙体的水平灰缝中，设置长度不小于 900mm、竖向间距为 400mm 的 2 根直径 4mm 的焊接钢筋网片。

(2) 在顶层和底层设置通长钢筋混凝土窗台梁，窗台梁高宜为块材高度的模数，梁内纵筋不少于 4 根，直径不小于 10mm，箍筋直径不小于 6mm，间距不大于 900mm，混凝土强度等级不低于 C20。

(3) 在混凝土砌块房屋门窗洞口两侧不少于 1 个孔洞中设置直径不小于 10mm 的竖向钢筋，竖向钢筋应在楼层圈梁或基础内锚固，孔洞用不低于 Cb20 混凝土灌实。

7. 填充墙砌体与梁、柱或混凝土墙体结合的界面处(包括内、外墙)，宜在粉刷前设置钢丝网片，网片宽度可取 400mm，并沿界面缝两侧各延伸 900mm，或采取其他有效的防裂、盖缝措施。

8. 当房屋刚度较大时，可在窗台下或窗台角处墙体内、在墙体高度或厚度突然变化处设置竖向控制缝。竖向控制缝宽度不宜小于 25mm，缝内填以压缩性能好的填充材料，且外部用密封材料密封，并采用不吸水的、闭孔发泡聚乙烯实心圆棒(背衬)作为密封膏的隔离物(图 5-31)。

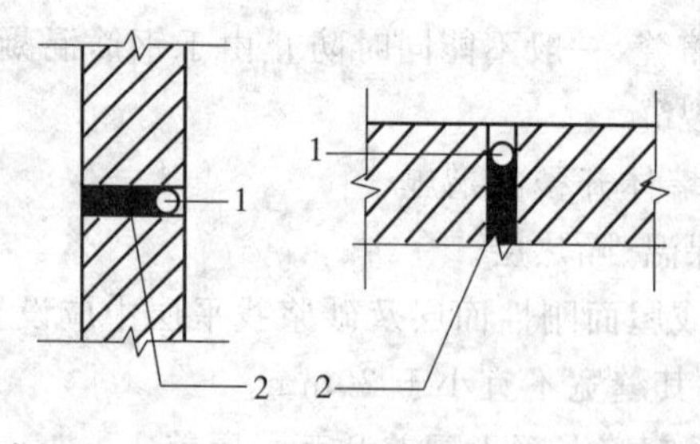

1—不吸水的、闭孔发泡聚乙烯实心圆棒；2—柔软、可压缩的填充物

图 5-31　控制缝构造

思考题

[5-1] 为什么要控制墙柱的高厚比β？在什么情况下β值还要乘以修正系数？

[5-2] 带壁柱墙的高厚比验算应包括哪些内容？计算方法如何？

[5-3] 无筋受压砌体的偏心影响系数α、构件稳定系数φ_0、单向偏心受压承载力影响系数φ分别与哪些因素有关？三者之间有何内在联系？

[5-4] 为什么要限制单向受压偏心距e？如何限制？

[5-5] 局部受压下砌体抗压强度为什么能提高？

[5-6] 为什么计算梁端支承处砌体局部受压时要计算有效支承长度？从受力机理上讲它与梁端的什么变形有关？

[5-7] 在梁端支承处砌体局部受压计算中，为什么要对上部传来的荷载进行折减？折减值与什么因素有关？

[5-8] 在梁端下设有刚性垫块的局部受压承载力计算公式中，为什么没有梁端底面受压应力图形完整性系数η？

[5-9] 砌体受剪承载力计算中，为什么应考虑系数μ？

[5-10] 砌体结构设计中，为什么要满足许多构造要求？

[5-11] 引起砌体结构裂缝的主要原因有哪些？应从哪些方面采取措施防止或减轻墙体开裂？

习 题

[5-1] 某房屋带壁柱墙用MU5单排孔混凝土砌块和Mb5.0砌块砌筑砂浆砌筑，计算高度为6.6m。壁柱间距为3.6m，窗间墙宽为1.8m。带壁柱墙截面积为$4.2\times10^5\text{mm}^2$，惯性矩为$3.243\times10^9\text{mm}^4$。试验算墙的高厚比。

[5-2] 已知一轴心受压砖柱，截面尺寸为370mm×490mm，柱的计算高度$H_0=5\text{m}$，柱顶承受轴向压力设计值$N=120\text{kN}$。试选择烧结多孔砖和混合砂浆的强度等级。

[5-3] 截面为490mm×490mm的砖柱，用MU10烧结多孔砖和M5混合砂浆砌筑，柱的计算高度$H_0=6.0\text{m}$(截面两个方向的H_0相同)，该柱柱底截面承受内力设计值$N=125\text{kN}$，$M=9.63\text{kN·m}$。试验算砖柱极限承载力是否满足要求？

[5-4] 某办公楼门厅砖柱，柱实际高度和计算高度均为5.1m，柱顶处由荷载设计值产生的轴心压力为195kN，只能供应MU10烧结多孔砖，试设计该柱截面（考虑柱自重）。

[5-5] 某住宅外廊砖柱，截面尺寸为370mm×490mm，计算高度$H_0=4\text{m}$，采用MU10烧结多孔砖和M2.5混合砂浆砌筑，承受轴向压力设计值$N=130\text{kN}$。已知荷载沿长边方向产生的偏心距为60mm。试验算该柱承载力。

[5-6] 带壁柱砖砌体的截面尺寸如图5-32所示，纵向力偏向翼缘，用MU10烧结多孔砖、M5混合砂浆砌筑，$N=205\text{kN}$，$M=13.2\text{kN·m}$，计算高度$H_0=4\text{m}$，试验算截面承载能力是否满足？

[5-7] 某带壁柱窗间墙，截面如图5-33所示，用MU10烧结多孔砖和M2.5混合砂浆

砌筑，计算高度 $H_0=5.2$m。试计算当轴向压力分别作用在该墙截面重心（O点）、A点及B点时的承载力，并对计算结果加以分析。

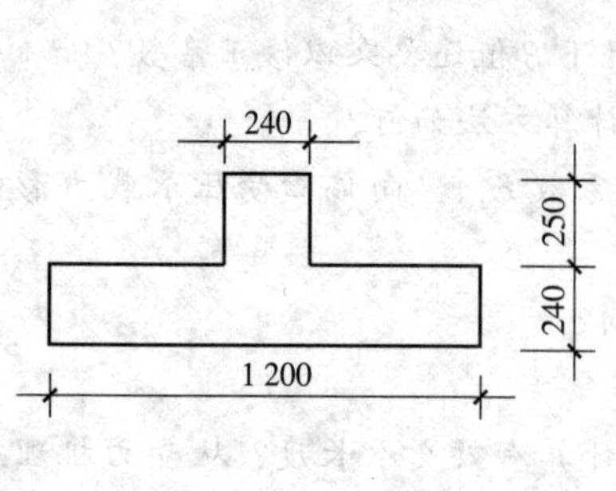

图 5-32　习题 5-6 图

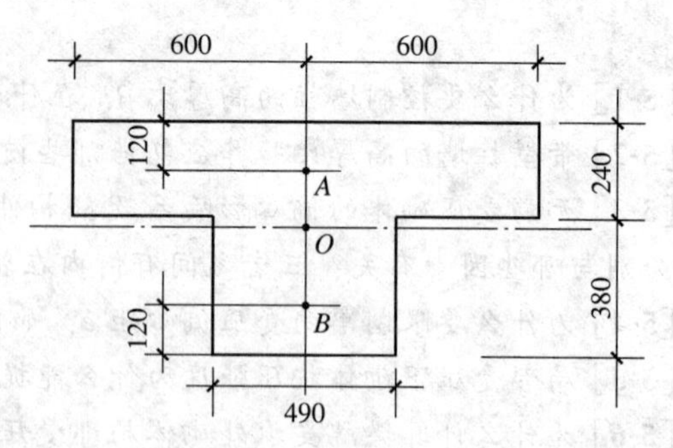

图 5-33　习题 5-7 图

[5-8] 同习题[5-1]。已知截面形心 O 点至翼缘外侧边的距离为 131mm。砌块孔洞率 $\delta=30\%$，墙体用 Cb20 混凝土灌孔（$f_c=9.6\text{N/mm}^2$），灌孔率 $\rho=33\%$。轴向压力偏心距 70mm，作用点偏翼缘一侧（$y=131.2$mm）。试求该带壁柱墙的极限受压承载力。

[5-9] 已知窗间墙，截面尺寸为 800mm×240mm，用 MU10 烧结多孔砖和 M5 混合砂浆砌筑。墙上支承截面尺寸为 200mm×500mm 的钢筋混凝土梁，梁端支承长度 240mm，支承压力设计值 120kN，上部荷载产生的轴向力设计值为 120kN。试验算梁端支承处砌体的局部受压承载力。

[5-10] 已知大梁截面尺寸 $b\times h=200\text{mm}\times550\text{mm}$，梁在墙上的支承长度 $a=240$mm，支座反力设计值 $N=10$kN，由上部传来的轴力设计值 82kN，窗间墙截面为 1 200mm×370mm（图 5-34）。用 MU10 烧结多孔砖和 M2.5 混合砂浆砌筑。试验算房屋外纵墙上大梁端部下砌体局部非均匀受压的承载能力。如不满足局部受压要求，则在梁底设置预制刚性垫块（预制垫块尺寸可取 $b_b\times h_b=240\text{mm}\times500\text{mm}$，厚度 $t_b=180$mm），此时是否满足要求？

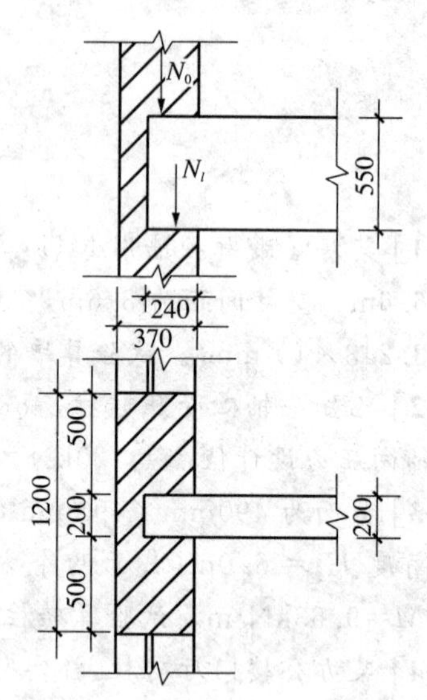

图 5-34　习题 5-10 图

[5-11] 某窗间墙截面尺寸为 1 200mm×370mm，采用 MU10 烧结多孔砖和 M2.5 混合砂浆砌筑，墙上支承截面尺寸为 200mm×600mm 的钢筋混凝土梁，支承长度为 370mm。梁端荷载设计值产生的支承压力 120kN，上部荷载产生的轴向力设计值为 150kN。试验算梁端支承处砌体的局部受压承载力（应计算到最终符合承载力要求为止）。

6 砌体结构中的特殊构件

作为砌体结构中的常用构件，由于受力性质独特，因此门窗洞口上的过梁、大跨度建筑中的墙梁、阳台雨篷处的挑梁和为增强房屋整体刚度而设置的圈梁都需要特殊设计。本章主要根据这些构件的受力特性论述它们的设计方法。

6.1 过 梁

过梁是墙体门窗洞口上承担竖向荷载的构件，主要有混凝土过梁和砖砌过梁两类(图 6-1)，其中，砖砌过梁包括钢筋砖过梁、砖砌平拱过梁和砖砌弧拱过梁等几种不同的形式。

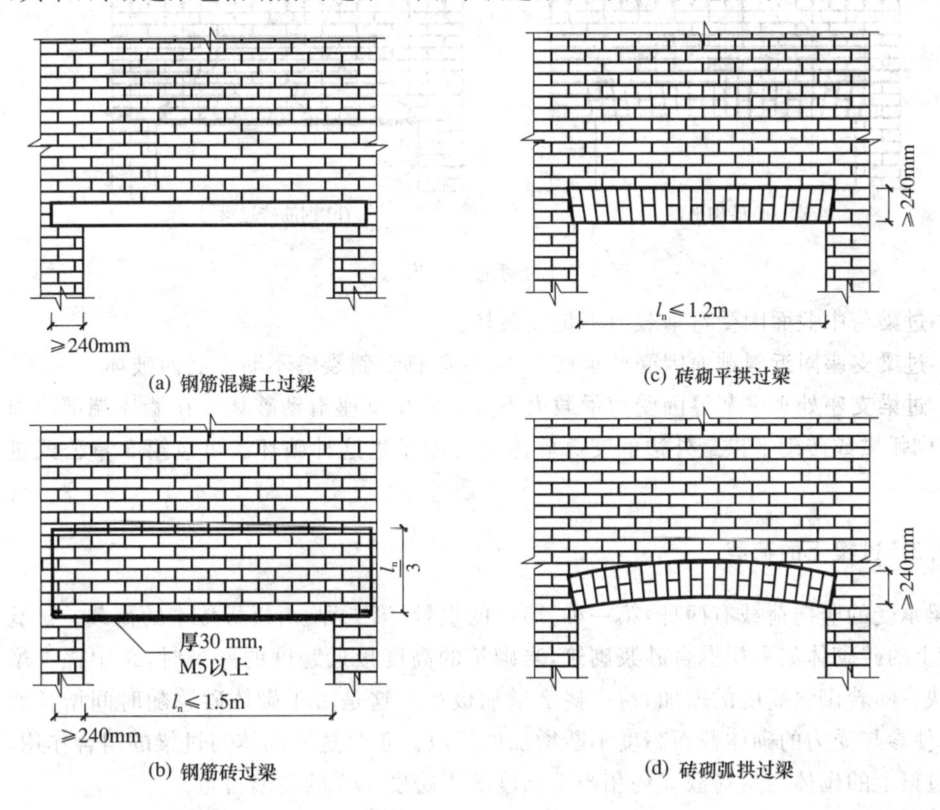

图 6-1 砖砌过梁

由于砖砌过梁对地基不均匀沉降和振动作用比较敏感，因此跨度不宜过大，并且当门窗洞口宽度较大时，应采用混凝土过梁。砖砌过梁的跨度，对钢筋砖过梁不应超过 1.5m，对砖砌平拱不应超过 1.2 m。砖砌过梁截面计算高度内砂浆不宜低于 M5；砖砌平拱用竖砖砌筑部分高度不应小于 240mm；钢筋砖过梁底面砂浆层处的钢筋直径不应小于 5mm，间距不宜大于 120mm，根数不应少于 2 根，末端带弯钩的钢筋伸入支座砌体内的长度不宜小于

240mm，砂浆层厚度不宜小于 30mm。砖砌弧拱由于施工比较复杂，目前较少采用。

钢筋混凝土过梁在端部保证支撑长度不小于 240mm 的前提条件下，除荷载取值需按本节规定方法确定外，一般应按混凝土受弯构件计算。砌体如在冬季施工，并采用冻结法时，过梁下应设临时支撑。

6.1.1 过梁的受力特性

由于砖砌过梁的破坏过程具有代表性，分析其受力特点可确定过梁的设计方法。一般砖砌过梁承受竖向荷载后，墙体上部受压、下部受拉，像受弯构件一样地受力。随着荷载的增大，当跨中竖向截面的拉应力或支座斜截面的主拉应力超过砌体的抗拉强度时，将先后在跨中出现竖向裂缝，在靠近支座处出现阶梯形斜裂缝。对钢筋砖过梁，过梁下部的拉力将由钢筋承受；对砖砌平拱过梁，过梁下部的拉力将由两端砌体提供的推力来平衡，如图 6-2 所示。这时，过梁像一个三铰拱一样地工作，过梁可能发生三种破坏：

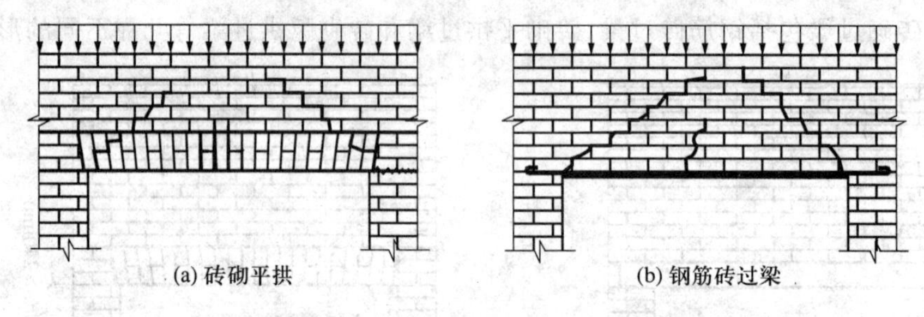

图 6-2 过梁的破坏形态

(1) 过梁跨中截面因受弯承载力不足而破坏。

(2) 过梁支座附近斜截面因受剪承载力不足，阶梯形斜裂缝不断扩展而破坏。

(3) 过梁支座处水平灰缝因受剪承载力不足而发生支座滑动破坏。在墙体端部门窗洞口上，砖砌弧拱或砖砌平拱最外边的支撑墙体有可能发生这种破坏。可按第 5 章公式进行验算。

6.1.2 过梁上的荷载

过梁承受的竖向荷载有两种：第一种，墙体的重量，第二种，由楼板传来的荷载。试验表明，过梁上的砖砌体如采用混合砂浆砌筑，当砌筑的高度接近跨度的一半时，跨中挠度增量减小很快。随着砌筑高度的增加，跨中挠度增加极小。这是由于砌体砂浆随时间增长而逐渐硬化，使参与受力的砌体截面高度不断增加的缘故。正是这种砌体与过梁的组合作用，使作用在过梁上的砌体当量荷载仅约相当于高度等于跨度 1/3 的砖墙自重。

试验同时表明，当在砖砌体高度等于跨度的 0.8 倍左右的位置施加荷载时，过梁挠度变化极微。可以认为，在高度等于或大于跨度的砌体上施加荷载时，由于过梁与砌体的组合作用，部分荷载将通过组合拱传给砖墙，而不是单独由过梁传给砖墙，故常见跨度过梁的内力受梁、板传来荷载的影响不大(当跨度或荷载较大时，宜按本章墙梁计算)，因此，一般过梁计算习惯上不是按组合截面而只是按“计算截面高度”或按钢筋混凝土截面进行计算。因此，为了简化计算，《规范》规定过梁上的荷载可按下列规定采用(图 6-3)：

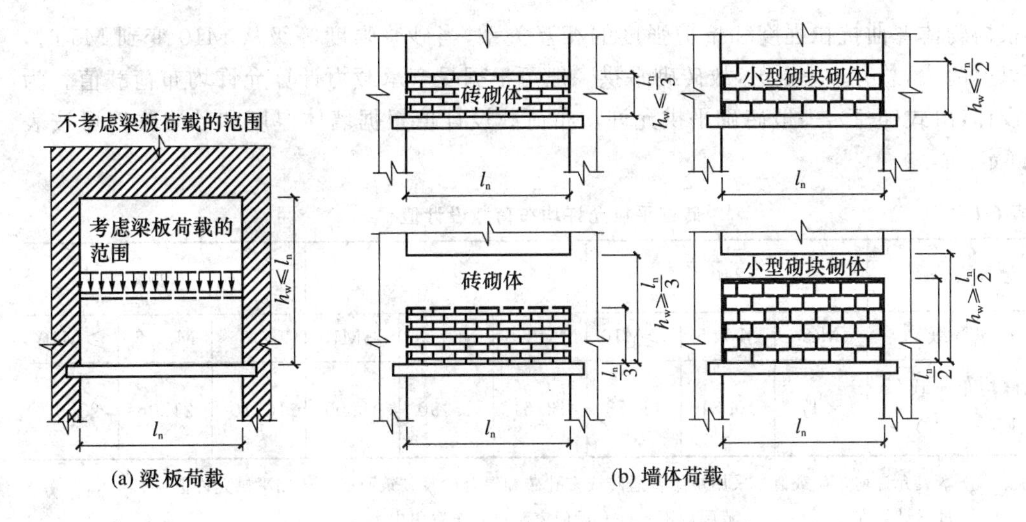

图 6-3　过梁荷载的取值

1. 梁、板荷载

对砖和砌块砌体，当梁、板下的墙体高度 $h_w < l_n$ 时（l_n 为过梁的净跨），应计入梁、板传来的荷载；当梁、板下的墙体高度 $h_w \geqslant l_n$ 时，可不考虑梁、板荷载。

2. 墙体荷载

(1) 对砖砌体，当过梁上的墙体高度 $h_w < l_n/3$ 时，应按墙体的均布自重计算；当 $h_w \geqslant l_n/3$ 时，应按高度为 $l_n/3$ 墙体的均布自重计算；

(2) 对砌块砌体，当过梁上的墙体高度 $h_w < l_n/2$ 时，应按墙体的均布自重计算；当 $h_w \geqslant l_n/2$ 时，应按高度为 $l_n/2$ 墙体的均布自重计算。

6.1.3　过梁的计算

根据各种过梁的工作特性和破坏形态，过梁可分别按下述方法计算：

1. 砖砌平拱

砖砌平拱应进行跨中正截面的受弯承载力和支座斜截面的受剪承载力计算，可分别按第五章砌体受弯、受剪公式进行验算。由于支座水平推力可延缓过梁沿正截面的破坏，从而提高砌体沿通缝的弯曲抗拉强度，因此，根据经验，砌体的弯曲抗拉强度设计值 f_{tm} 可取沿齿缝截面的强度值。厚度为 h 的墙体在竖向均布荷载 q 作用下，若过梁截面计算高度 $h_0 \geqslant l_n/3$，则可取 $h_0 = l_n/3$，同时按简支梁跨中弯矩 $M = p_M l_n^2/8$、支座剪力 $V = p_v l_n/2$，将矩形截面抵抗矩 $W = hh_0^2/6 = hl_n^2/54$、内力臂 $z = 2h_0/3 = 2l_n/9$ 代入公式 $M \leqslant f_{tm}W$ 和 $V \leqslant f_v bz$，可分别按受弯承载力条件和受剪承载力条件求出过梁所能承担的均布荷载允许值 p_M 和 p_v 为

$$p_M = \frac{4}{27} f_{tm} h \tag{6-1}$$

$$p_v = \frac{4}{9} f_v b \tag{6-2}$$

式中，f_v 为砌体的抗剪强度设计值。

根据砌体弯曲抗拉强度和抗剪强度的相互关系，当砂浆强度等级从 M10 变到 M5 时，对比以上两式，总有 $p_M < p_v$，故砖砌平拱一般可根据受弯承载力计算允许均布荷载值。为便于设计，由式(6-1)，一般砖砌平拱允许均布荷载设计值根据墙体厚度和砂浆强度可按表 6-1 确定。

表 6-1　　砖砌平拱允许均布荷载设计值

墙厚/mm	240			370			490		
砂浆等级	M 5	M 7.5	≥M10	M 5	M 7.5	≥M10	M 5	M 7.5	≥M10
允许均布荷载/(kN·m^{-1})	8.17	10.31	11.73	12.61	15.90	18.09	16.70	21.05	23.96

注：① 本表允许均布荷载值为采用烧结普通砖或多孔砖和混合砂浆砌筑而成的砖砌平拱允许值。

② 过梁计算高度 $h_0 = l_n/3$ 范围内不允许开设门窗洞口和布置集中力。

2. 钢筋砖过梁

钢筋砖过梁同样应进行跨中正截面受弯承载力和支座斜截面受剪承载力计算。其中受剪承载力计算不考虑钢筋在支座处的有利作用，仍按第五章砌体抗剪公式 $V \leqslant f_v bz$ 或公式(6-2)进行，同时由过梁达到极限状态时跨中正截面的平衡条件，对压力合力点取矩，可得出受弯承载力计算公式：

$$M = f_y A_s (h_0 - d) \tag{6-3}$$

式中　M——按简支梁计算的跨中弯矩设计值；

A_s——受拉钢筋的截面面积；

f_y——受拉钢筋的强度设计值；

h_0——过梁截面的有效高度，$h_0 = h - a_s$；

a_s——受拉钢筋重心至截面下边缘的距离；

h——过梁的截面计算高度，取过梁底面以上的墙体高度，但不大于 $l_n/3$；当考虑梁、板传来的荷载时，则按梁、板下的高度采用。

式中的$(h_0 - d)$为受拉钢筋截面面积重心到受压区合力点的距离，即内力臂。对于 M5～M10 级砂浆，d 值约为$(0.10 \sim 0.15)h_0$，故$(h_0 - d) \leqslant 0.85 h_0$。为安全起见，$d$ 值可取下限 $0.15h_0$，由式(6-3)可直接确定钢筋砖过梁抗弯承载力的计算公式：

$$M \leqslant 0.85 f_y A_s h_0 \tag{6-4}$$

3. 混凝土过梁

混凝土过梁考虑到砌体和混凝土梁的组合作用应按上述方法进行荷载取值，同时可按混凝土受弯构件进行跨中正截面受弯承载力和支座斜截面受剪承载力计算。但在验算梁端支承处砌体局部受压时，考虑到过梁与上部砌体的组合作用使其变形极小，梁端底面压应力图形完整系数可取 $\eta=1$，而一般情况下过梁端部以外尚有足够的截面可供上部荷载卸荷和提高局部抗压强度，因而这时上部荷载折减系数可取 $\psi = 0$，即不考虑上层荷载的影响，并取砌体局部抗压强度提高系数 $\gamma = 1.25$，过梁梁端有效支承长度 a_0 可按第 5 章梁端有效支承长度公式计算或取过梁的实际支承长度。

对于上部具有一定高度墙体的钢筋混凝土过梁，由于它与下节所述简支墙梁中的托梁受力性质相近，因此，当混凝土过梁跨度较大，梁、板传来荷载较大时，可考虑墙、梁组合作用，建议按下节墙梁的方法进行设计。

6.1.4 过梁计算示例

[例 6-1] 已知钢筋砖过梁净跨 $l_n=1800\text{mm}$，过梁宽度与墙体厚度相同，$b=240\text{mm}$，采用 MU10 黏土砖、M5 混合砂浆砌筑而成。在离窗口 600mm 高度处，存在由楼板传来的均布竖向荷载，其中，恒荷载为 4 kN/m、活荷载为 2 kN/m，砖墙自重为 5.24 kN/m²，试设计该钢筋砖过梁。

[解] (1) 荷载计算

由于楼板位于小于跨度的范围内($h_w < l_n$)，故在荷载 p 的计算中，除要计入墙体自重外，还需考虑由梁、板传来的均布荷载：

$$p = 1.35\times(5.24\times1.8 / 3 + 4) + 1.4\times0.7\times2 = 1.35\times7.144 + 0.98\times2$$
$$= 11.60(\text{kN/m})$$

(2) 钢筋砖过梁受弯承载力计算

按公式(6-4)计算。考虑楼板位置，取 $h=600\text{mm}$，则 $h_0=600-15=585\text{mm}$，采用 HPB235 级钢筋，$f_y=210\text{N/mm}^2$：

由 $M= p\,l_n^2/8=11.60\times1.8^2/8=4.71(\text{kN}\cdot\text{m})$

得 $A_s=M/(0.85h_0 f_y)=4.71\times10^6/(0.85\times585\times210)=45.1(\text{mm}^2)$

选用 $2\phi6$ (56.6mm²)作为抗弯钢筋。

(3) 过梁受剪承载力计算

据 $f_v=0.11\text{N/mm}^2$，按公式(6-2)，由受剪承载力条件钢筋砖过梁所能承担的均布荷载允许值 $p_v=4f_vh/9=4\times0.11\times240/9=11.73\text{kN/m}$；

故 $p_v>p$，钢筋砖过梁受剪承载力满足要求。

[例 6-2] 已知钢筋混凝土过梁净跨 $l_n=3000\text{mm}$，过梁上墙体高度 1400mm，砖墙厚度 $b=240\text{mm}$，采用 MU10 黏土砖、M5 混合砂浆砌筑而成。在窗口上方 500mm 处，由楼板传来的均布竖向荷载中恒载标准值为 10 kN/m、活载标准值为 5 kN/m，砖墙自重取 5.24 kN/m²，混凝土容重取 25 kN/m³，试设计该钢筋混凝土过梁。

[解] 根据题意，考虑过梁跨度及荷载等情况，钢筋混凝土过梁截面取 $b\times h=240\text{mm}\times300\text{mm}$。

(1) 荷载计算

由于楼板位于小于跨度的范围内($h_w < l_n$)，故荷载计算时要考虑由梁、板传来的均布荷载；因过梁上墙体高度 1400mm 大于 $l_n/3=1000\text{mm}$，所以应考虑 1000mm 高的墙体自重：

$$p=1.35\times(25\times0.24\times0.3+5.24\times3.0/3+10)+1.4\times0.7\times5$$
$$=1.35\times17.04+0.98\times5=27.9(\text{kN/m})$$

(2) 钢筋混凝土过梁的计算

在砖墙上，混凝土过梁计算跨度 $l_0=1.05\ l_n=1.05\times3000=3150\text{mm}$

$$M=pl_0^2/8=27.90\times3.15^2/8=34.60\text{kN}\cdot\text{m}$$

$$V=pl_n/2=27.90\times3.00/2=41.85\text{kN}$$

取 C20 混凝土，经计算(略)，得纵筋 $A_s=472.2\text{mm}^2$。纵筋选用 3ϕ16，箍筋通长采用 ϕ6 @250 。

(3) 过梁梁端支承处局部抗压承载力验算

取 $f=1.5\text{N/mm}^2$，$\eta=1.0$，

$$a_0=10\sqrt{\frac{h_c}{f}}=10\sqrt{\frac{300}{1.5}}=141.4\text{mm}$$

$$A_l=a_0\times b=141.42\times240=33941.1(\text{mm}^2)$$

$$A_0=(a+b)\times b=(240+240)\times240=115200(\text{mm}^2)$$

$$\gamma=1+0.35\sqrt{\frac{A_0}{A_l}-1}=1.54\text{，取 }\gamma=1.25\text{，}$$

$$\psi=1.5-0.5\ A_0/A_l=1.5-0.5\times115200/33941.1<0\text{，取 }\psi=0$$

由 $N_l=pl_n/2=27.90\times3.00/2=41.85(\text{kN})$

得 $\psi N_0+N_l=N_l=41.85(\text{kN})<\eta\gamma A_l f=1.0\times1.25\times33941.1\times1.5=63.6(\text{kN})$

故钢筋混凝土过梁支座处砌体局部受压安全。

6.2 墙 梁

由混凝土梁(此处称为托梁)及其以上计算高度范围内的墙体所形成的组合构件，称为墙梁。根据所承担的荷载性质，墙梁分为承重墙梁和自承重墙梁；根据其结构形式，墙梁分为简支墙梁、连续墙梁和框支墙梁；根据其托梁上墙体是否开洞，又可将墙梁分为无洞口墙梁和有洞口墙梁(图 6-4)。

由于采用墙梁的建筑在底层可获得较大的使用空间，因此，近年来在商店-住宅、车库-住宅等民用建筑中和工业建筑中，墙梁结构得到了广泛应用；前者常在底层设托梁，后者的基础梁、连系梁常起托梁的作用。

为了摸清竖向荷载作用下墙梁受力性能，进行了不同位置荷载作用下简支墙梁的对比试验，结果证实混凝土多孔砖墙和托梁之间存在组合作用(图 6-5)。当荷载同时作用在墙体和托梁顶面上时，梁和墙之间组合作用明显，托梁在跨中截面偏心受拉；虽然加载后期墙体和托梁之间会出现水平裂缝，但试件斜拉破坏时的极限承载力远大于普通简支梁。当竖向荷载单独作用托梁顶面上时，梁、墙界面很快开裂，开裂后组合作用消失，试件承载力与普通简支梁相近。

在《砌体结构设计规范》(GBJ 3—88)颁布以前，常用的墙梁设计方法有：全部荷载法、部分荷载法(二墙三板法)、过梁法、弹性地基梁法、当量弯矩法和极限力臂法等。由于它们

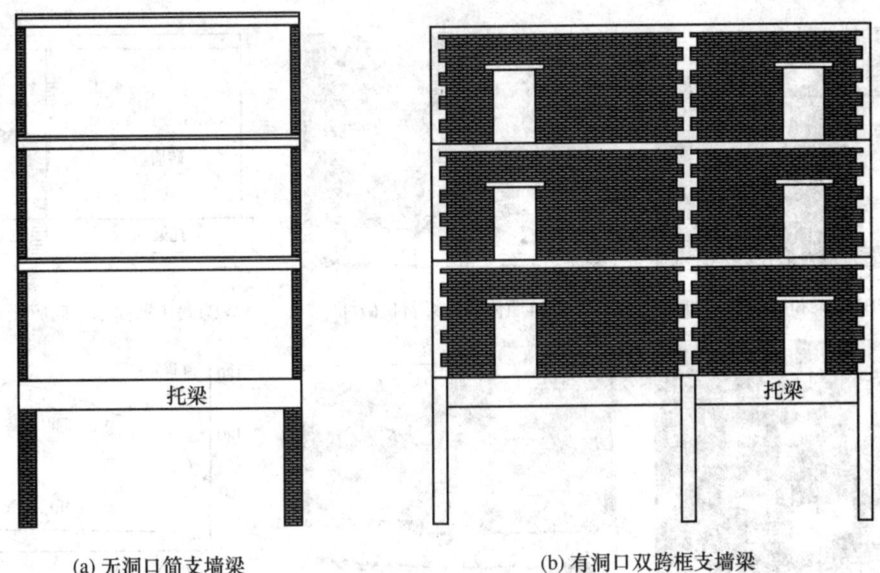

(a) 无洞口简支墙梁　　(b) 有洞口双跨框支墙梁

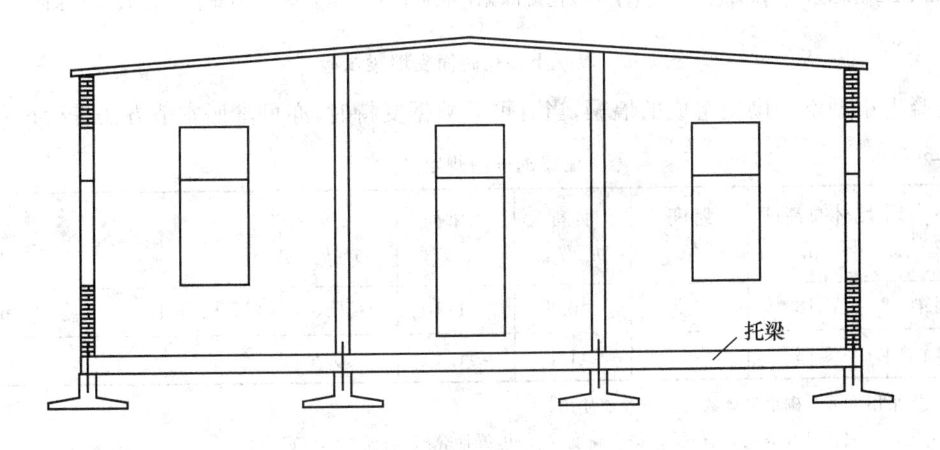

(c) 三跨中间开洞连续墙梁

图 6-4　墙梁

立论各异，计算结果相差很大。除极限力臂法考虑了托梁与墙体的组合作用外，其他方法都将托梁当作受弯构件设计，未考虑托梁实际处于偏心受拉状态，同时往往忽略墙体的承载力验算而使设计偏于不安全。

在墙梁结构体系中，鉴于托梁上墙体不仅需要承担上部墙体自重并传递由上部楼盖、屋盖传来的荷载，同时墙体还要作为结构的一部分参与结构共同工作，因此，为确保墙梁组合作用的发挥，采用烧结普通砖、烧结多孔砖和配筋砌体的墙梁设计应符合表 6-2 的规定。同时，墙梁在计算高度范围内一般每跨仅允许设置一个洞口。对多层房屋的墙梁，各层洞口宜设置在相同位置，上、下层宜对齐；洞口边至最近支座中心的距离 a_i，对边支座，不应小于 0.15 倍的墙梁计算跨度 l_{0i}，对中支座，不应小于 0.07 倍的墙梁计算跨度 l_{0i}；为保证使用安全，应采取必要措施严禁对托梁上墙体随意开洞或变动其设置位置。由于目前试验数量有

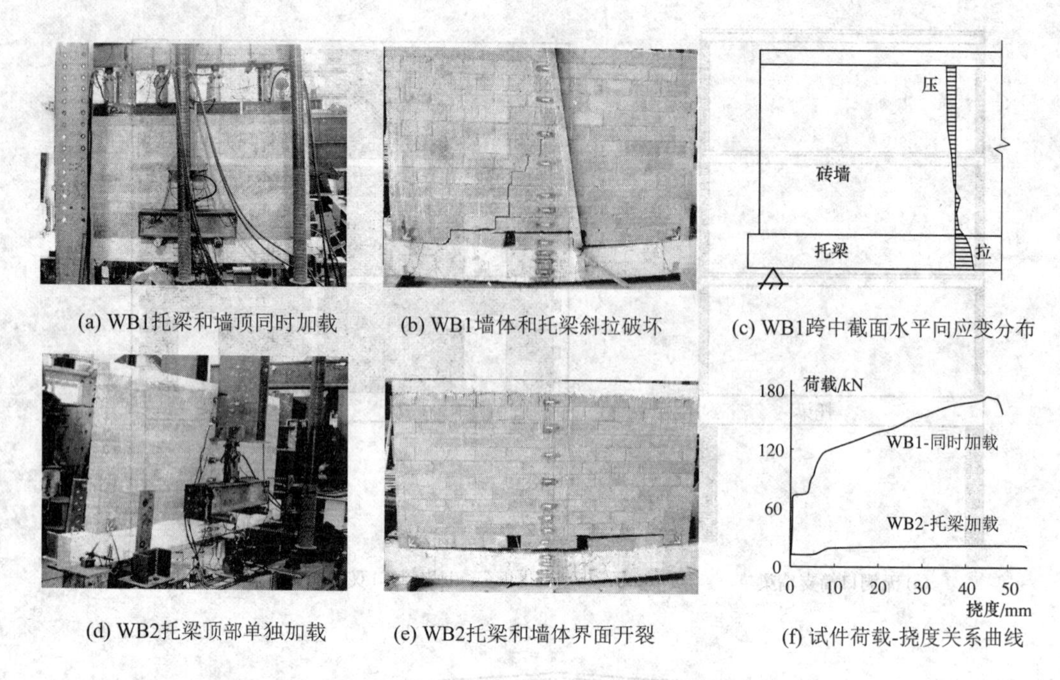

(a) WB1托梁和墙顶同时加载　(b) WB1墙体和托梁斜拉破坏　(c) WB1跨中截面水平向应变分布

(d) WB2托梁顶部单独加载　(e) WB2托梁和墙体界面开裂　(f) 试件荷载-挠度关系曲线

图 6-5　混凝土多孔砖简支墙梁试验

限，对混凝土小型空心砌块组成的墙梁，当有可靠数据支持时，亦可参照本节方法进行设计。

表 6-2　**墙梁的一般规定**

墙梁类别	墙体总高度/m	跨度/m	墙高 h_w/l_{0i}	托梁高 h_b/l_{0i}	洞宽 b_h/l_{0i}	洞高 h_h
承重墙梁	≤18	≤9	≥0.4	≥1/10	≤0.3	≤5 h_w/6 且 h_w-h_h≥0.4m
自承重墙梁	≤18	≤12	≥1/3	≥1/15	≤0.8	

注：① 采用混凝土砌块砌体的墙梁可参照使用；
② h_w—墙体计算高度；h_b—托梁截面高度；l_{0i}—墙梁计算跨度；b_b—洞口宽度。

在大量的构件试验研究和系统的有限元法分析的基础上，《砌体结构设计规范》(GBJ 3—88)修订时专题组提出了将墙梁作为组合构件，按极限状态设计的方法。在适当提高可靠度的同时，根据简支墙梁、连续墙梁、框支墙梁各自受力特性，对 GB 50003 修订时，对墙梁结构运用有限元法进行了系统的内力计算，摸清了墙梁结构体系的受力特点和影响构件内力的主要因素，确定了内力近似计算公式，提出了简化设计方法。

6.2.1　墙梁的受力特性

1. 无洞口简支墙梁

根据 159 个无洞口简支墙梁试验结果，当托梁及其上部墙体达到一定强度后，墙体和托梁将共同工作而形成墙梁。在裂缝出现前，根据有限元分析结果可得到无洞口简支墙梁主应力轨迹线示意图(图 6-6)。从 σ_x 沿垂直截面的分布可以看出：墙体大部分受压，托梁的全部或大部分受拉，截面中和轴将随着荷载的增大、墙体裂缝的出现和开展而逐渐上升到墙中。从 σ_y 沿水平截面的分布可以看出：靠近墙梁顶面时压应力分布较均匀，越靠近托梁应

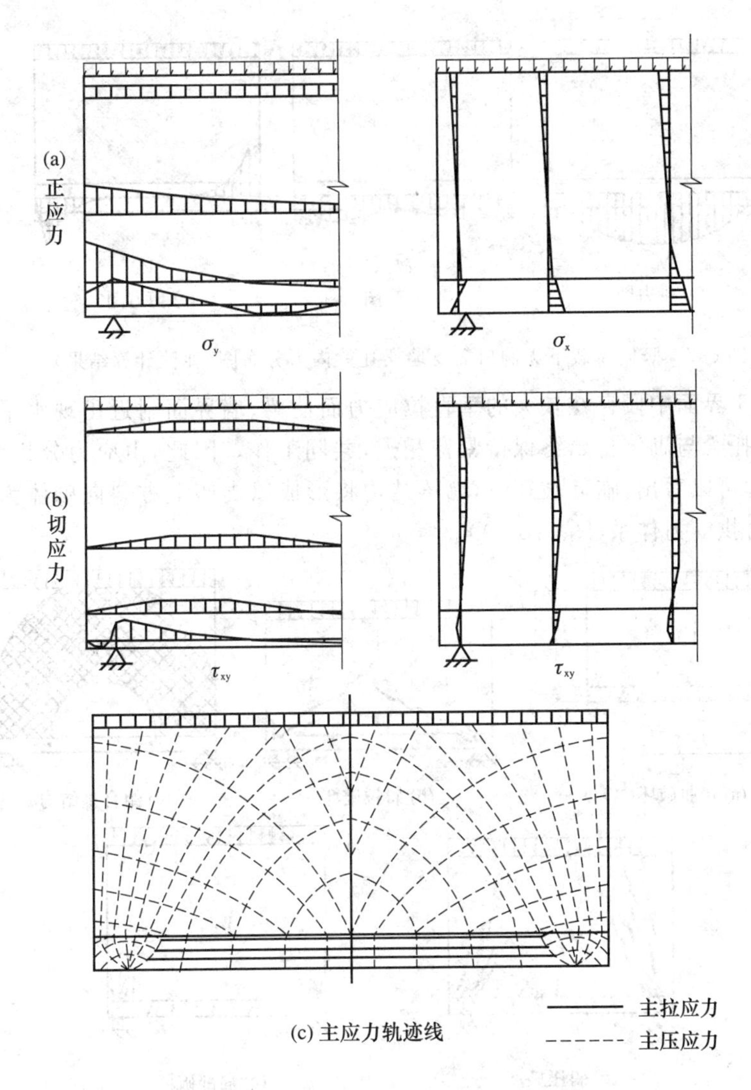

图 6-6 无洞口简支墙梁应力图(弹性计算结果)

力越向支座附近集中。从 τ_{xy} 分布可以看出:切应力在梁、墙界面附近及托梁支座附近变化较大,且托梁和砌体共同承担剪力。从主应力轨迹线能更形象地看出墙梁的受力特征:墙梁两边主压应力轨迹线直接指向支座,中间部分主压应力轨迹线呈拱形指向支座,在支座附近的托梁上砌体形成很大的主压应力集中,托梁中段主拉应力轨迹线几乎为水平状,这表明托梁处于偏心受拉状态。主压应力在托梁的支座部分集中,端部呈现十分复杂的应力状态。参见竖向荷载下无洞口简支墙梁托梁内力分布图(图 6-7),取跨中最大拉力和托梁上最大弯矩值,混凝土托梁跨中截面可按偏心受拉构件设计,同时,截面剪力最大值出现在靠近支座处。

当托梁中的拉应变超过混凝土的极限拉应变时,托梁中段将出现多条垂直裂缝,并且很快上升至梁顶;随着荷载的增大,裂缝可能穿过界面并且向上延伸到墙中,托梁刚度随之削弱,并引起墙体内力重分布,使主压应力进一步向支座附近集中(图 6-8(a))。当墙体中主拉应力超过砌体的抗拉强度时,将出现枣核形斜裂缝,并且随着荷载的增大裂缝将向斜上方及斜下方延伸,随后穿过梁、墙界面,形成托梁端部较陡的上宽下窄的斜裂缝(图 6-8(b));

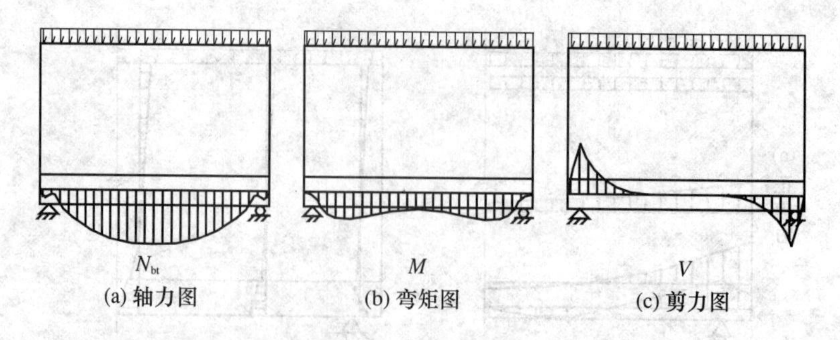

图 6-7　竖向荷载下无洞口简支墙梁托梁内力分布图(弹性计算结果)

临近破坏时,由于界面中段存在较大的垂直拉应力而使梁、墙界面附近出现水平裂缝,但在支座附近区段,托梁与砌体将始终保持紧密相连,共同工作。因此,由应力分析以及裂缝的出现和开展过程可以看出,临近破坏时,墙梁结构将形成以支座上方斜向砌体为拱肋,以托梁为拉杆的组合拱受力体系(图 6-8(c))。

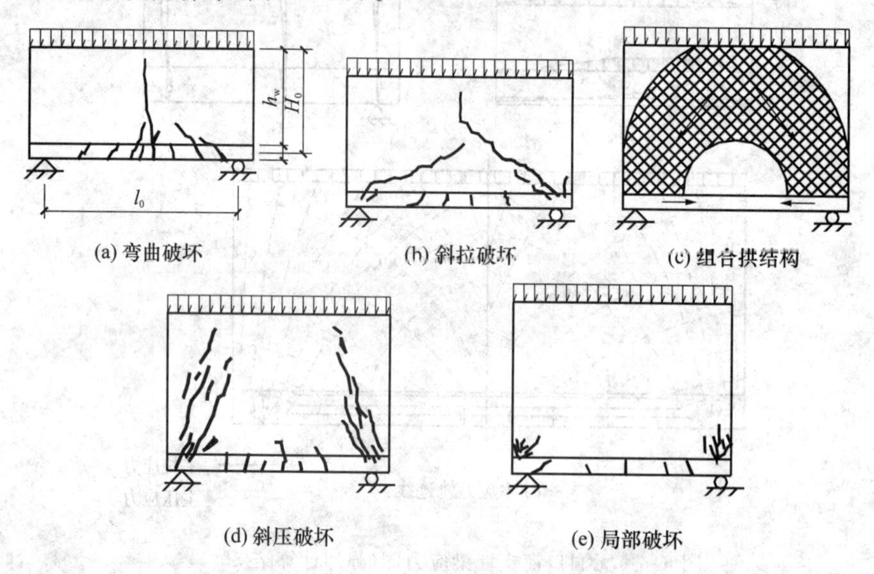

图 6-8　简支墙梁的破坏(试验结果)

受墙体高跨比(h_w/l_0)、托梁高跨比(h_b/l_0)、砌体强度(f)、混凝土强度(f_c)、托梁纵筋配筋率(ρ)、加荷方式、集中力作用位置、有无纵向翼墙或构造柱等因素的影响,一般试验中无洞口简支墙梁将发生下列几种破坏形态:

(1) 弯曲破坏　如图 6-8(a)所示,当托梁配筋较少,砌体强度较高而墙体高跨比 h_w/l_0 略小时,随着荷载的增加,托梁中段由下而上产生竖向裂缝,沿跨中垂直截面发生拉弯破坏。

(2) 剪切破坏　当托梁配筋较强,砌体强度相对较低时发生剪切破坏。根据不同的破坏形态墙梁剪切破坏又可分为两种:

斜拉破坏　如图 6-8(b)所示,由于砌体沿齿缝的抗拉强度不足以抵抗主拉应力,墙体出现沿灰缝阶梯形上升的比较平缓的斜裂缝。当 h_w/l_0 小于 0.35～0.40 时,由于墙体抗剪承载力较低,这时容易产生斜拉破坏。

斜压破坏　如图 6-8(d)所示,由于砌体斜向抗压强度不足以抵抗由主压应力,墙体出现斜向受压裂缝而发生无先兆的破坏。当墙体高跨比 h_w/l_0 处于 0.35～0.80 而且托梁较强、砌体相对较弱时，墙体往往发生斜压破坏。

(3) *局压破坏*　如图 6-8(e)所示，在支座上方砌体中，由于竖向正应力形成较大的应力集中，将在支座上方较小范围出现砌体局部受压破坏。试验表明，当墙体计算高度与跨度之比 $h_w/l_0>0.75\sim0.80$，墙梁端部无翼墙且砌体强度较低时，可能在支座附近上部墙体中发生砌体局压破坏。

此外，在试验中还发现因纵筋锚固长度不足，支座垫板、加荷垫板的尺寸或刚度较小而引起托梁或砌体的局部破坏，这些破坏可采取相应的构造措施来防止。

2. 有洞口简支墙梁

有限元计算分析表明，当墙体跨中区段开门洞时(图 6-9)，其应力分布与无洞口墙梁基本一致，主应力轨迹线也变化不大，临近破坏时，墙梁也将形成组合拱受力体系。一般地，当门洞靠近支座附近区段时(图 6-10)，跨中截面 σ_x 分布变化不大，但门洞附近 σ_x 分布变化较大，主应力轨迹线极复杂，墙梁将形成大拱套小拱的组合拱受力体系。此时，托梁的内力如图 6-11 所示。考虑到开洞影响后，对托梁仍可取其内力最大值按偏心受拉构件设计跨中截面，而托梁剪力值在洞口两侧直至相邻支座区段始终维持在较高水平。

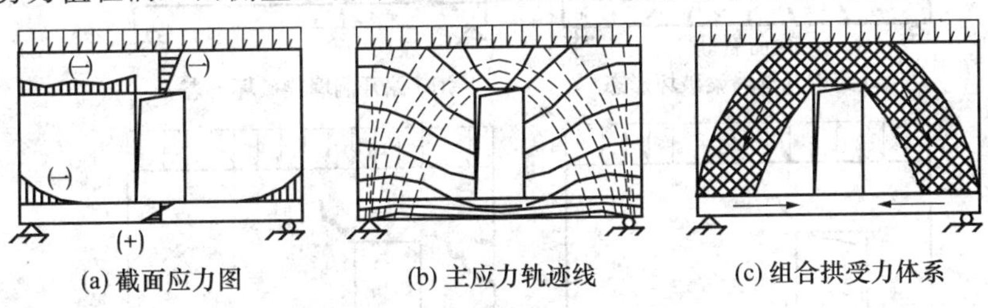

图 6-9　跨中开洞简支墙梁的弹性计算结果

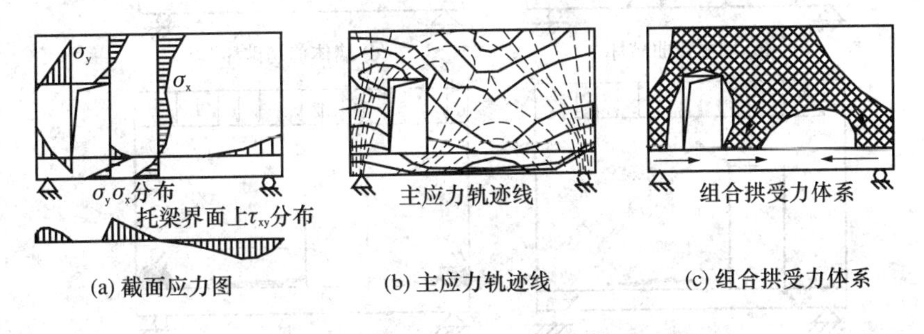

图 6-10　偏开洞简支墙梁的弹性计算结果

99 个有洞口简支墙梁的试验表明：当在墙体跨中区段开门洞时，其裂缝的出现和开展及破坏形态均类似于无洞口墙梁(图 6-12(a))；当在墙体支座区段开门洞时(图 6-12(b)，随着荷载增加，首先在门洞外侧沿界面出现水平裂缝①；不久在门洞内侧上角出现阶梯形斜裂缝②；随后又在门洞外侧墙出现水平裂缝③，加荷至破坏荷载的 60%～80%时，在托梁的门洞内侧截面出现垂直裂缝④，最后出现水平裂缝⑤。与无洞口简支墙梁类似，一般有洞口简支墙梁也会出现以下几种破坏形态：

(1) *弯曲破坏*　托梁受弯矩和拉力，可能会沿跨中截面产生偏心受拉破坏或沿特征裂缝④所形成的截面形成大偏心受拉破坏，即开洞墙梁的弯曲破坏。

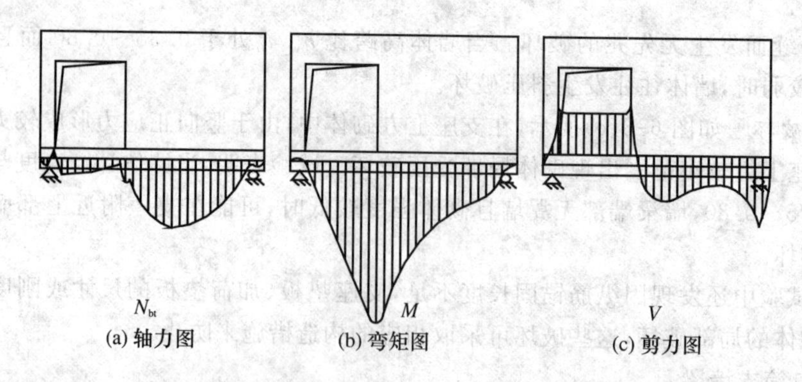

图 6-11　竖向荷载下有洞口简支墙梁托梁内力分布图(弹性计算结果)

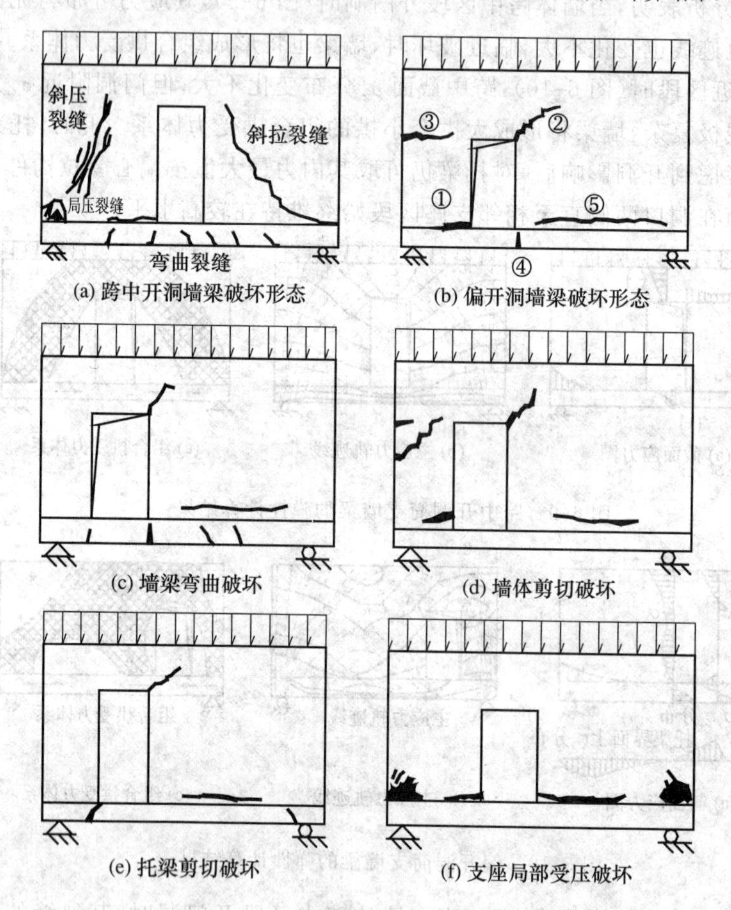

图 6-12　开洞墙梁破坏形态(试验结果)

(2) *剪切破坏*　墙体剪切破坏较多表现为洞口外侧墙体斜向剪坏，或沿阶梯形斜裂缝而破坏，或门洞上砌体被推出。当门洞上方作用集中力时，则易发生门顶墙体剪坏。

当托梁上部墙体强度较高或支座上方存在构造柱时，混凝土托梁在偏心拉力和剪力联合作用下，可能在门洞两侧直至支座区段发生斜截面剪切破坏。

(3) *局压破坏*　由于靠近支座上方区域存在应力集中现象，一般，当支座上方不设构造柱而且墙体抗压强度较低时，距门洞较近一侧支座上方的墙体可能发生砌体局压破坏。

3. 连续墙梁的受力特点

在单层厂房等建筑中，连续墙梁是比较常见的构件。对于连续墙梁，构造要求在墙梁顶面处设置一道圈梁，并在墙梁上拉通，称之为顶梁。根据连续墙梁的有限元分析以及不多的构件试验研究结果，对其受力特点进行描述并将其作为连续墙梁设计时的参考依据。

对于2～5跨等跨等截面连续墙梁，由有限元分析所得的无洞口连续墙梁托梁内力分布图(图6-13右侧)表明，由于墙梁存在组合作用，与一般连续梁相比，托梁跨中弯矩、第一内支座弯矩、边支座剪力等控制截面内力都有一定程度的降低，同时，托梁出现了较大的轴拉力，故托梁跨中截面与简支墙梁一样按偏心受拉构件计算是合理的。同样，等跨有洞口连续墙梁托梁的内力计算分析(图6-13左侧)表明：开洞连续墙梁随着洞口靠近支座，托梁内力有较大程度的增加，当超过表6-2墙梁一般规定时，托梁端部截面内力甚至可能超过普通连续梁相应截面内力。

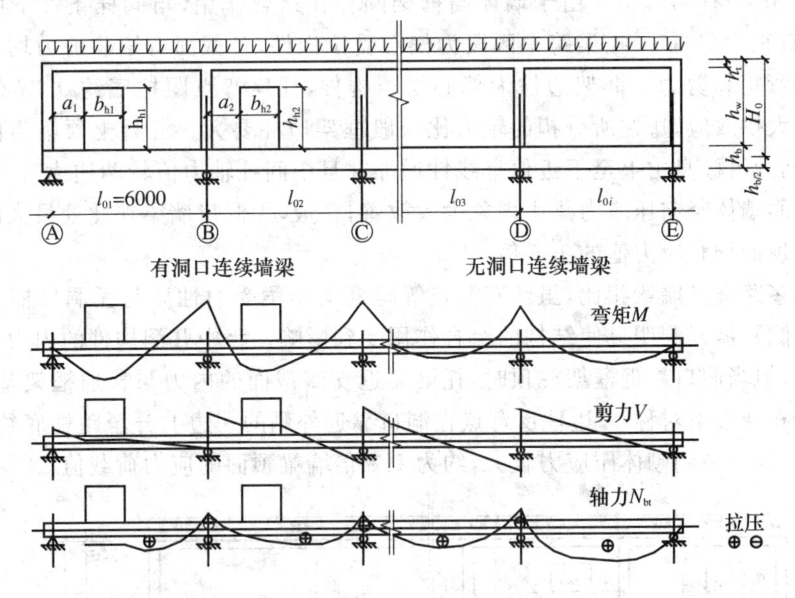

图6-13　连续墙梁托梁内力分布图(弹性计算结果)

与简支墙梁相似，连续墙梁除了跨中和支座截面发生弯拉或弯曲破坏外，两跨连续墙梁受剪承载力试验表明(图6-14)：在开裂前，连续墙梁如同一个由钢筋混凝土托梁、墙体和顶梁组合的连续深梁，随着裂缝的出现和开展，结构将逐渐形成连续组合拱受力体系，托梁大部分区段处于偏心受拉状态，仅在中间支座附近很小区段，由于拱的推力而使混凝土处于偏心受压和受剪的复合受力状态。试验进一步表明，由于顶梁的存在，连续墙梁发生剪切破坏时，截面受剪承载力有较大的提高；但是，由于中间支座上方砌体竖向正应力过于集中，如果又没有纵向翼墙或构造柱来加强，墙体将发生严重的局部受压破坏，同时，中间支座处托梁发生剪切破坏的危险也比边支座大，这些现象在连续墙梁设计中都是需要特别引起注意的。

4. 框支墙梁的受力特点

当建筑底层跨度较大或荷载较大，尤其在抗震设防地区，更为常见的墙梁结构形式是底层由框架支承的墙梁结构体系，简称为框支墙梁。对于工程常见的框支墙梁，在结构试验基础上，参考按正交设计的框支墙梁的有限元分析结果，规范(GB 50003—2001)修订时，提出了一套内力简化计算公式。

图 6-14　两跨连续墙梁的破坏(试验结果)

在竖向荷载作用下,由有限元计算得到的无洞口等跨框支墙梁框架、顶梁和构造柱的内力分布图如图 6-15 右侧所示。由于墙体与框架间存在组合作用,与同样条件下的框架相比,托梁内力有很大降低 。托梁跨中区段为偏心受拉构件,各截面弯矩和剪力均小于框架梁相应截面的弯矩和剪力。框架边柱为偏心受压构件,柱反弯点距柱底约 0.37 倍柱的净高。由于存在大拱效应,边柱所分担的轴力比一般框架边柱要大。混凝土顶梁为偏心受压构件,构造柱轴力沿柱身由上至下近似呈线性增加并且中间柱轴力值较两边大 。构造柱的存在使墙梁界面墙体竖向压应力集中现象大大改善,一般,无洞口墙梁在此处最大的竖向压应力约为墙梁顶面均布应力值的 1.6 倍。

与无洞口多跨框支墙梁相比,虽然有洞口等跨框支墙梁受力性质与无洞口框支墙梁类似(图 6-15 左侧),但开洞明显使结构的组合作用受到影响。跨中开洞构件的内力与无洞口构件几乎相当,但当洞口靠近框架柱顶时,托梁靠近支座截面的内力与普通框架基本接近,结构内力分布和变形不对称 。边柱反弯点在洞口靠近外侧的一边上升至距柱底约 0.40 倍柱的净高,靠近洞口一侧砌体压应力较大,约为 1.8 倍墙梁顶面的应力荷载值 。

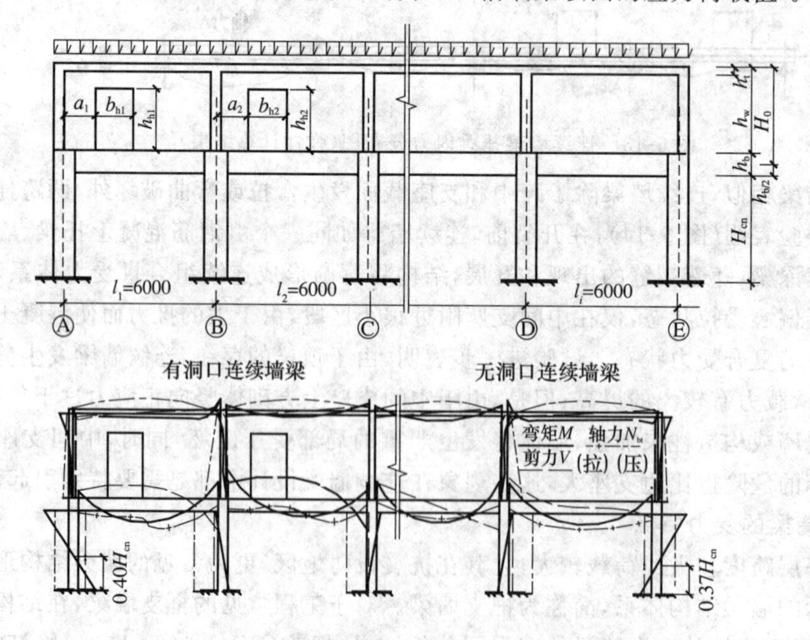

图 6-15　框支墙梁在 Q_2 作用下内力分布图

在有限元分析的基础上，经过直观分析和方差分析，规范建议统一采用“组合内力法”确定框支墙梁中框架梁柱截面内力。即在墙梁顶面竖向荷载 Q_2 作用下仍按一般结构力学方法计算框架内力，再乘以组合系数来考虑墙梁组合作用对内力的影响。托梁跨中应按偏心受拉截面计算拉力和弯矩。由于支座处托梁的轴力较小，托梁靠近支座的截面可近似按受弯截面设计。框架柱考虑边柱效应乘以修正扩大系数后按偏心受压构件设计。

与简支墙梁类似，试验表明：框支墙梁从加载到破坏同样经历了弹性、带裂缝工作和破坏三个受力阶段，一般托梁跨中截面会先出现一条竖向裂缝，随后框架其他截面和墙体会相继出现裂缝并开展，接近破坏时，结构仍能形成框支组合拱受力体系，直至破坏时，墙梁挠度都很小，故框支墙梁与其他类型墙梁相同，一般不需要进行挠度验算。参见单跨无洞口框支墙梁破坏形态图(图 6-16)，框支墙梁可能出现下列几种破坏形态：

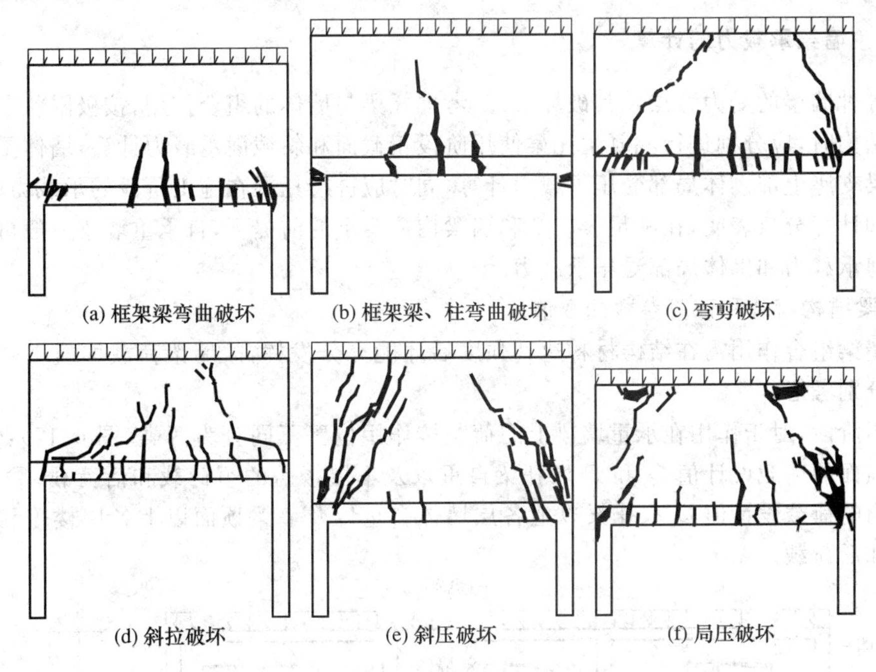

图 6-16　单跨无洞口框支墙梁破坏形态图

(1) *弯曲破坏*　当墙体跨高比和混凝土构件纵筋配筋率较小时，易发生此类破坏。当底层框架梁跨中第一条竖向裂缝出现并上升至墙中，梁底纵筋大多会首先屈服，形成第一个塑性铰，根据其后第二个塑性铰的位置，结构可能出现两种弯曲破坏机构：

① *框架梁弯曲破坏机构*　框架梁支座截面上部纵筋屈服而形成第二个塑性铰，形成框架梁弯曲破坏机构。

② *框架梁-柱弯曲破坏机构*　底层框架柱上端截面外侧纵筋屈服而形成第二个弯压性质的塑性铰，形成框架梁跨中-框架柱顶弯曲破坏机构。

(2) *剪切破坏*　当上部墙体强度较低、底层框架结构截面尺寸和配筋率较大时，框架梁、柱纵筋尚未屈服而靠近支座的墙体会发生剪切破坏。根据裂缝形成原因，墙梁又可分成两种剪切破坏：

① *斜拉破坏*　当墙体高跨比较小时，易发生此种破坏。当墙体主拉应力超过砌体复合抗拉强度后，斜裂缝出现并沿墙体水平灰缝和齿缝呈阶梯形发展，破坏时，斜裂缝倾角一般

小于45°。

② 斜压破坏　当墙体高跨比较大时，易发生此种破坏。当墙体主压应力超过砌体复合抗压强度后，斜裂缝出现，裂缝倾角一般介于55°～60°，有时裂缝会向下伸入梁、柱节点，产生脆性的劈裂破坏。

(3) 弯剪破坏　当墙体高跨比不大、框架截面配筋适当，上部砌体和底层框架承载力互相匹配时，会发生框支墙梁的弯剪破坏。破坏过程通常是托梁跨中纵筋首先屈服，在继续加载中，上部墙体发生斜压破坏，最后框架梁支座和框架柱顶产生塑性铰而形成破坏机构。

(4) 局压破坏　一般，当墙体高跨比较大时，由于支座上方墙体的集中应力超过砌体局部抗压强度而发生支座上方墙体或框架梁柱节点区的脆性破坏，当支座上方不设构造柱而墙体抗压强度较低时，框支墙梁可能发生局压破坏。

6.2.2　墙梁承载力的计算

根据各种墙梁的受力特点及其破坏形态，考虑托梁与墙体的组合作用，按极限状态方法设计墙梁结构时，应分别进行混凝土托梁使用阶段正截面和斜截面承载力计算，墙体受剪承载力和托梁支座上部砌体局部受压承载力计算，同时应进行托梁在施工阶段的承载力验算。实践经验和计算分析表明，在满足表6-2和墙梁构造要求的前提下，自承重墙梁一般可不验算墙体受剪承载力和砌体局部受压承载力。

1. 墙梁结构荷载和计算参数的取值

由于墙梁组合作用需在结构材料达到强度后才能充分发挥，故墙梁荷载取值必须根据不同阶段分别考虑。

在使用阶段，对于作用在承重墙梁上的荷载按作用位置不同分为两类(图6-17)：① 作用在托梁顶面的荷载设计值 Q_1 和 F_1 取托梁自重以及本层楼盖的恒荷载和活荷载；② 作用在墙梁顶面的荷载设计值 Q_2 取托梁以上各层墙体自重以及墙梁顶面以上各层楼盖和屋盖的恒荷载和活荷载。

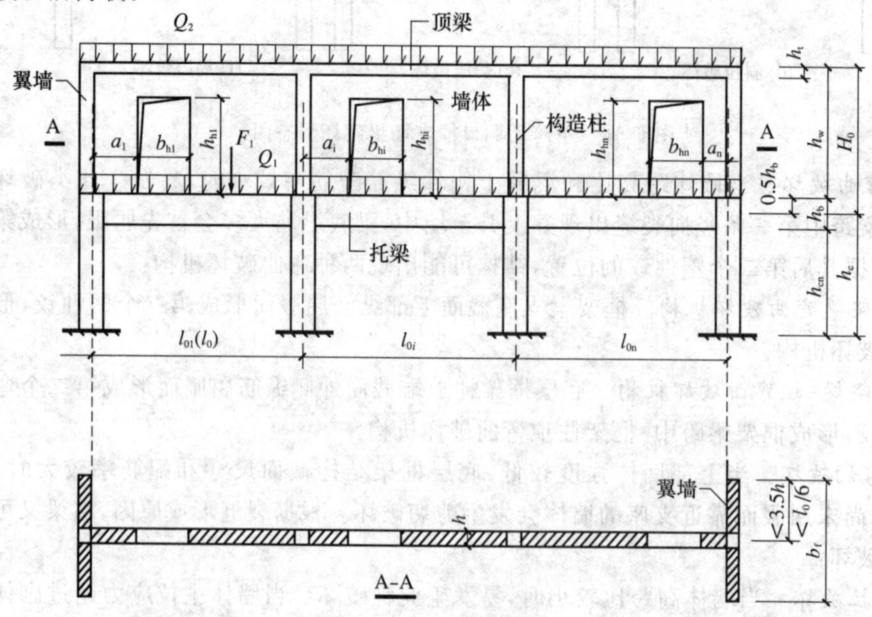

图6-17　墙梁计算简图

有限元法分析表明，由于墙梁刚度较大，上部集中力在墙体中可向下扩散而趋于均匀，因此，当集中荷载值不超过其所作用的跨度上荷载总量的20%时，可沿此跨度近似化为均布荷载。

在使用阶段，对于自承重墙梁，仅考虑竖向均布荷载 Q_2 作用在墙梁顶面，其值取托梁自重以及托梁以上墙体自重。

在施工阶段，考虑到材料强度尚未达到设计要求，墙梁组合作用无法形成，故托梁在按普通受弯构件进行承载力验算时，应考虑下列荷载：① 托梁自重及本层楼盖恒荷载；② 本层楼盖的施工荷载；③ 墙体自重，按照过梁荷载取法，可取 $l_{0\max}/3$ 的墙体自重（$l_{0\max}$ 为各计算跨度的最大值），开洞时，应按洞顶以下实际分布的墙体自重复核。

与有限元分析相一致，墙梁计算简图中的所有几何参数统一按下列规定采用：

(1) 墙梁计算跨度 $l_0(l_{0i})$，对简支墙梁和连续墙梁取 $1.1l_n(1.1l_{ni})$ 和 $l_c(l_{ci})$ 中较小值，其中，$l_n(l_{ni})$ 为净跨，$l_c(l_{ci})$ 为支座中心间的距离。对框支墙梁，取框架柱中心轴线间的距离 l_c。

(2) 墙体计算高度 h_w，取托梁顶面上一层墙体高度，当 $h_w>l_0$ 时，取 $h_w=l_0$；对连续墙梁和多跨框支墙梁，l_0 取各跨的平均值。

(3) 墙梁跨中截面计算高度 H_0，取 $H_0=0.5h_b+h_w$，h_b 为托梁截面高度。

(4) 翼墙计算宽度 b_f，取窗间墙宽度或横墙间距的2/3，且每边不大于 $3.5h$（h 为墙体厚度）和 $l_0/6$。

(5) 框架柱计算高度 H_c，取 $H_c=H_{cn}+0.5h_b$，H_{cn} 为框架柱的净高，取基础顶面至托梁底面的距离。

(6) 第 i 跨洞口边至相邻支座中心的距离 a_i 应取相应跨门洞边缘至相邻一侧支座中心的最短距离。当 $a_i>0.35l_{0i}$ 时，取 $a_i=0.35l_{0i}$。

2. 墙梁中混凝土托梁正截面承载力计算

托梁在跨中区段应按偏心受拉构件设计。托梁跨中截面弯矩 M_{bi} 及轴拉力 N_{bti} 统一可按下式进行计算：

$$M_{bi}=M_{1i}+\alpha_M M_{2i} \tag{6-5}$$

$$N_{bti}=\eta_N\frac{M_{2i}}{H_0} \tag{6-6}$$

其中，对简支墙梁：

$$\alpha_M=\psi_M\left(1.7\frac{h_b}{l_0}-0.03\right) \tag{6-7}$$

$$\psi_M=4.5-10\frac{a}{l_0} \tag{6-8}$$

$$\eta_N=0.44+2.1\frac{h_w}{l_0} \tag{6-9}$$

对于各跨长短跨度不超过30%的多跨连续墙梁和框支墙梁：

$$\alpha_M=\psi_M\left(2.7\frac{h_b}{l_{0i}}-0.08\right) \tag{6-10}$$

$$\psi_M=3.8-8\frac{a_i}{l_{0i}} \tag{6-11}$$

$$\eta_N=0.8+2.6\frac{h_w}{l_{0i}} \tag{6-12}$$

式中 M_{1i}——在荷载设计值 Q_1 和 F_1 作用下的简支梁跨中弯矩或按连续梁或框架结构分析的托梁第 i 跨跨中最大弯矩；

M_{2i}——在荷载设计值 Q_2 作用下的简支梁跨中弯矩或按连续梁或框架结构分析的托梁第 i 跨跨中弯矩中最大值；

α_M——考虑墙梁组合作用的托梁跨中弯矩系数；对自承重简支墙梁，在公式计算值的基础上可乘以 0.8 调整系数；当式(7-7)中 $h_b/l_0>1/6$ 时，取 $h_b/l_0=1/6$；当式(7-10)中 $h_b/l_{0i}>1/7$ 时，取 $h_b/l_{0i}=1/7$；

η_N——考虑墙梁组合作用的托梁跨中轴力系数；对自承重简支墙梁，在公式计算值的基础上可乘以 0.8 调整系数；当式(7-9)、式(7-12)中 $h_w/l_{0i}>1$ 时，取 $h_w/l_{0i}=1$；

ψ_M——洞口对托梁弯矩的影响系数，对无洞口墙梁，取 $\psi_M=1.0$；

a_i——洞口边至墙梁最近支座中心的距离，当 $a_i>0.35l_{0i}$ 时，取 $a_i=0.35l_{0i}$。

托梁在邻近支座处按受弯构件计算，其截面弯矩 M_{bj} 可按下列公式进行计算：

$$M_{bj}=M_{1j}+\alpha_M M_{2j} \tag{6-13}$$

$$\alpha_M=0.75-\frac{a_i}{l_{0i}} \tag{6-14}$$

式中 M_{1j}——在荷载设计值 Q_1 和 F_1 作用下按连续梁或框架结构分析的托梁支座弯矩；

M_{2j}——在荷载设计值 Q_2 作用下按连续梁或框架结构分析的托梁支座弯矩；

α_M——考虑墙梁组合作用的托梁支座弯矩系数；对无洞口墙梁取 0.4，有洞口墙梁按公式(6-14)计算，当支座两边均有洞口时，a_i 取较小值。

对于多跨框支墙梁，上层竖向荷载在向下传递过程中存在大拱效应，使底层边柱轴力增大。因此，在墙梁顶面荷载 Q_2 作用下的多跨框支墙梁，当边柱轴压力对截面受力不利时，应乘以修正系数 1.2。对于多跨连续墙梁，在验算支座下部支承面能否承受该支座反力时，同样应考虑大拱作用。

3. 墙梁中混凝土托梁斜截面承载力计算

试验表明，墙梁中托梁剪切破坏一般都发生在墙体剪切破坏之后，但是，当混凝土强度等级较低且箍筋配置较少时，混凝土托梁也会先于墙体发生剪切破坏。因此，应按混凝土受弯构件计算托梁斜截面受剪承载力。考虑墙梁的组合作用，托梁的各支座剪力 V_{bj} 可按下列公式计算：

$$V_{bj}=V_{1j}+\beta_v V_{2j} \tag{6-15}$$

式中 V_{1j}——在荷载设计值 Q_1 和 F_1 作用下按简支梁、连续梁或框架结构分析的托梁支座边缘剪力；

V_{2j}——在荷载设计值 Q_2 作用下按简支梁、连续梁或框架结构分析的托梁支座边缘剪力；

β_v——考虑墙梁组合作用的托梁支座边缘剪力系数，对无洞口墙梁边支座，取 0.6，中支座取 0.7；对有洞口墙梁边支座，取 0.7，中支座取 0.8；对自承重简支墙梁，无洞口时，取 0.45，有洞口时，取 0.5。

4. 墙梁中墙体受剪承载力计算

采用正交法进行理论分析，考虑复合受力状态下砌体的抗剪强度，找出影响墙梁墙体受剪承载力的影响显著因素。再据此对试验资料进行回归分析，得出考虑顶梁作用的墙体受剪承载力验算公式如下：

$$V_2 \leqslant \xi_1 \xi_2 \left(0.2+\frac{h_b}{l_{0i}}+\frac{h_t}{l_{0i}}\right) f h h_w \tag{6-16}$$

式中 V_2——在荷载 Q_2 作用下墙梁支座边缘剪力的最大值；

ξ_1——翼墙或构造柱影响系数，对单层墙梁，取 1.0，对多层墙梁，当 $b_f/h=3$ 时，取 1.3；当 $b_f/h=7$ 或设置构造柱时，取 1.5；当 $3<b_f/h<7$ 时，按线性插入法取值；

ξ_2——洞口影响系数，无洞口墙梁取 1.0，多层有洞口墙梁取 0.9，单层有洞口墙梁取 0.6；

h_t——墙梁顶面圈梁截面高度。

5. 托梁支座上部砌体局部受压承载力验算

根据弹性有限元分析和 16 个发生局压破坏的无翼墙构件试验结果，可得在 Q_2 作用下托梁支座上部砌体局部受压承载力的验算公式为

$$Q_2 \leqslant \zeta f h \tag{6-17}$$

$$\zeta = 0.25+0.08\frac{b_f}{h} \tag{6-18}$$

式中，ζ 为局压系数，当 $\zeta>0.81$ 时，取 $\zeta=0.81$。

考虑到墙梁在端部设置翼墙或在支座处布置上下贯通并且落地的构造柱时，可明显降低支座附近砌体的应力集中程度，规范建议当 $b_f/h \geqslant 5$ 或按要求设置落地构造柱时，可不验算墙体局部受压承载力。

6. 托梁施工阶段承载力验算

由于墙梁组合作用是在托梁上砌筑墙体后而逐渐形成的，故在砌体强度达到设计要求前，即在施工阶段不能考虑墙梁组合作用。在施工阶段，应采用前述相应荷载取值，对托梁按普通钢筋混凝土受弯构件进行截面受弯和受剪承载力验算。

6.2.3 墙梁的构造要求

对于符合一般规定的墙梁，设计时尚应符合下列构造要求：

(1) 托梁的混凝土强度等级不应低于 C30。

(2) 墙梁结构中纵向受力钢筋宜采用 HRB335、HRB400 或 RRB400 级钢筋。

(3) 承重墙梁的块体强度等级不应低于 MU10,计算高度范围内墙体砂浆强度等级不应低于 M10,并且竖缝应填实。

(4) 墙梁计算高度范围内的墙体厚度,对砖砌体,不应小于 240mm,对混凝土砌块砌体,不应小于 190mm。

(5) 框支墙梁的上部砌体房屋以及设有承重的简支或连续墙梁的房屋应满足刚性方案房屋的要求;当墙梁跨度较大或荷载较大时,宜优先采用框支墙梁。

(6) 对承重墙梁,应按圈梁要求在墙梁计算高度顶面和每层纵横墙墙顶现浇混凝土顶梁,并且应与其他同一标高处的圈梁拉通,这对于连续墙梁尤其重要。

(7) 墙梁开洞时,应在洞口上方设置混凝土过梁,其支承长度不应小于 240mm;在洞口范围内不应施加集中荷载。

(8) 承重墙梁在支座处应设置翼墙,其厚度对砖砌体,不应小于 240mm,对混凝土砌块砌体不应小于 190mm,翼墙宽度不应小于 3 倍墙梁的墙体厚度,墙梁与翼墙应同时砌筑。当不能设置翼墙时,应设置落地且上下贯通的混凝土构造柱。

(9) 当墙梁墙体在靠近支座 1/3 跨度范围内开洞时,支座处应设置落地且上下贯通的混凝土构造柱,并应保证构造柱与顶梁和每层圈梁可靠连接。

(10) 墙梁计算高度范围内的墙体,每天可砌筑高度不应超过 1.5m,否则,应加设临时支撑;承重墙梁的现浇托梁应在其混凝土达到设计强度后方可拆模;通过墙梁砌体的施工临时通道的洞口宜开设在跨中 $l_{0i}/3$ 范围内,其高度不应大于 $5h_w/6$;冬季施工时,托梁下应设临时支撑,在墙梁计算高度范围内的砌体强度达到设计强度的 75%前,不得拆除该临时支撑。

(11) 按墙梁结构设计的房屋在托梁两边各一个开间及相邻开间处应采用现浇混凝土楼盖,楼盖厚度不宜小于 120mm。当楼板厚度大于 150mm 时,宜采用双层双向钢筋网;楼板上应少开洞,洞口尺寸大于 800mm 时,应设洞边梁。

(12) 托梁每跨底部的纵向受力钢筋应通长设置,不得在跨中弯曲或截断,钢筋接长应采用机械或焊接的连接方式。

(13) 托梁跨中截面纵向受力钢筋总配筋率不应小于 0.6%。

(14) 托梁距边支座 $l_{0i}/4$ 范围内,上部纵向钢筋用量不应少于跨中下部钢筋的 1/3。连续墙梁或多跨框支墙梁的托梁中支座的上部附加纵向钢筋从支座边算起每边延伸不应小于 $l_{0i}/4$。

(15) 承重墙梁的托梁在砌体墙、柱上的支承长度不应小于 350mm。对于支承在砌体墙上的托梁,在支座处应设混凝土梁垫,预制托梁安装于梁垫上时,应座浆垫平;纵向受力钢筋伸入支座的长度不应小于受拉钢筋的最小锚固长度 l_a。

(16) 当托梁截面高度 $h_b \geqslant 450$mm 时,应沿梁高设置通长水平腰筋,直径不宜小于 12 mm,间距不应大于 200mm。

(17) 偏开洞墙梁在洞口宽度和两侧各一个梁高 h_b 直至较近支座范围内的托梁箍筋直径不宜小于 8mm,间距不应大于 100mm。

(18) 框支墙梁的柱截面,对矩形柱,不宜小于 400mm×400mm,对圆形柱,其直径不宜小于 450mm。

相关试验表明,由于水平地震作用对框支墙梁的组合作用基本没有影响,所以在地震设防地区采用框支墙梁结构时，除满足上述构造要求外，设计中应注意下列事项：

(1) 一般多层房屋不得采用由砖墙、砖柱支承的简支墙梁和连续墙梁结构，在抗震设防地区，应优先选用框支墙梁结构。

(2) 为保证各层刚度中心接近建筑质量中心，减少结构扭转效应，框支墙梁上层承重墙应沿纵、横两个方向按底层框架和抗震墙的轴线位置布置，分布均匀，上下对齐。同时应按国家《建筑抗震设计规范》(GB 50011)要求在框架柱上方纵、横墙交接处设置混凝土构造柱，借以降低墙中应力，提高墙体抗震能力；框支墙梁房屋纵、横两个方向，第二层与底层侧向刚度比值，6 度、7 度时不应大于 2.5，8 度时不应大于 2.0，并且均不应小于 1.0。框支墙梁在托梁处应采用厚度不小于 120mm 的现浇混凝土楼盖，并应在托梁和上一层墙体顶面标高处设置封闭的现浇混凝土圈梁，其余各层楼盖可采用装配整体式楼盖并沿纵横承重墙设置现浇混凝土圈梁。

(3) 由于上层墙体刚度略小于基础，因此，根据有限元分析结果，框支墙梁在侧向水平力作用下，在计算底部框架地震剪力产生的柱端弯矩时，可近似取框架柱反弯点距柱底为 0.55 倍柱的净高。

(4) 考虑到墙体在竖向重力荷载和地震作用下应力分布复杂，根据现有的试验结果，框支墙梁计算高度范围内墙体截面抗震承载力应在第八章普通墙体截面抗震承载力计算基础上乘以降低系数 0.9。

(5) 框支墙梁的框架柱、托梁和底层抗震墙的混凝土强度不应低于 C30，托梁上一层墙体砂浆强度等级不应低于 M10，其余楼层墙体砂浆强度不应低于 M5。

(6) 为保证托梁与墙体充分发挥组合作用，满足结构抗震需要，框支墙梁中托梁截面宽度不宜小于 300mm，截面高度不应小于跨度的 1/10 并不宜大于 1/4，当墙体在梁端附近有洞口时，托梁截面高度不宜小于跨度的 1/8 并不宜大于 1/6；托梁底部纵向钢筋应通长设置，伸入支座的锚固长度不应小于受拉钢筋最小锚固长度 l_{aE}，且伸过中间支座中心线不应小于 $5d$；托梁各截面受压区高度应符合一级抗震等级 $x \leqslant 0.25h_0$、二级抗震等级 $x \leqslant 0.35h_0$ 的要求，受拉钢筋配筋率不应大于 2.5%；托梁箍筋直径不应小于 8mm，间距不应大于 200mm；托梁梁端 1.5 倍梁高且不小于 1/5 净跨范围及上部墙体偏开洞口区段及洞口两侧 1 倍梁高且不小于 500mm 加密区范围内，箍筋间距不应大于 100mm；托梁沿梁高应设置不少于 2 根直径 14mm 的通长腰筋，其间距不应大于 200mm(图 6-18)。

6.2.4 墙梁计算示例

[例题6-3] 某工厂单层仓库如图 6-19 所示，开间 4.5m，其纵向外墙采用 9 跨自承重连续墙梁，等跨墙梁支承在 400mm×400 mm 的基础上。托梁顶面至纵墙顶面(包括顶梁)高度为 5200mm。纵墙每开间跨中开一个窗洞，窗洞尺寸 $b_h \times h_h = 1800\text{mm} \times 2400\text{mm}$。托梁截面为 $b_b \times h_b = 250\text{mm} \times 400\text{mm}$，采用 C30 混凝土。托梁上砖墙采用 MU10 标准砖和 M10 混合砂浆砌筑，厚度 $h = 240\text{mm}$。混凝土容重标准值取 25kN/m^3，砖墙(双面粉刷 20mm)和砂浆容重标准值取 18kN/m^3，试设计此连续墙梁。

[解]

(1) 荷载计算

对自承重墙梁，竖向荷载仅考虑托梁和砖墙自重 Q_2 作用在墙梁顶面：

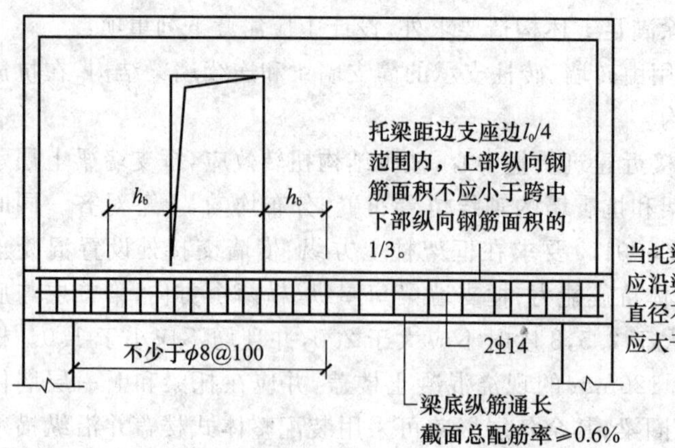

图 6-18　墙梁配筋要求

$Q_2=1.35\times[25\times0.25\times0.4+18\times(0.24+0.02\times2)\times5.2]=38.76(\mathrm{kN/m})$

(2) 连续梁内力计算

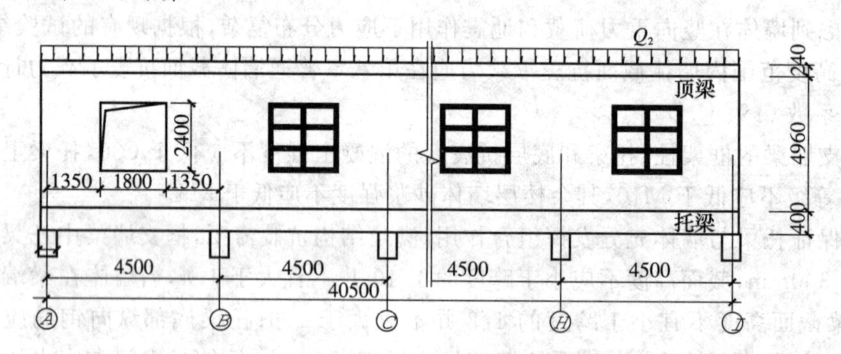

图 6-19　例题 6-3 图

由于 9 跨纵墙跨数超过 5 跨，因此按照 5 跨连续梁计算 Q_2 作用下托梁各跨最大内力。为简化设计，托梁通长采用相同配筋，故只要计算有关最大的内力即可：

边跨跨中　$M_{21}=0.078Q_2l_0^2=0.078\times38.76\times4.5^2=61.22(\mathrm{kN\cdot m})$

内支座 B　$M_{2B}=-0.105Q_2l_0^2=-0.105\times38.76\times4.5^2=-82.41(\mathrm{kN\cdot m})$

边支座　$V_{2A}=0.394Q_2l_n=0.394\times38.76\times4.1=62.61(\mathrm{kN})$

B 支座左侧　$V_{2B}=-0.606Q_2l_n=-0.606\times38.76\times4.1=-96.30(\mathrm{kN})$

(3) 考虑墙梁组合作用计算托梁各截面内力并设计截面

由于托梁上墙体（包括顶梁）高度 $h_w>l_0$，因此取

$$h_w=4.5\mathrm{m},H_0=0.5h_b+h_w=0.5\times0.4+4.5=4.7(\mathrm{m});$$

$$a_i=(4.5-1.8)/2=1.35(\mathrm{m})。$$

① 托梁跨中截面

由于　$$\psi_M=3.8-8a_i/l_{0i}=3.8-8\times(1.35/4.5)=1.40$$

$$\alpha_M=\psi_M(2.7h_b/l_{0i}-0.08)=1.40\times(2.7\times0.4/4.5-0.08)=0.224$$

$$\eta_N = 0.8 + 2.6h_w/l_{0i} = 0.8 + 2.6\times4.5/4.5 = 3.40$$

所以 $$M_{bi} = M_{1i} + \alpha_M M_{2i} = 0 + 0.224\times61.22 = 13.71(\mathrm{kN\cdot m})$$

$$N_{bti} = \eta_N M_{2i}/H_0 = 3.40\times61.22/4.7 = 44.29(\mathrm{kN})$$

由于 $e_0 = M_{bi}/N_{bti} = 13.71/44.29 = 0.3096(\mathrm{m}) > 0.5h_b - a_s = 0.20 - 0.035 = 0.165(\mathrm{m})$

所以，大偏心受拉混凝土托梁采用对称配筋，经计算（略），$A_s = 212.3\mathrm{mm}^2$，截面上、下层纵筋都取 2ϕ12。

② 托梁中支座截面

由于托梁第一内支座B是负弯矩最大截面，故连续托梁支座一律按其内力进行配筋。

考虑组合作用，按公式(6-14)，连续托梁中支座弯矩系数和剪力系数分别取

$$\alpha_M = 0.75 - a_i/l_{0i} = 0.75 - 1.35/4.5 = 0.45$$

$$\beta_v = 0.8$$

由于 $$M_{bB} = M_{1B} + \alpha_M M_{2B} = 0 - 0.45\times82.41 = 37.08(\mathrm{kN\cdot m})$$

$$V_{bB}^{L} = V_{1B}^{L} + \beta_v V_{2B}^{L} = 0 - 0.8\times96.30 = 77.04(\mathrm{kN})$$

C30混凝土托梁截面配筋经计算（略），$A_s = 339.5\mathrm{mm}^2$，纵筋取 2ϕ16，箍筋取 2ϕ6 @200。

为便于施工，托梁通长配筋，250mm×400mm截面顶部纵筋取 2ϕ16，底部纵筋取 2ϕ12，箍筋一律取双肢箍 2ϕ6 @200。

③ 托梁边支座截面

托梁边支座剪力系数 $\beta_v = 0.7$

$$V_{bA} = V_{1A} + V_{2A} = 0 + 0.7\times62.61 = 43.83(\mathrm{kN})$$

故，混凝土托梁箍筋也取双肢箍 2ϕ6 @200。

(3) 墙体抗剪验算

对于单层跨开洞墙梁、翼墙或构造柱影响系数 $\xi_1 = 1.0$，洞口影响系数 $\xi_2 = 0.6$

取 $f = 1.89$，$h_w = 4500\mathrm{mm}$，根据公式(6-16)，由于墙梁支座边缘剪力的最大值为

$$\begin{aligned} V_2 &= 96.30(\mathrm{kN}) \\ &\leqslant \xi_1\xi_2(0.2 + h_b/l_{0i} + h_t/l_{0i})fhh_w \\ &= 1.0\times0.6\times(0.2 + 0.4/4.5 + 0.24/4.5)\times1.89\times240\times4500 \\ &= 419.13(\mathrm{kN}) \end{aligned}$$

墙体抗剪满足要求。

(4) 托梁支座上部砌体局部受压承载力验算

由于纵墙上未设构造柱，支座处局压系数

$$\zeta = 0.25 + 0.08b_f/h = 0.25 + 0.08\times240/240 = 0.33$$

由于 $$Q_2 = 38.76\mathrm{kN/m} \leqslant \zeta fh = 0.33\times1.89\times240 = 149.69\ (\mathrm{kN/m})$$

托梁支座上部砌体局部受压安全。

(5) 托梁施工阶段验算(略)

[例 6-4] 某五层商住楼中一榀双跨无洞口框支墙梁如图 6-20 所示，底层框架柱距为 4.2m，框架柱净高为 3.6m，框架梁 $b_b \times h_b = 300\text{mm} \times 600\text{mm}$，框架柱 $b_c \times h_c = 400\text{mm} \times 400\text{mm}$，托梁上墙体厚度 $h = 240\text{mm}$，框架采用 C35 混凝土，墙体采用 MU10 黏土砖和 M10 砂浆砌筑而成。已知墙体自重(包括顶梁、构造柱)设计值 g_w 为 7.07kN/m^2，由二层楼盖传来的均布荷载设计值 q_1 为 37.4kN/m，由三、四、五层楼盖传来的均布荷载设计值 q_2 为 32.3kN/m，由屋盖楼盖传来的均布荷载设计值 q_3 为 27.3kN/m，由纵墙传来的集中力设计值 P 为 89kN，试设计此框支墙梁。

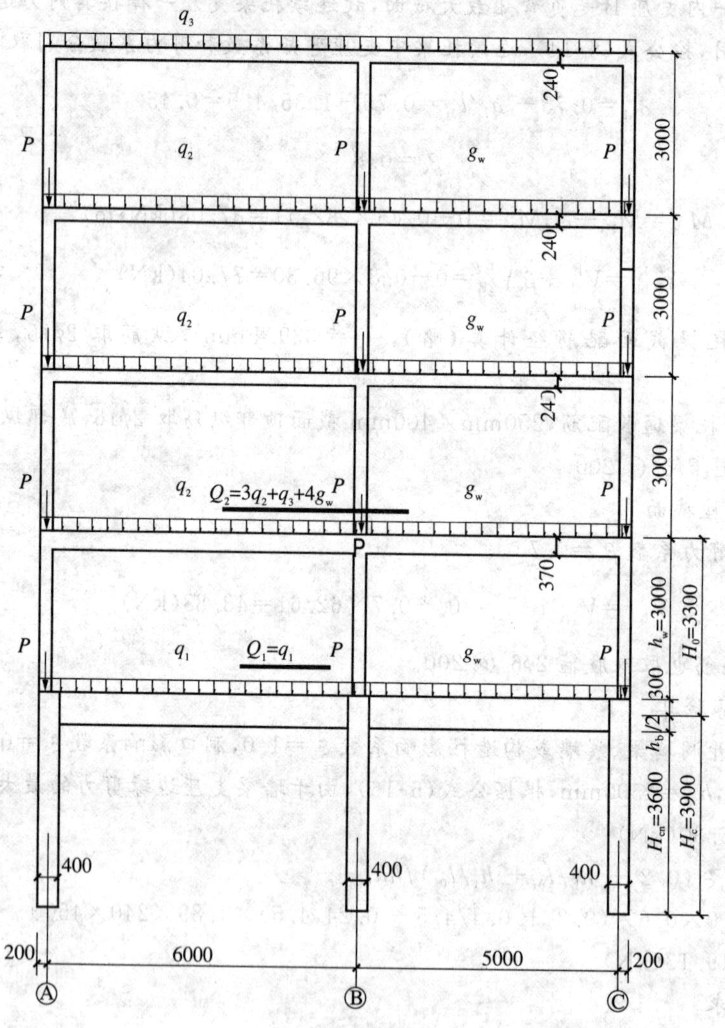

图 6-20 例题 6-4 图 1

[解] (1) 荷载计算

作用托梁顶面荷载 Q_1 包括托梁自重和二层楼盖传来的均布荷载 q_1：

$$Q_1 = 1.35 \times 25 \times 0.3 \times 0.6 + 37.4 = 43.5(\text{kN/m})$$

作用在墙梁顶面的荷载应考虑三、四、五层楼盖和屋盖传来的均布荷载 q_2，q_3 以及墙体自重 g_w：

$$Q_2 = 32.3\times3 + 27.3 + 7.07\times3.0\times4 = 209.0(\mathrm{kN/m})$$

(2) 框架内力计算

① 在 $Q_1 = 43.5\mathrm{kN/m}$ 作用下，考虑框架柱自重，框架各截面内力示于图 6-21 中的弯矩 M_1 图、轴力 N_1 图、剪力 V_1 图。

② 在 $Q_2 = 209.0\mathrm{kN/m}$ 作用下，框架各截面内力示于图 6-21 中的弯矩 M_2 图、轴力 N_2 图、剪力 V_2 图。

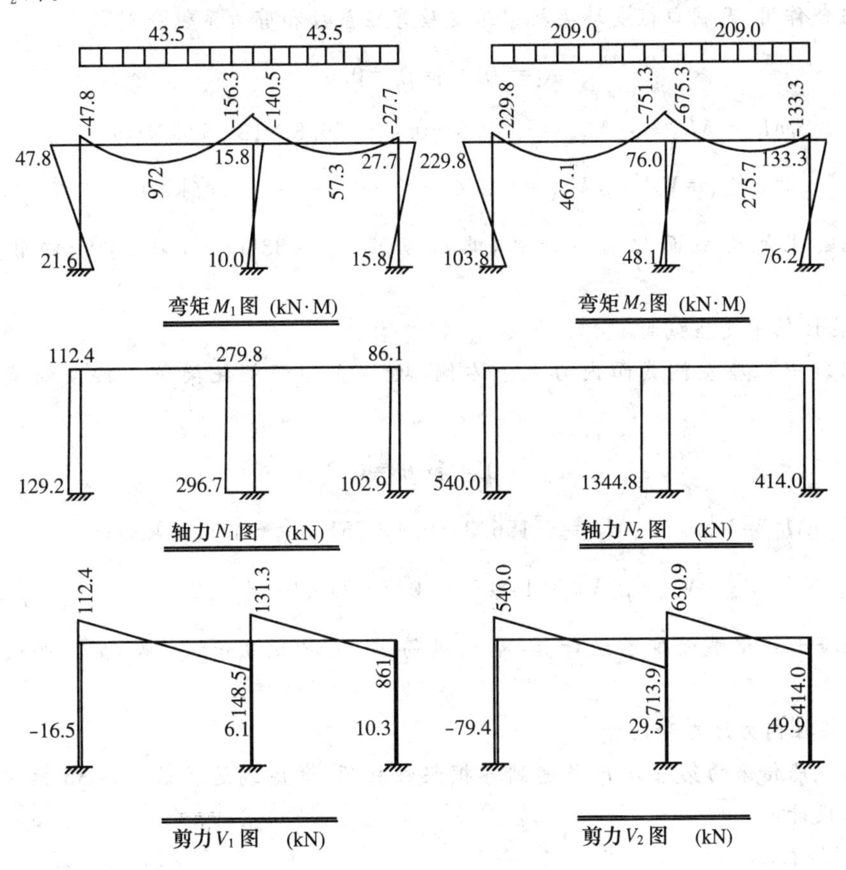

图 6-21 例题 6-4 图 2

(3) 托梁各截面内力计算和截面设计

考虑墙梁组合作用，计算时，取 $h_w = 3.0\mathrm{m}$、$H_0 = 0.5h_b + h_w = 0.5\times0.6 + 3.0 = 3.3\mathrm{m}$；

① 托梁跨中截面

双跨托梁统一取 6m 大跨跨中截面进行设计。

无洞口墙梁 $\psi_M = 1.0$

$$\alpha_M = \psi_M(2.7h_b/l_{0i} - 0.08) = 1.0\times(2.7\times0.6/6.0 - 0.08) = 0.19$$

$$\eta_N = 0.8 + 2.6h_w/l_{0i} = 0.8 + 2.6 \times 3/6 = 2.1$$

$$M_{bi} = M_{1i} + \alpha_M M_{2i} = 97.2 + 0.19 \times 467.1 = 185.9\text{kN}\cdot\text{m}$$

$$N_{bti} = \eta_N M_{2i}/H_0 = 2.1 \times 467.1/3.3 = 297.2\text{kN}$$

由于 $e_0 = M_{bi}/N_{bti} = 185.9/297.2 = 0.625\ \text{m} > 0.5\ h_b - a_s = 0.30 - 0.035 = 0.265(\text{m})$

故为大偏心受拉混凝土托梁，采用对称配筋经计算(略)，$A_s = A'_s = 1610.8\text{mm}^2$，截面上、下层纵筋都取 4$\phi$25。

② 托梁 A 轴边支座截面

考虑组合作用，无洞口框支墙梁托梁边支座弯矩系数和剪力系数分别取

$$\alpha_M = 0.4 \text{ 和 } \beta_v = 0.6$$

$$M_{bA} = M_{1A} + \alpha_M M_{2A} = -47.8 - 0.4 \times 229.8 = 139.7(\text{kN}\cdot\text{m})$$

$$V_{bA} = V_{1A} + \beta_v V_{2A} = 112.4 + 0.6 \times 540 = 436.4(\text{kN})$$

C35 混凝土托梁截面配筋经计算(略)，纵筋 $A_s = 831\text{mm}^2$，取 2ϕ25，四肢箍筋取 4ϕ8 @ 200。

③ 托梁 B 轴中支座截面

由于 B 轴中支座左侧截面内力大于右侧，故 B 支座两侧托梁统一按左侧截面进行配筋：

$$\alpha_M = 0.4 \text{ 和 } \beta_v = 0.7$$

$$M_{bB}^L = M_{1B}^L + \alpha_M M_{2B}^L = -156.3 - 0.4 \times 751.3 = -456.8(\text{kN}\cdot\text{m})$$

$$V_{bB}^L = V_{1B}^L + \beta_v V_{2B}^L = 148.5 + 0.7 \times 713.9 = 648.2(\text{kN})$$

C35 混凝土托梁截面配筋经计算(略)，纵筋 $A_s = 3265.9\ \text{mm}^2$，取 7$\phi$25，四肢箍筋取 4$\phi$10 @ 100。

(4) 框架柱内力计算和设计

考虑由纵墙传来的集中力 P 传递到各框架柱柱顶，考虑到边柱效应，C35 框架柱按下列步骤进行设计：

① 框架边柱 A

在框架柱 A 柱顶：$M_{cA}^U = 47.8 + 229.8 = 277.6(\text{kN}\cdot\text{m})$

$$N_{cA}^U = 112.4 + 89 \times 4 + 1.2 \times 540 = 1116.4(\text{kN})$$

对称配筋的大偏心受压柱纵筋经计算，$A_s = A'_s = 1645.1\text{mm}^2$

在框架柱 A 柱底：$M_{cA}^D = 21.6 + 103.8 = 125.4(\text{kN}\cdot\text{m})$

$$N_{cA}^D = 129.2 + 89 \times 4 + 1.2 \times 540 = 1133.2(\text{kN})$$

对称配筋的大偏心受压柱纵筋经计算 $A_s = A'_s = 154.6\text{mm}^2$

$$V_{cA} = 16.5 + 79.4 = 95.9(\text{kN}) < 0.07 f_c b h_0 = 0.07 \times 17.5 \times 400 \times 365 = 178.9(\text{kN})$$

框架柱纵筋在柱两侧对称配置 4Φ25，箍筋采用 ϕ8 @100(200)。

② 框架中柱 B

在框架柱 B 柱顶：$M_{cB}^{U}=15.8+76.0=91.8(\text{kN}\cdot\text{m})$

$$N_{cB}^{U}=279.8+89\times4+1344.8=1980.6(\text{kN})$$

对称配筋的小偏心受压柱纵筋经计算应按最小配筋率取

$$A_s=A_s'=0.002\times400\times400=320\text{mm}^2$$

在框架柱 B 柱底：$M_{cB}^{D}=10.0+48.1=58.1(\text{kN}\cdot\text{m})$

$$N_{cB}^{D}=296.6+89\times4+1.0\times1344.8=1997.4(\text{kN})$$

对称配筋的小偏心受压柱纵筋经计算应按最小配筋率取

$$A_s=A_s'=320\text{mm}^2$$

$$V_{cB}=6.1+29.5=35.6\text{kN}<0.07f_cbh_0$$

框架柱纵筋在柱两侧对称配置 2ϕ16，箍筋采用 ϕ8 @100(200)。

③ 框架边柱 C

在框架柱 C 柱顶：$M_{cC}^{U}=27.7+133.3=161.0(\text{kN}\cdot\text{m})$

$$N_{cC}^{U}=86.1+89\times4+1.2\times414=938.9(\text{kN})$$

对称配筋的大偏心受压柱纵筋经计算，$A_s=A_s'=568.6\text{mm}^2$

在框架柱 C 柱底：$M_{cC}^{D}=76.2+15.8=92.0(\text{kN}\cdot\text{m})$

$$N_{cC}^{D}=102.9+89\times4+1.2\times414=955.7(\text{kN})$$

对称配筋的大偏心受压柱纵筋经计算应按最小配筋率取

$$A_s=A_s'=320\text{mm}^2$$

$$V_{cC}=10.3+49.9=60.2(\text{kN})<0.07f_cbh_0$$

框架柱纵筋在柱两侧对称配置 2ϕ25，箍筋采用 ϕ8 @100(200)。

(5) 墙体抗剪验算

对于多层框支墙梁，构造柱影响系数 $\xi_1=1.5$；由于无洞口，影响系数 $\xi_2=1.0$，根据公式(6-16)

$$V_2=V_{2B}^{L}=713.9\text{kN}$$

$$\leqslant\xi_1\xi_2(0.2+h_b/l_0+h_t/l_0)fhh_w$$

$$=1.5\times1.0\times(0.2+0.6/6.0+0.37/6.0)\times1.89\times240\times3000=738.2(\text{kN})$$

墙体抗剪满足要求。

(6) 托梁支座上部砌体局部受压承载力验算

由于纵墙上设构造柱，因此，支座处局压承载力按要求可不作验算。

6.3 挑 梁

挑梁是埋置于砌体中的悬挑受力构件，是混合结构房屋中经常遇到的构件，主要用于房屋雨篷、阳台和悬挑楼梯等部位。由于挑梁实际上是与砌体共同工作的,因此,其受力性质特殊,设计时,需要考虑抗倾覆验算、砌体局部受压承载力验算以及悬挑构件本身的承载力计算等问题。过去相当长的时间内,挑梁的设计一般沿用一些经验的方法进行计算,因而导致不经济、不合理,甚至不安全。自《砌体结构设计规范》(GBJ 3—88)修订开始,挑梁专题组对其进行了系统的试验研究,并采用弹性地基梁方法及有限单元法进行应力分析,提出了较简便、较符合实际受力特点的悬挑构件设计方法。

6.3.1 挑梁的受力特性

按匀质弹性材料采用有限元法分析所得的主应力迹线示于图 6-22。挑梁试验表明,在挑梁自身承载力有保证的前提下,在悬挑端集中力 F 及由上部砌体传来的竖向均布荷载作用下,从开始加载到砌体破坏,挑梁将经历弹性、界面水平裂缝发展及破坏三个受力阶段。

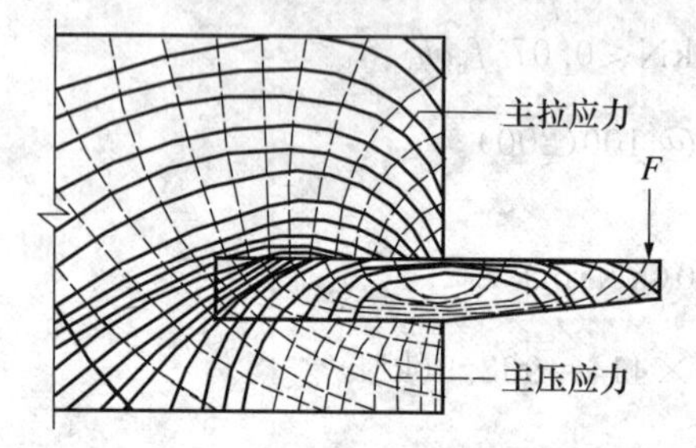

图 6-22 挑梁和墙体内的主应力轨迹线

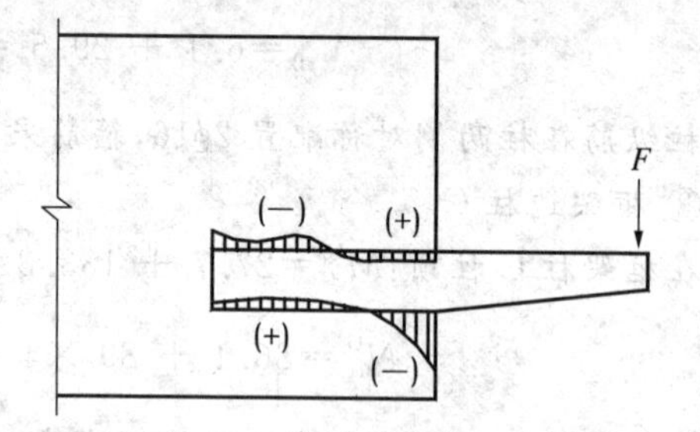

图 6-23 挑梁界面应力图

在弹性阶段,当在悬挑端施加集中力 F 后,砌体在自重及上部荷载作用下,挑梁埋入部分上、下界面将产生如图 6-23 所示的竖向应力,在墙边的挑梁截面将承受弯矩和剪力。当挑梁与砌体在上界面墙边 A 点的竖向拉应力超过砌体沿通缝的抗拉强度时(图 6-24),将出现水平裂缝①。随着荷载的增大,水平裂缝不断向内发展。随后在挑梁埋入端下界面出现水平裂缝②,并将随着荷载的增大逐步向墙边发展;挑梁埋入端有向上翘的趋势,砌体出现塑性变形,挑梁如同杠杆围绕支承面在砌体中工作,随后挑梁在埋入端上角 B 点附近出现阶梯形斜裂缝③并向上发展。试验表明,水平裂缝的发展使挑梁下砌体受压区不断减少,有时会出现局部受压裂缝④。挑梁最后可能发生下述三种破坏形态:

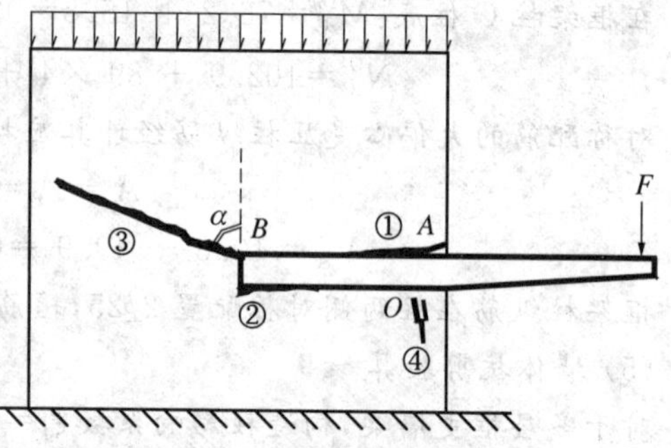

图 6-24 挑梁破坏形态图

(1) 挑梁围绕倾覆点 O 发生倾覆破坏;

(2) 挑梁下砌体局部受压破坏;

(3) 混凝土挑梁在倾覆点附近发生正截面受弯破坏或斜截面受剪破坏。

根据上述受力特性和破坏形态,《砌体结构设计规范》要求分步进行挑梁的抗倾覆验算、挑梁下砌体局部受压承载力验算和挑梁自身承载力计算。

6.3.2 挑梁的抗倾覆验算

对砌体中钢筋混凝土挑梁，可按下式进行抗倾覆验算：

$$M_r \geqslant M_{0v} \tag{6-19}$$

式中 M_r——挑梁的抗倾覆力矩设计值；

M_{0v}——挑梁的荷载设计值对计算倾覆点产生的倾覆力矩。

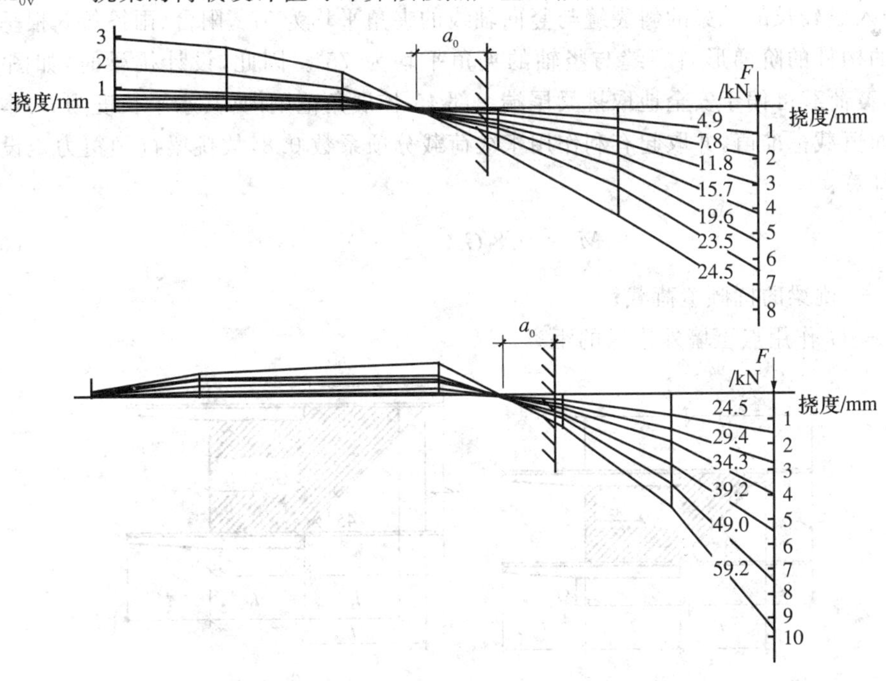

图 6-25 挑梁的实测挠度

显然，采用上式进行验算的关键是确定计算倾覆点 O 的位置和抗倾覆力矩的大小。挑梁挠度实测试验表明(图 6-25)，挑梁倾覆破坏时，其倾覆点并不在墙边，而在距墙边 x_0 处。挑梁下压应力分布为上凹曲线，其合力距离墙边 $0.25a_0$；其中，a_0 为压应力区分布长度，其值约为 $1.2h_b$，h_b 为挑梁的截面高度。挑梁试验还表明，当荷载较大时，埋入墙内长度较短的混凝土挑梁其挑出部分梁的竖向变形较大，埋入砌体内的梁尾部竖向变形也大，挑梁的竖向变形主要因转动而引起；对于砌体刚度较小且埋入墙内长度较长的挑梁，其埋入砌体内混凝土梁尾端竖向变形较小，竖向变形主要因混凝土梁弯曲变形而引起，梁、墙上、下界面受压接触面积较大。假定将挑梁视作以砌体为地基的弹性地基梁，则根据弹性地基梁柔性系数可将挑梁分为刚性挑梁和柔性挑梁两种。在砌体房屋常用强度等级范围内，根据对挑梁的试验和弹性力学分析结果，挑梁计算倾覆点至墙外边缘的距离 x_0 可分别按下列规定采用：

(1) 当 $l_1 \geqslant 2.2\,h_b$ 时(弹性挑梁)，计算倾覆点至墙外边缘的距离为

$$x_0 = 0.3\,h_b \tag{6-20}$$

并且 $x_0 \leqslant 0.13\,l_1$。

(2) 当 $l_1 < 2.2\,h_b$ 时(刚性挑梁)，计算倾覆点至墙外边缘的距离为

$$x_0 = 0.13\ l_1 \tag{6-21}$$

式中　l_1——挑梁埋入砌体的长度；

x_0——计算倾覆点至墙外边缘的距离；

h_b——混凝土挑梁的截面高度。

试验表明，挑梁倾覆时，埋入端角部阶梯形斜裂缝以上的砌体及作用在上面的楼(屋)盖荷载均可抗倾覆，斜裂缝与竖轴夹角称为扩展角。根据 26 根挑梁的试验结果，当发生倾覆破坏时，埋入段较长的挑梁的斜裂缝与竖向轴线的夹角平均为 57°，阳台、雨篷等 8 根垂直于墙段挑出的构件的阶梯形斜裂缝与竖轴的夹角平均为 75°。因此，设计挑梁时，如图 6-26 所示，抗倾覆荷载可偏于安全地取挑梁尾端上部 45°扩展角范围内(其水平长度为 l_3)本层的砌体和楼面恒载标准值，并取起有利作用永久荷载分项系数 0.8，故挑梁抗倾覆力矩设计值可按下式计算：

$$M_r = 0.8\ G_r(\ l_2 - x_0) \tag{6-22}$$

式中　G_r——挑梁的抗倾覆荷载；

l_2——G_r作用点至墙外边缘的距离。

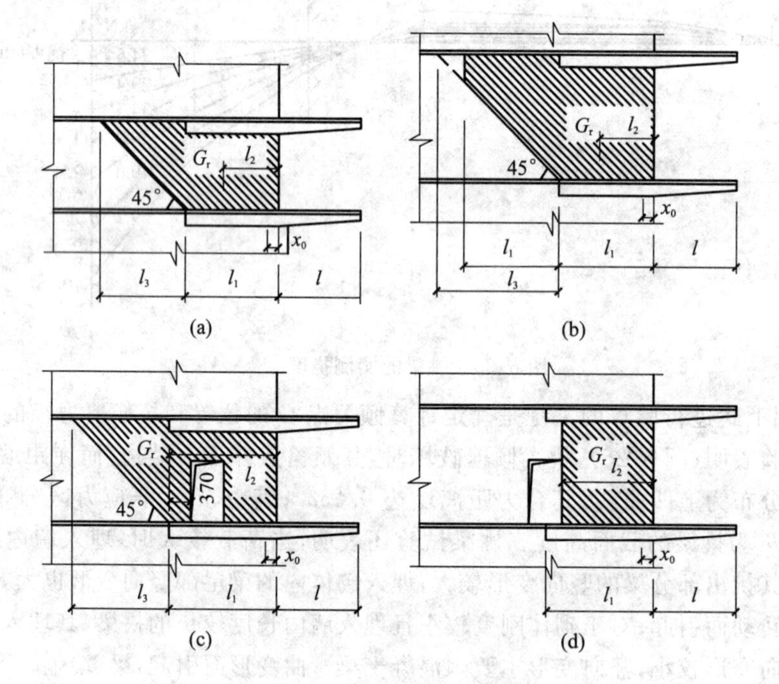

图 6-26　挑梁的抗倾覆荷载

如图 6-26 所示，挑梁的抗倾覆荷载 G_r可按下述方法确定：

(1) 当墙体无洞口时，对 $l_3 \leqslant l_1$和 $l_3 > l_1$的情况，分别取图 6-26(a)和图 6-26(b)中阴影范围内本层砌体和楼盖恒载标准值。

(2) 当墙体有洞口时，若洞口内边至挑梁埋入端距离大于 370mm，则 G_r取法同上(图 6-26(c))；否则只考虑墙外边至洞口外边范围内的本层砌体与楼盖恒载标准值(图 6-26(d))。

(3) 对雨篷等垂直于墙段悬挑的构件，抗倾覆验算时，G_r可取图 6-27 左图所示阴影范围内的砌体和楼盖恒载标准值，其中，$l_3 = l_n/2$ ，$l_2 = l_1/2 = h/2$。

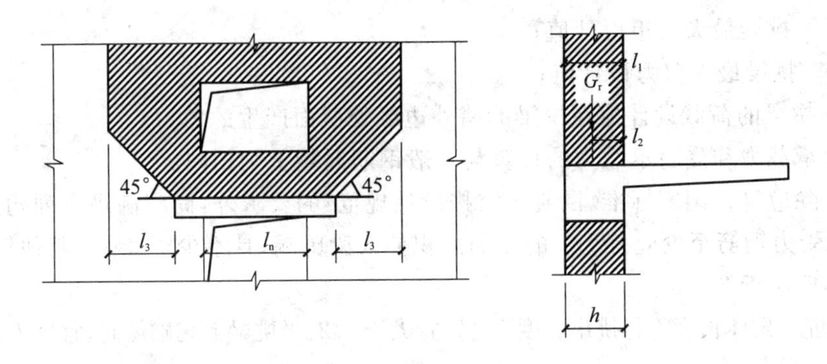

图 6-27　雨篷的抗倾覆荷载

6.3.3　挑梁下砌体局部受压承载力验算

显然，倾覆荷载和抗倾覆荷载在挑梁下支承处产生很大的局部压力。故应按下式验算挑梁下砌体局部受压承载力：

$$N_l \leqslant \eta \gamma f A_l \tag{6-23}$$

式中　N_l——挑梁下支承压力，可取 $N_l=2R$，其中，R 为挑梁的倾覆荷载设计值；

η——挑梁下压应力图形完整系数，可取 $\eta=0.7$；

γ——砌体局部受压强度提高系数；对矩形截面一字状墙段(图 6-28(a))，$\gamma=1.25$，对 T 形截面丁字状墙段(图 6-28(b))，$\gamma=1.5$；

A_l——挑梁下砌体局部受压面积，可取 $A_l=1.2\,bh_b$，b 为挑梁截面宽度，h_b 为挑梁截面高度。

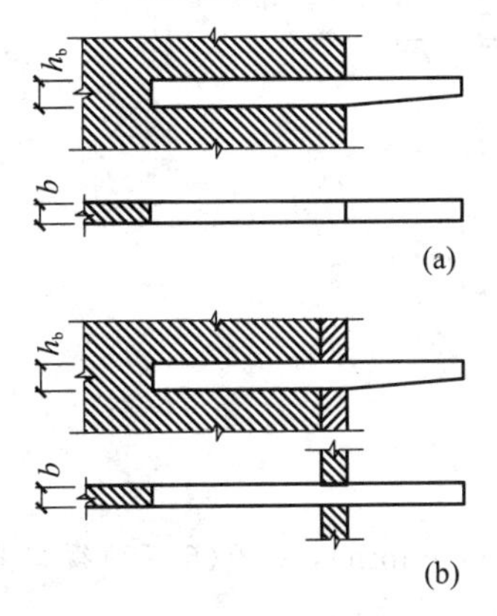

图 6-28　挑梁下局部砌体受压

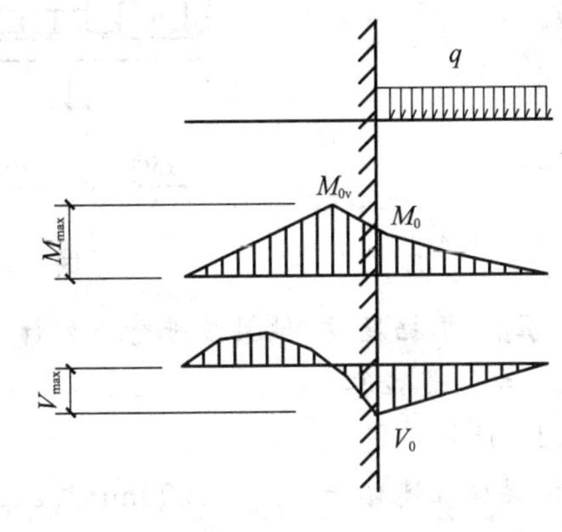

图 6-29　挑梁内力图

6.3.4　挑梁的计算及构造要求

如图 6-29 所示，挑梁的最大弯矩 M_{max} 在接近 x_0 处，最大剪力 V_{max} 在墙边。故挑梁内力可按下式确定：

$$M_{max}=M_{0v} \tag{6-24}$$

$$V_{max}=V_0 \tag{6-25}$$

式中 M_{max}——挑梁最大弯矩设计值；

V_{max}——挑梁最大剪力设计值；

V_0——挑梁的荷载设计值在挑梁的墙外边缘处截面产生的剪力。

挑梁受弯承载力和受剪承载力的计算与一般钢筋混凝土梁相同。

挑梁设计除应符合国家标准《混凝土结构设计规范》的要求外，尚应满足下列构造要求：

(1) 纵向受力钢筋至少应有1/2的钢筋面积伸入梁尾端，且不少于$2\phi12$；其他钢筋伸入支座的长度不应小于$2l_1/3$。

(2) 挑梁埋入砌体长度l_1与挑出长度l之比宜大于1.2；当挑梁上无砌体时，宜使$l_1/l>2$。

6.3.5 挑梁计算示例

[例6-5] 某住宅阳台采用的钢筋混凝土挑梁如图6-30所示。挑梁挑出墙面长度$l=1500$mm，埋入T形截面横墙内的长度$l_1=2000$mm，挑梁截面尺寸$b\times h_b=240\text{mm}\times350\text{mm}$，房屋层高为3000mm，墙体采用MU10标准砖和M5混合砂浆砌筑，双面粉刷的墙体厚度为240mm。挑梁自重标准值为2.1kN/m，墙体自重标准值为5.24 kN/m^2；阳台挑梁上荷载：$F_{1k}=4$kN，$g_{1k}=10$kN/m，$p_{1k}=6$kN/m；本层楼面荷载：$g_{2k}=8$kN/m，$p_{2k}=5$kN/m；上层楼面荷载：$g_{3k}=12$kN/m，$p_{3k}=5$kN/m。试验算挑梁的抗倾覆和承载力。

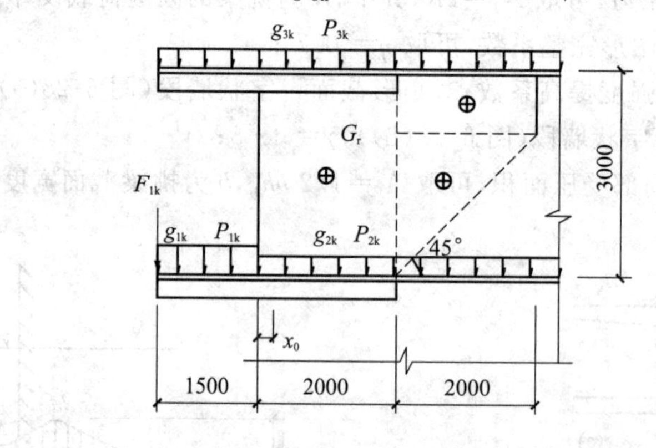

图6-30 例题6-5图

[解] 根据题意，挑梁应进行下列计算：

1. 抗倾覆验算

(1) 计算倾覆点

挑梁埋入墙体长度$l_1=2000\text{mm}>2.2h_b=2.2\times350=770(\text{mm})$，由式(6-20)得倾覆点距墙边的距离为

$$x_0=0.3h_b=0.3\times350=105(\text{mm})$$

(2) 计算倾覆力矩

倾覆力矩由阳台上荷载F_{1k}，g_{1k}，p_{1k}和挑梁自重产生：

$$M_{0v}=1.35\times\left[4\times(1.50+0.105)+(10+2.1)\times1.5\times\left(\frac{1.5}{2}+0.105\right)\right]$$

$$+1.4\times0.7\times6\times1.5\times\left(\frac{1.5}{2}+0.105\right)$$

$$=1.35\times21.94+0.98\times7.70=37.16(\text{kN}\cdot\text{m})$$

(3) 计算抗倾覆力矩

由式(6-22)得

$$M_r==0.8\times[(8+2.1)\times2.0\times(\frac{2.0}{2}-0.105)+5.24\times(3.0-0.35)\times2.0\times(\frac{2.0}{2}-0.105)$$

$$+5.24\times(3.0-2.0)\times2.0\times(\frac{2.0}{2}+2.0-0.105)$$

$$+5.24\times(2.0\times2.0/2)\times(\frac{2.0}{3}+2.0-0.105)]$$

$$=80.10(\text{kN}\cdot\text{m})$$

(4) 抗倾覆验算

由(2)、(3)计算结果可知 $M_r>M_{0v}$，挑梁抗倾覆安全。

2. 挑梁下砌体局部受压验算

由式(6-23)得

$$N_l=2R$$
$$=2\times\{1.2\times[4+(10+2.1)\times1.5]+1.4\times6\times1.5\}$$
$$=2\times(1.2\times22.15+1.4\times9.0)$$
$$=78.36(\text{kN})$$

挑梁验算取 $\eta=0.7,\gamma=1.5,f=1.5,A_l=1.2\,bh_b$

$$\eta\gamma f A_l=0.7\times1.5\times1.5\times(1.2\times240\times350)=158.76(\text{kN})>N_l$$

挑梁下砌体局部抗压满足要求。

3. 挑梁承载力计算

由式(6-24)得

$$M_{max}=M_{0v}=37.16(\text{kN}\cdot\text{m})$$

由式(6-25)得

$$V_{max}=V_0=1.2\times[4+(10+2.1)\times1.5]+1.4\times6\times1.5$$
$$=1.2\times22.15+1.4\times9=39.18(\text{kN})$$

挑梁采用 C20 混凝土，经计算(略)，截面选用 3ϕ14 通长纵筋和 ϕ6@200 双肢箍筋。

6.4 圈　梁

为了增强房屋的整体性和空间刚度，防止由于地基不均匀沉降或较大振动作用等对房屋产生的不利影响，可在墙中设置现浇的钢筋混凝土圈梁，其中以设置在基础顶面部位和檐口部位的圈梁对抵抗不均匀沉降作用最为有效。当房屋中部沉降较两端为大时，位于基础顶面部位的圈梁作用较大；当房屋两端沉降较中部为大时，则位于檐口部位的圈梁作用较大。圈梁与构造柱相配合还有助于提高砌体结构的抗震性能。因此，应按《砌体结构设计规范》的相关规定设置现浇钢筋混凝土圈梁。

6.4.1 圈梁的设置

对空旷的单层房屋，如车间、仓库、食堂等，应按下列规定设置圈梁：① 砖砌体房屋，当檐口标高为 5～8m 时，应设置圈梁一道；当檐口标高大于 8m 时，宜适当增设。② 砌块及料石砌体房屋，当檐口标高为 4～5m 时，应设置圈梁一道；当檐口标高大于 5m 时，宜适当增设。③ 对有电动桥式吊车或较大振动设备的单层工业房屋，除在檐口或窗顶标高处设置现浇钢筋混凝土圈梁外，尚宜在吊车梁标高处或其他适当位置增设。

对多层砌体民用房屋，如住宅、宿舍、办公楼等建筑，当房屋层数为 3～4 层时，应在檐口标高处设置圈梁一道；当层数超过 4 层时，应从底层开始在包括顶层在内的所有纵、横墙上隔层设置圈梁。

对多层砌体工业房屋，宜每层设置现浇混凝土圈梁，对有较大振动设备的多层房屋，应每层设置现浇圈梁。

对设置墙梁的多层砌体结构房屋，为保证使用安全，应在托梁和墙梁顶面、每层楼面标高和檐口标高处设置现浇钢筋混凝土圈梁。

建筑在软弱地基或不均匀地基上的砌体房屋，除按上述规定之外，圈梁的设置尚应符合国家现行《建筑地基基础设计规范》(GB 50007)的有关规定。地震区房屋圈梁的设置应符合国家现行《建筑抗震设计规范》(GB 50011)的要求。

6.4.2 圈梁的构造要求

砌体结构房屋在地基不均匀沉降时的空间工作比较复杂，关于圈梁计算，虽已提出过一些近似的简化方法，但都还不成熟。因此，目前一般不对圈梁进行内力计算，按下列构造要求来设计圈梁。

圈梁宜连续地设在同水平面上，沿纵、横墙方向应形成封闭状。当圈梁被门窗洞口截断时，应在洞口上部增设相同截面的附加圈梁。参照图 6-31 附加圈梁与圈梁的搭接长度不应小于其中垂直间距的 2 倍，且不得小于 1m。

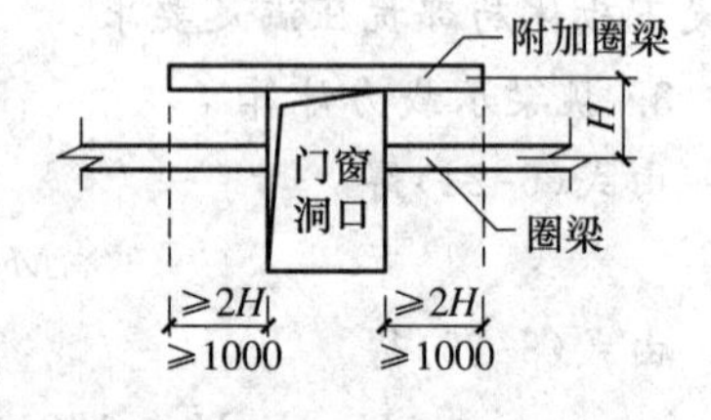

图 6-31 附加圈梁与圈梁的搭接

圈梁在纵、横墙交接处应有可靠的连接，在房屋转角及丁字交叉处的常用连接构造见图 6-32。刚弹性和弹性方案房屋，圈梁应保证与屋架、大梁等构件的可靠连接。

钢筋混凝土圈梁的宽度宜与墙厚相同。当墙厚 $h \geqslant 240$mm 时，其宽度不宜小于 $2h/3$。圈梁高度不应小于 120mm。纵向钢筋不宜少于 $4\phi10$，绑扎接头的搭接长度按受拉钢筋考虑。箍筋间距不宜大于 300mm。现浇混凝土强度等级不应低于 C20。

圈梁兼作过梁时，过梁部分的钢筋应按计算用量另行增配。

采用现浇楼(屋)盖的多层砌体结构房屋，当层数超过 5 层，在按相关标准隔层设置现浇钢筋混凝土圈梁时应将梁板和圈梁一起现浇。未设置圈梁的楼面板嵌入墙内的长度不应小于 120mm，其厚度宜根据所采用的块体模数而确定，并沿墙长配置不少于 $2\phi10$ 的纵向钢筋。

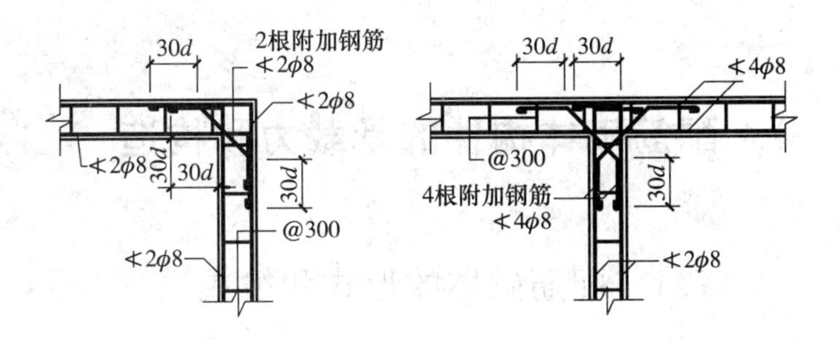

图 6-32　现浇圈梁连接构造

思考题

[**6-1**] 常用过梁的种类及适用范围有哪些？

[**6-2**] 如何计算过梁上的荷载？

[**6-3**] 墙梁有哪几种类型？设计时，承重墙梁必须满足哪些基本条件？

[**6-4**] 墙梁有哪些破坏形态？

[**6-5**] 墙梁中简支墙梁、连续墙梁和框支墙梁结构中混凝土托梁的受力特点是什么？

[**6-6**] 如何确定墙梁计算简图？计算中要计算墙梁哪些承载力？

[**6-7**] 考虑墙梁组合作用，应如何确定墙梁上的竖向荷载？

[**6-8**] 挑梁有哪几种类型？挑梁设计中应考虑哪些问题？

[**6-9**] 什么是挑梁的计算倾覆点？应如何确定挑梁的抗倾覆荷载？

[**6-10**] 在非抗震地区的混合结构房屋中，圈梁的作用是什么？应如何合理布置圈梁？

习　题

[**6-1**]（过梁习题）某住宅顶层有一根混凝土过梁，过梁净跨 l_n＝2400mm，截面尺寸为240mm×200mm，住宅外墙厚度 h＝240mm，采用 MU10 黏土砖和 M2.5 混合砂浆砌筑而成。过梁上墙体高度为 800mm，在过梁上方 300mm 处，由屋面板传来的均布竖向荷载设计值为 8kN/m，砖墙自重取 4.2 kN/m^2，C20 混凝土梁容重取 25kN/m^3。试设计该混凝土过梁。

[**6-2**]（墙梁习题）某三层生产车间的东、西外墙采用 3 跨连续承重墙梁，等跨无洞口墙梁支承在 500mm×500mm 的基础上。包括顶梁（其截面为 240mm×240mm）在内，托梁顶面至二层楼面高度为 3200mm，由上部楼面和砖墙传至墙梁顶面的均布荷载设计值为 80kN/m，跨度 4m 的托梁截面尺寸 $b_b \times h_b$＝250mm×450mm，采用 C25 混凝土，托梁上砖墙采用 MU10 标准砖和 M10 混合砂浆砌筑，墙体厚度 h＝240mm。试设计此连续墙梁。

[**6-3**]（挑梁习题）某雨篷板悬挑长度 l＝1200mm，雨篷梁截面为 240mm×240mm。包括两端搁置长度各 240mm 在内，雨篷梁总长 2700mm。墙体厚度 240mm。雨篷板承受均布荷载设计值为 4kN/m^2（包括自重），如仅靠上部墙体自重（标准值取 4.56kN/m^2）抵抗倾覆，试求从雨篷梁顶算起的满足安全使用的最小墙高。

7　配筋砌体构件的承载力和构造

7.1　配筋砌体的形式和组成

在砌体结构中，由于建筑及一些其他要求，有些墙柱不宜用增大截面来提高其承载能力，用改变局部区域的结构形式也不经济，在此种情况下，采用配筋砌体是一个较好的解决方法。在1933年美国加里福尼亚长滩大地震中，无筋砌体产生了严重的震害。大自然对无筋砌体的检验，使人们创造出了抗侧力较好的配筋砌体，在对配筋砌体的研究基础上，人们用配筋小砌块兴建于地震区的建筑已达28层。所谓的配筋砌体是：在砌体中配置钢筋的砌体，以及砌体和钢筋砂浆或钢筋混凝土组合成的整体，可统称为配筋砌体。

在配筋砌体中，又可分为配纵筋的、直接提高砌体抗压、抗弯强度的砌体（图7-1所示的组合砌体、图7-2所示的配筋砌块砌体）和配横向钢筋网片的、间接提高砌体抗压强度的砌体（图7-3所示的网状配筋砌体构件）。图7-1(d)所示为混凝土或砂浆面层组合墙。

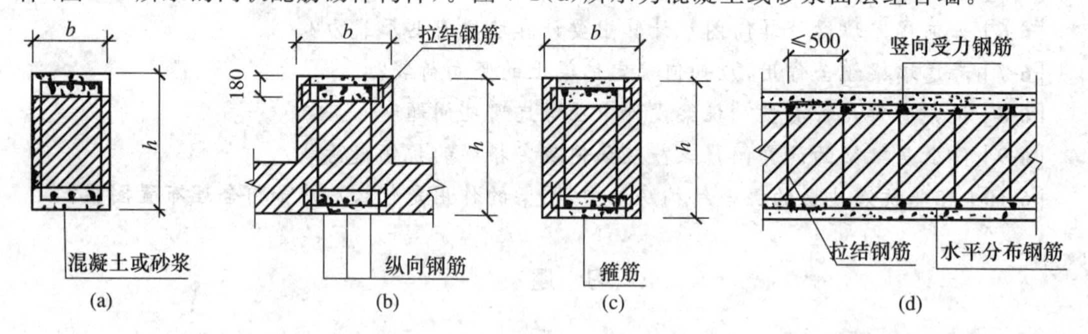

图7-1　组合砖砌体构件截面

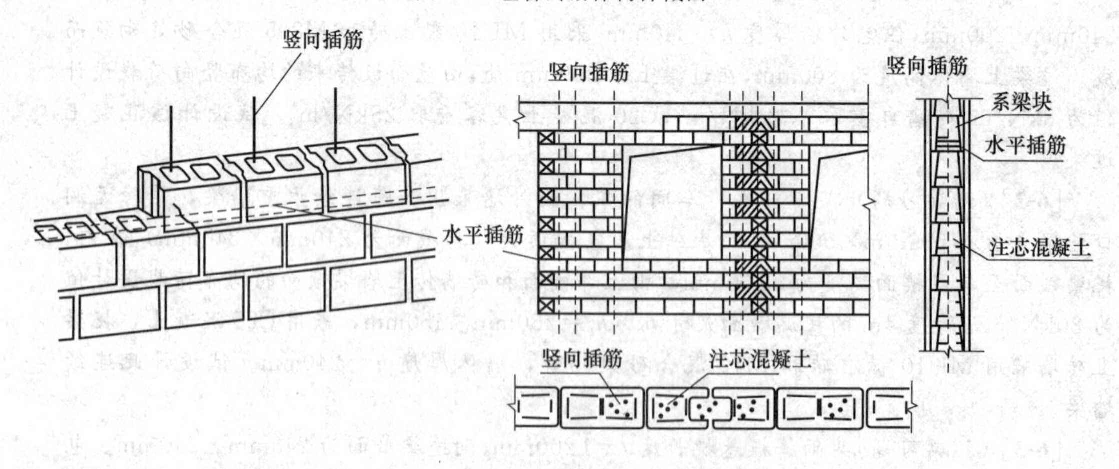

图7-2　配筋砌块砌体

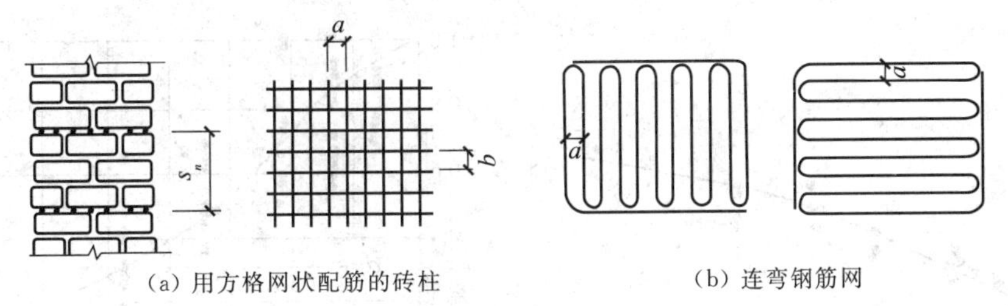

(a) 用方格网状配筋的砖柱　　(b) 连弯钢筋网

图 7-3　网状配筋砌体

7.2　网状配筋砖砌体构件

无筋砖砌体受压时，由于砂浆层的非均匀性和砖与砂浆横向变形的差异，砖处于受压、受拉、受弯、受剪的复杂应力状态，使具有较低抗拉、抗折强度的砖块较早出现裂缝，这些裂缝与竖向灰缝连通形成若干砌体小柱，最后由于某小柱的压屈导致整个砌体的破坏，其砌体抗压强度低于单块砌体的抗压强度。无筋砖砌体的受压破坏特性启发人们：如果消除砖与砂浆横向变形的差异，以及避免砖砌体发生由于单个砌体小柱压屈而导致的砌体破坏，可以提高砌体的抗压强度。

在砖砌体中设置横向钢筋网片是一个简易可行的好方法，这样网状配筋在砂浆中能约束砂浆和砖的横向变形，延缓砖块的开裂及其裂缝的发展，阻止竖向裂缝的上下贯通，从而可避免砖砌体被分裂成若干小柱导致的失稳破坏。网片间的小段无筋砌体在一定程度上处于三向受力状态，因而能较大程度提高承载力，且可使砖的抗压强度得到充分发挥。

7.2.1　网状配筋砖砌体构件的受压性能

在轴心受压的情况下，网状配筋砌体出现第一批裂缝与体积配筋率 $\rho=2A_s/aS_n$（图7-3，A_s为钢筋面积，a 为网眼尺寸，S_n为沿高度配筋距离）有关：当 ρ 取值为 0.067%～0.334%时，为极限荷载的 0.5～0.86，它大于无筋砌体第一批裂缝的荷载；当 ρ 取值为 0.385%～2%时，极限荷载更高，砌体第一批裂缝出现为极限荷载的 0.37～0.59，它小于无筋砌体，这可能由于灰缝配筋过多，反而使砌体块材在初期受力不利。在继续加荷载的过程中，网状配筋砌体与无筋砌体相比较，竖向裂缝较多且较细。当接近极限荷载时，网状配筋砌体的砖虽可压碎，但不像无筋砌体那样分裂成若干小立柱（图 7-4）。实验表明，网状配筋砌体的极限强度与体积配筋率有关，如图 7-5(a)所示，图中 k 为强度提高系数。从图中可见，配筋率过大时，强度提高的程度较小。

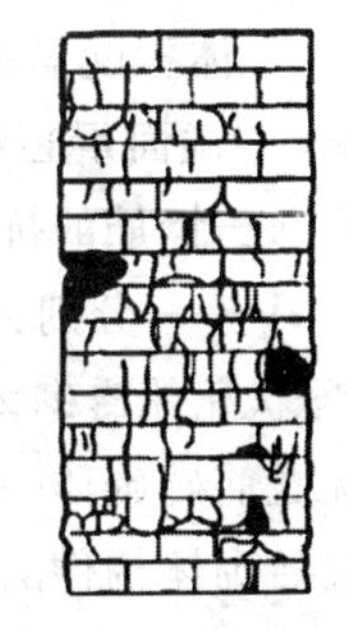

图 7-4　网状配筋砖砌体构件的受压破坏

在偏心受压的情况下，随着偏心距 e 的增大，受压区内的钢筋应力并没有明显增大或降低，但受压区面积随 e 的增大而减小，使钢筋网片对砌体的约束效应降低。从图 7-5(b)可以看出，偏心影响系数 α 随 e/i 的增大下降得较快。

网状配筋对提高轴心和小偏心受压能力是有效的，但由于没有纵向钢筋，其抗纵向弯曲能力并不比无筋砌体强。

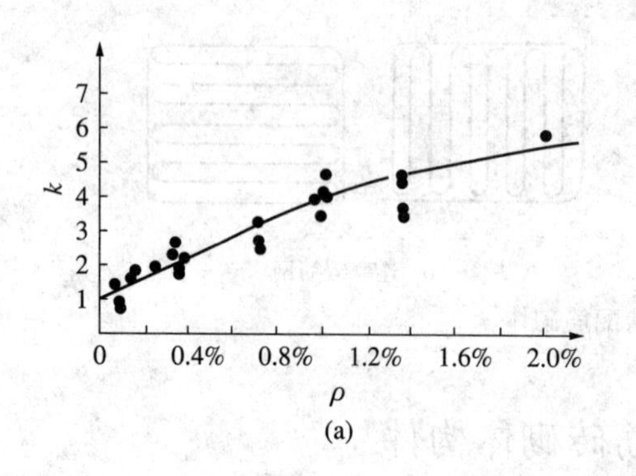

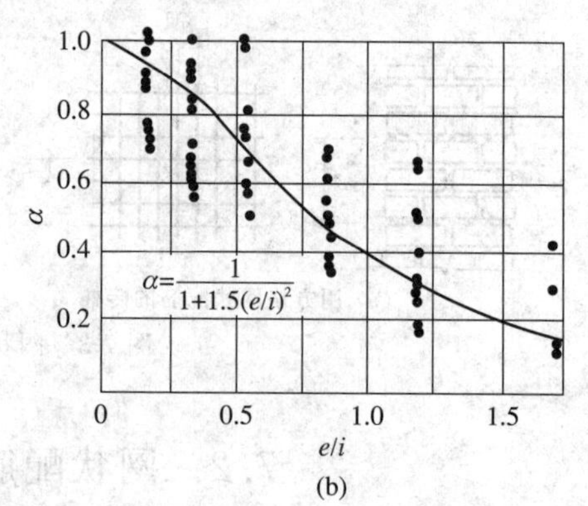

图 7-5　网状配筋对砌体强度的影响

7.2.2　受压承载力计算

1. 网状配筋砖砌体的抗压强度

由于水平钢筋网的有效约束作用，间接地提高了砖砌体的抗压强度，依据实验资料，经统计分析，提出了网状配筋砖砌体的抗压强度设计值计算公式：

$$f_n = f + 2\left(1 - \frac{2e}{y}\right)\frac{\rho}{100}f_y \tag{7-1}$$

$$\rho = (V_s/V)100 \tag{7-2}$$

式中　f_n——网状配筋砖砌体的抗压强度设计值；

f——砖砌体的抗压强度设计值；

e——轴向力的偏心距；

ρ——体积配筋率；

y——截面重心到轴向力所在偏心方向截面边缘的距离；

f_y——钢筋的抗拉强度设计值，当 f_y 大于 320MPa 时，仍采用 320MPa；

V_s，V——分别为钢筋和砌体的体积。

2. 网状配筋砖砌体构件的影响系数 φ_n

同无配筋砖砌体一样，考虑高厚比 β 和初始偏心距 e 对承载力的影响，计算中引进一个网状配筋砖砌体构件的影响系数 φ_n

$$\varphi_n = \frac{1}{1 + 12\left[\frac{e}{h} + \sqrt{\frac{1}{12}\left(\frac{1}{\varphi_{0n}} - 1\right)}\right]^2} \tag{7-3}$$

其中，稳定系数

$$\varphi_{0n} = \frac{1}{1 + \frac{1+3\rho}{667}\beta^2} \tag{7-4}$$

影响系数 φ_n 也可按表 7-1 直接查取。

3. 计算公式

网状配筋砖砌体受压构件的承载力计算公式为

$$N \leqslant \varphi_n f_n A \tag{7-5}$$

式中 N——轴向力设计值；

A——砖砌体截面面积。

表 7-1 **影响系数 φ_n**

ρ	β \ e/h	0	0.05	0.10	0.15	0.17
0.1	4	0.97	0.89	0.78	0.67	0.63
	6	0.93	0.84	0.73	0.62	0.58
	8	0.89	0.78	0.67	0.57	0.53
	10	0.84	0.72	0.62	0.52	0.48
	12	0.78	0.67	0.56	0.48	0.44
	14	0.72	0.61	0.52	0.44	0.41
	16	0.67	0.56	0.47	0.40	0.37
0.3	4	0.96	0.87	0.76	0.65	0.61
	6	0.91	0.80	0.69	0.59	0.55
	8	0.84	0.74	0.62	0.53	0.49
	10	0.78	0.67	0.56	0.47	0.44
	12	0.71	0.60	0.51	0.43	0.40
	14	0.64	0.54	0.46	0.38	0.36
	16	0.58	0.49	0.41	0.35	0.32
0.5	4	0.94	0.85	0.74	0.63	0.59
	6	0.88	0.77	0.66	0.56	0.52
	8	0.81	0.69	0.59	0.50	0.46
	10	0.73	0.62	0.52	0.44	0.41
	12	0.65	0.55	0.46	0.39	0.36
	14	0.58	0.49	0.41	0.35	0.32
	16	0.51	0.43	0.36	0.31	0.29
0.7	4	0.93	0.83	0.72	0.61	0.57
	6	0.86	0.75	0.63	0.53	0.50
	8	0.77	0.66	0.56	0.47	0.43
	10	0.68	0.58	0.49	0.41	0.38
	12	0.60	0.50	0.42	0.36	0.33
	14	0.52	0.44	0.37	0.31	0.30
	16	0.46	0.38	0.33	0.28	0.26

续表

ρ	β \ e/h	0	0.05	0.10	0.15	0.17
0.9	4	0.92	0.82	0.71	0.60	0.56
	6	0.83	0.72	0.61	0.52	0.48
	8	0.73	0.63	0.53	0.45	0.42
	10	0.64	0.54	0.46	0.38	0.36
	12	0.55	0.47	0.39	0.33	0.31
	14	0.48	0.40	0.34	0.29	0.27
	16	0.41	0.35	0.30	0.25	0.24
1.0	4	0.91	0.81	0.70	0.59	0.55
	6	0.82	0.71	0.60	0.51	0.47
	8	0.72	0.61	0.52	0.43	0.41
	10	0.62	0.53	0.44	0.37	0.35
	12	0.54	0.45	0.38	0.32	0.30
	14	0.46	0.39	0.33	0.28	0.26
	16	0.39	0.34	0.28	0.24	0.23

7.2.3 网状配筋砖砌体构件的适用范围

当荷载偏心作用时，横向配筋的效果将随偏心距的增大而降低。因此，网状配筋砖砌体受压构件尚应符合下列规定：①偏心距超过截面核心范围，对矩形截面，即 $e/h>0.17$ 时，或偏心距未超过截面核心范围，但构件的高厚比 $\beta>16$ 时，不宜采用网状配筋砖砌体构件；②对矩形截面构件，当轴向力偏心方向的截面边长大于另一方向的边长时，除按偏心受压计算外，还应对较小边长方向按轴心受压进行验算；③当网状配筋砖砌体下端与无筋砌体交接时，尚应验算交接处无筋砌体的局部受压承载力。

7.2.4 构造规定

网状配筋砖砌体构件的构造应符合下列规定：①网状配筋砖砌体中的体积配筋率，不应小于 0.1%，并不应大于 1%。②采用方格钢筋网时，钢筋的直径宜采用 3～4mm；当采用连弯钢筋网时，钢筋的直径不应大于 8mm；当采用连弯钢筋网(图 7-3(b))时，网的钢筋方向应互相垂直，沿砌体高度交错布置，s_n 取同一方向网的间距。③钢筋网中钢筋的间距不应大于 120mm，并不应小于 30mm。④钢筋网的间距，不应大于 5 皮砖，并不应大于 400mm。⑤网状配筋砖砌体所用砂浆强度等级不应低于 M7.5；钢筋网应设置在砌体的水平灰缝中，灰缝厚度应保证钢筋上下至少各有 2mm 厚的砂浆层。

[例题 7-1] 已知某砖柱，采用 MU10 砖和 M5 混合砂浆砌筑，砖柱截面尺寸为 370mm×490mm，计算高度 $H_0=3.92\text{m}$，承受轴向力设计值 $N=223.2\text{kN}$，在柱长边方向作用弯矩设计值 $M=12.41\text{kN}\cdot\text{m}$。试验算此砖柱的承载力；如承载力不够，按网状配筋砌体设计

此柱。

[解] (1)按无筋砌体偏压构件计算

查表可得 MU10 砖和 M5 混合砂浆砌体的抗压设计强度 $f=1.58\text{MPa}$。算得，$\beta=\frac{H_0}{h}=\frac{3920}{490}=8$，$e=\frac{M}{N}=\frac{12.41\times1000}{223.2}=55.6\text{mm}$，$\frac{e}{h}=\frac{55.6}{490}=0.113$。查表可得 $\varphi=0.684$。

因为 $A=370\text{mm}\times490\text{mm}=0.1813\text{m}^2<0.3\text{m}^2$，所以砌体强度乘上调整系数 $0.7+0.1813=0.8813$。无筋砌体的承压能力

$$\varphi Af=0.684\times0.1813\times10^6\times0.8813\times1.58=172.7\text{kN}<N=223.2\text{kN}$$

所以不符合要求。

(2) 按网状配筋砌体设计

由于 $e/h=0.113<0.17$，$\beta=8<17$，材料为 MU10 砖，M5 混合砂浆，其符合网状配筋砌体要求。用 ϕ^b4 冷拔低碳钢丝，方格网间距 a 取 50mm，方格网采用焊接，$S_n=260\text{mm}$，配筋率

$$\rho=\frac{2A_s}{aS_n}\times100=\frac{2\times12.6}{50\times260}\times100=0.19$$

用冷拔丝 ϕ^b4，$f_y=430\text{MPa}>320\text{MPa}$，取 $f_y=320\text{MPa}$

网状配筋砖柱的抗压强度

$$f_n=f\times0.8813+2\left(1-\frac{2e}{y}\right)\frac{\rho}{100}f_y$$

$$=1.58\times0.8813+2\left(1-\frac{2\times55.6}{245}\right)\times\frac{0.19}{100}\times320=2.05(\text{MPa})$$

由 $e/h=0.113$，$\beta=8$，配筋率为 0.19，查表可得 $\varphi_n=0.613$。承载力为

$$\varphi_nAf_n=0.623\times0.1813\times10^6\times2.05=231.5(\text{kN})>N=223.2\text{kN}\text{，满足要求。}$$

再沿短边方向按轴心受压进行验算。此时，$\beta=\frac{H_0}{h}=\frac{392}{39}=10.6$，$e/h=0$，$\rho=0.19$。查表可得 $\varphi_n=0.8675$。短边轴心承载力为

$$\varphi_nAf_n=0.8675\times0.1813\times10^6\times2.05=322.4(\text{kN})>223.2(\text{kN})\text{，满足要求。}$$

7.3 组合砖砌体构件

在砌体中部或两侧配置纵向钢筋，特别是配在砌体两侧、外抹混凝土或砂浆的纵向配筋砌体——组合砌体(图 7-1)，对改善砌体的抗弯性能有很大作用。

7.3.1 组合砖砌体构件的试验研究

四川省建筑科学研究院进行了一批两侧砂浆抹面配纵筋砖柱以及两侧覆混凝土的纵向配筋砖柱试验。砂浆抹面的试件如图 7-6 所示。砌体配置纵向钢筋可使砌体轴心受压特别是偏心受压的受力性能大为改善，它接近于钢筋混凝土柱，既提高了承载能力，又改善了变

形能力。其中承载能力主要是钢筋和面层(混凝土或砂浆)的贡献,而变形能力的提高主要是由于配了纵向钢筋。

在轴心受压的情况下,组合砌体中的砂浆、混凝土和砌体具有不同的弹性模量,这并不影响它们的共同工作,但三种材料应力-应变关系中对应于极限强度的不同峰值应变 ε_0(图 7-7)却影响着混凝土(或面层)与砌体之间在加载后期的共同工作。例如,砂浆的 $\varepsilon_0=0.0014\sim0.0021$,而砌体的 $\varepsilon_0=0.006$ 以上,这样,砂浆将先于砌体破坏;同样,混凝土的 $\varepsilon_0=0.002\sim0.003$,则砌体还未达到极限强度时(变形为 0.006 以上),混凝土强度已进入下降段。因此,不能保证两种材料都同时达到极限强度。四川省建筑科学研究院的组合柱试验表明:用混凝土的组合砌体,砌体的强度只能发挥 80%。如果写成极限平衡表达式,则纵向力 N 为

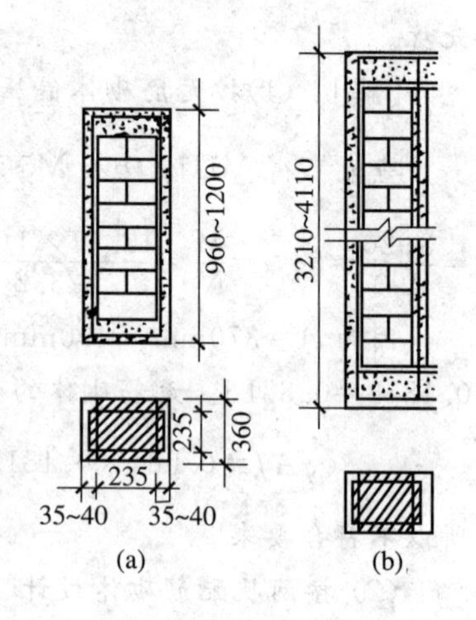

图 7-6 纵向配筋砖柱试件

$$N=(0.8fA+f_cA_c+A_sf_s)\phi_{com} \tag{7-6}$$

式中 f,A——砌体的抗压强度和截面积;

f_c,A_c——混凝土棱柱抗压强度和截面积;

f_s,A_s——钢筋的强度和截面积;

ϕ_{com}——组合砌体构件的纵向弯曲系数。

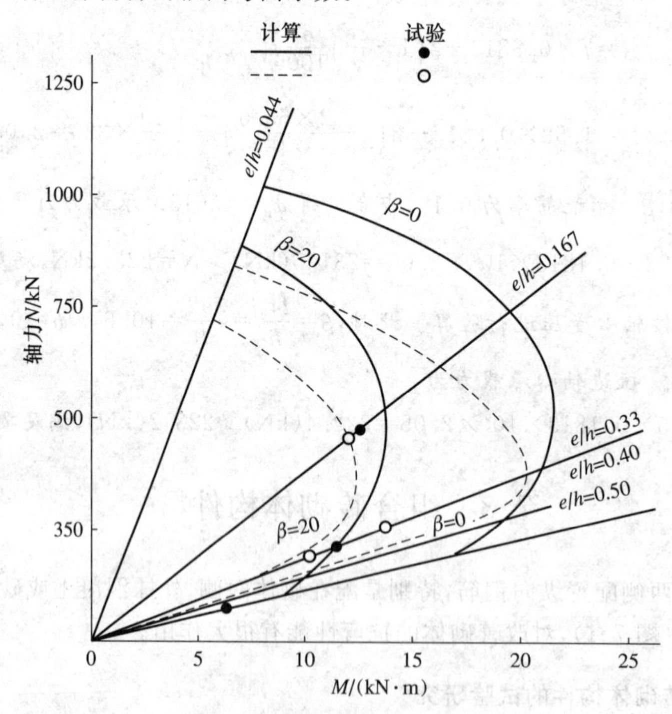

图 7-7 组合砖砌体的弯矩-轴力极限相关曲线

显然,组合砌体构件的纵向弯曲系数可随配筋率增加而增加,即由无筋砌体向钢筋混凝土接近。在偏心受压的情况下,小偏心受压是压应力较大边的砂浆或混凝土先压碎;而大偏

心受压时，受拉区钢筋先达到屈服强度，裂缝开展促使受压区缩小而破坏。

图 7-7 为轴力和弯矩极限相关图，图中 β 为高厚比，e/h 为偏心距。实线为配筋砌体，虚线为无筋砌体，均为计算结果。少数试验点大致落在曲线附近。

7.3.2 组合砖砌体构件计算

当计算偏心距 e 超过 $0.6y$ 时，宜采用砖砌体和钢筋混凝土面层或钢筋砂浆面层组成的组合砖砌体构件，见图 7-1。对于砖墙与组合砌体一同砌筑的 T 形截面构件(图 7-1(b))，可按矩形组合砌体构件计算(图 7-1(c))。

承载力计算：

1. 组合砖砌体轴心受压构件的承载力计算

计算公式为

$$N \leqslant \varphi_{com}(fA + f_c A_c + \eta_s f'_y A'_s) \tag{7-7}$$

式中 φ_{com}——组合砖砌体构件的稳定系数，可按表 7-2 采用；

A——砖砌体的截面面积；

f_c——混凝土或面层砂浆的轴心抗压强度设计值，砂浆的轴心抗压强度设计值可取为同强度等级混凝土的轴心抗压强度设计值的 70%，当砂浆为 M15 时，取 5.2MPa；当砂浆为 M10 时，取 3.5MPa；当砂浆为 M7.5 时，取 2.6MPa；

A_c——混凝土或砂浆面层的截面面积；

η_s——受压钢筋的强度系数，当为混凝土面层时，可取 1.0；当为砂浆面层时，可取0.9；

f'_y——钢筋的抗压强度设计值；

A'_s——受压钢筋的截面面积。

表 7-2　　组合砖砌体构件的稳定系数 φ_{com}

高厚比 β	配筋率 ρ/%					
	0	0.2	0.4	0.6	0.8	≥1.0
8	0.91	0.93	0.95	0.97	0.99	1.00
10	0.87	0.90	0.92	0.94	0.96	0.98
12	0.82	0.85	0.88	0.91	0.93	0.95
14	0.77	0.80	0.83	0.86	0.89	0.92
16	0.72	0.75	0.78	0.81	0.84	0.87
18	0.67	0.70	0.73	0.76	0.79	0.81
20	0.62	0.65	0.68	0.71	0.73	0.75
22	0.58	0.61	0.64	0.66	0.68	0.70
24	0.54	0.57	0.59	0.61	0.63	0.65
26	0.50	0.52	0.54	0.56	0.58	0.60
28	0.46	0.48	0.50	0.52	0.54	0.56

2. 偏心受压构件

组合砖砌体构件偏心受压及压弯时，可按下式计算：

$$N \leqslant fA' + f_c A'_c + \eta_s f'_y A'_s - \sigma_s A_s \tag{7-8}$$

或

$$Ne_n \leqslant fS_s + f_c S_{c,s} + \eta_s f'_y A'_s (h_0 - a'_s) \tag{7-9}$$

此时受压区的高度 x 可按下列公式确定：

$$fS_N + f_c S_{c,N} + \eta_s f'_y A'_s e'_N - \sigma_s A_s e_N = 0 \tag{7-10}$$

其中有关偏心距表达式为

$$e_N = e + e_a + (h/2 - a_s) \tag{7-11}$$

$$e'_N = e + e_a - (h/2 - a'_s) \tag{7-12}$$

$$e_a = \frac{\beta^2 h}{2200}(1 - 0.022\beta) \tag{7-13}$$

式中 σ_s——钢筋 A_s的应力；

A_s——距轴向力 N 较远侧钢筋的截面面积；

A'——砖砌体受压部分的面积；

A'_c——混凝土或砂浆面层受压部分的面积；

S_s——砖砌体受压部分的面积对钢筋 A_s重心的面积矩；

$S_{c,s}$——混凝土或砂浆面层受压部分的面积对钢筋 A_s重心的面积矩；

S_N——砖砌体受压部分的面积对轴向力 N 作用点的面积矩；

$S_{c,N}$——混凝土或砂浆面层受压部分的面积对轴向力 N 作用点的面积矩；

e_N，e'_N——分别为钢筋 A_s和 A'_s重心至轴向力 N 作用点的距离(图 7-8)；

e——轴向力的初始偏心距，按荷载设计值计算，当 e 小于 0.05h 时，应取 e 等于0.05h；

e_a——组合砖砌体构件在轴向力作用下的附加偏心距；

h_0——组合砖砌体构件截面的有效高度，取 $h_0 = h - a_s$；

a_s，a'_s——分别为钢筋 A_s和 A'_s重心至截面较近边的距离。

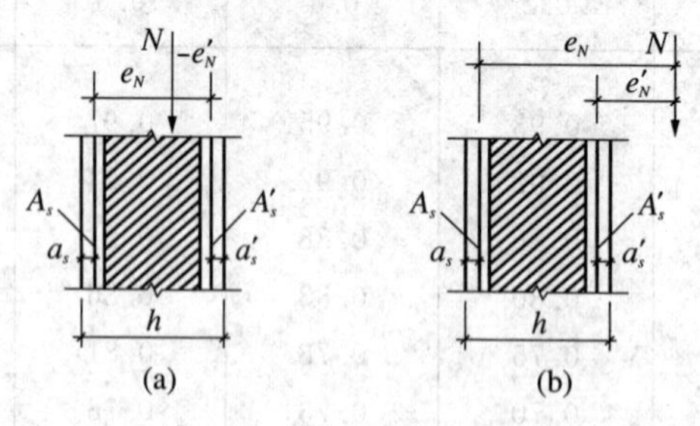

图 7-8 组合砖体偏心受压构件

组合砖砌体钢筋 A_s的应力(单位为 MPa，正值为拉应力，负值为压应力)可按下列规定计算：

小偏心受压时，即 $\xi > \xi_b$ 时

$$\sigma_s = 650 - 800\xi \tag{7-14}$$

$$-f'_z \leqslant \sigma_s \leqslant f_y \tag{7-15}$$

大偏心受压时，即 $\xi \leqslant \xi_b$ 时

$$\sigma_s = f_y \tag{7-16}$$

$$\xi = x/h_0 \tag{7-17}$$

式中　ξ——组合砖砌体构件截面受压区的相对高度；

　　f_y——钢筋抗拉强度设计值。

组合砖砌体构件受压区相对高度的界限值 ξ_b，对于 HRB400、HRB335、HRB300 级钢筋应分别取 0.36、0.44、0.47。

7.3.3　组合砖砌体构件的构造规定

组合砖砌体构件的构造应符合下列规定：

(1) 面层混凝土强度等级宜采用 C20。面层水泥砂浆强度等级不宜低于 M10。砌筑砂浆不宜低于 M7.5。

(2) 竖向受力钢筋的混凝土保护层厚度，不应小于表 7-3 中的规定。竖向受力钢筋距砖砌体表面的距离不应小于 5mm。

表 7-3　　混凝土保护层最小厚度　　mm

构件类别 \ 环境条件	室内正常环境	露天或室内潮湿环境
墙	15	25
柱	25	35

注：　当面层为水泥砂浆时，对于柱，保护层厚度可减小 5mm。

(3) 砂浆面层的厚度，可采用 30～45mm。当面层厚度大于 45mm 时，其面层宜采用混凝土。

(4) 竖向受力钢筋宜采用 HPB300 级钢筋，对于混凝土面层，亦可采用 HRB335 级钢筋。受压钢筋一侧的配筋率，对砂浆面层，不宜小于 0.1%，对混凝土面层，不宜小于 0.2%。受拉钢筋的配筋率，不应小于 0.1%。竖向受力钢筋的直径，不应小于 8mm，钢筋的净间距，不应小于 30mm。

(5) 箍筋的直径，不宜小于 4mm 及 0.2 倍的受压钢筋直径，并不宜大于 6mm。箍筋的间距，不应大于 20 倍受压钢筋的直径，及 500mm，并不应小于 120mm。

(6) 当组合砖砌体构件一侧的竖向受力钢筋多于 4 根时，应设置附加箍筋或拉结钢筋。

(7) 对于截面长边与短边相差较大的构件如墙体等，应采用穿通墙体的拉结钢筋作为箍筋，同时设置水平分布钢筋。水平分布钢筋的竖向间距及拉结钢筋的水平间距，均不应大于 500mm(图 7-9)。

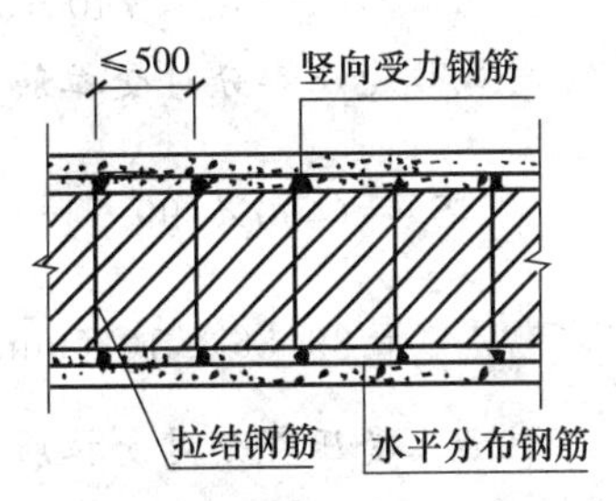

图 7-9　混凝土或砂浆面层组合墙

(8) 组合砖砌体构件的顶部及底部，以及牛腿部位，必须设置钢筋混凝土垫块。竖向受力钢筋伸入垫块的长度，必须

满足锚固要求。

[例题 7-2] 某混凝土面层组合砖柱，截面尺寸如图 7-10 所示，柱计算高度 $H_0=7.4\text{m}$，采用 MU10 砖和 M10 混合砂浆砌筑，Ⅰ级钢筋，面层混凝土 C15，承受轴向压力 $N=360\text{kN}$ 和沿柱长边方向的弯矩 $M=168\text{kN·m}$，试按对称配筋形式设计配筋。

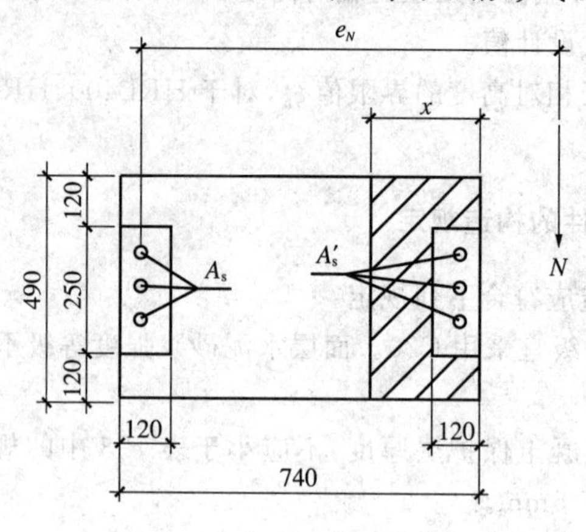

图 7-10 例题 7-2 图

[解] 先求 $A, A_c, f, f_c, f_y', \eta_s$。

砖砌体截面面积 $A=490\times740-2\times(250\times120)=302\,600\text{mm}^2$

混凝土截面面积 $A_c=2\times(250\times120)=60\,000\text{mm}^2$

混凝土轴心抗压强度设计值 $f_c=7.5\text{MPa}$

砖砌体抗压强度设计值，查表可得 $f=1.99\text{MPa}$

采用一级钢筋 $f_y=f_y'=270\text{MPa}$，混凝土面层 $\eta_s=1.0$

因为偏心距 $e=\dfrac{M}{N}=\dfrac{168\times1000}{360}=466.7\text{mm}$，较大，故可假定柱为大偏心受压，受压筋和受拉筋均可达到屈服。取对称配筋，计算公式可写为

$$N=fA'+f_cA_c$$

$$360\times10^3=1.99\times[490(x-120)+2\times120\times120]+7/5\times250\times120$$

解得 $x=199.7\text{mm}$

$$\xi=\frac{x}{h_0}=\frac{199.7}{740-35}=0.28<\xi_b=0.55\quad 因此大偏心假定成立。$$

砖砌体受压部分对受拉筋 A_s 重心处的面积矩：

$$S_s=(490\times199.7-250\times120)\times\left[740-35-\frac{490\times199.7^2-250\times120^2}{2(490\times199.7-250\times120)}\right]$$

$$=39.86\times10^6(\text{mm}^3)$$

混凝土受压部分对受拉筋 A_s 重心处的面积矩：

$$S_{cs}=250\times120\times\left(740-35-\frac{120}{2}\right)=19.35\times10^6(\text{mm}^3)$$

$$\beta=\frac{H_0}{h}=\frac{7400}{740}=10$$

附加偏心距：

$$e_a=\frac{\beta^2 h}{2200}(1-0.022\beta)=\frac{10^2\times740}{2200}(1-0.022\times10)=26.2(\mathrm{mm})$$

轴力 N 离钢筋 A_s 重心处的距离：

$$e_N=e+e_a+\left(\frac{h}{2}-a\right)=478.3+26.2+\left(\frac{740}{2}-35\right)=839.5(\mathrm{mm})$$

代入计算公式：

$$Ne_N=fS_s+f_c S_{cs}+\eta_s f_y' A_s'(h_0-a_s')$$

解得　$A_s'=429\mathrm{mm}^2$

取 $3\phi18$ 钢筋，实际配筋面积 $A_s=A_s'=763\mathrm{mm}^2$

$$\rho=\frac{763}{490\times740}\times100\%=0.21\%>0.2\%，符合构造要求$$

再按构造要求，选取箍筋 $\phi6$ @240。

7.4　砌体和钢筋混凝土构造柱组合墙

在砌体结构中，由于构造上的要求，在砌体中设置构造柱和圈梁，构造柱与圈梁形成“弱框架”，砌体受到约束，提高了墙体的承载能力。实际上，在荷载作用下，由于构造柱和圈梁的刚度不同，以及内力重分布的结果，构造柱分担墙体上的荷载。实际结构中，如果砖砌体受压构件的截面尺寸受到限制，可采用砖砌体和钢筋混凝土构造柱组成的组合砖墙。砖砌体和钢筋混凝土构造柱组合墙见图 7-11。设置构造柱砖墙与组合砖砌体构件有类似之处，湖南大学的试验研究表明，可采用组合砌体轴心受压构件承载力的计算公式，但引入强度系数反映前者与后者的差别。

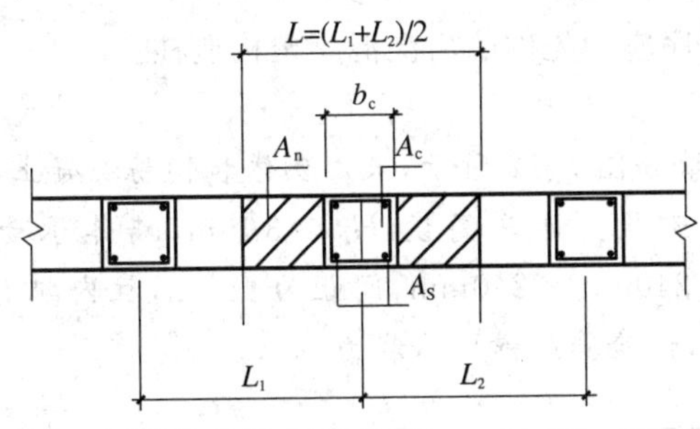

图 7-11　砖砌体和构造柱组合墙截面

7.4.1　组合砖墙轴心受压承载力

组合砖墙轴心受压承载力可按下列公式计算：

$$N \leqslant \varphi_{com}[fA_n + \eta(f_cA_c + f'_yA'_s)] \tag{7-18}$$

$$\eta = \left[\frac{1}{\frac{l}{b_c} - 3}\right]^{\frac{1}{4}} \tag{7-19}$$

式中 φ_{com}——组合砖墙的稳定系数，可按表 6-2 采用；

η——强度系数。当 l/b_c 小于 4 时，取 l/b_c 等于 4；

l——沿墙长方向构造柱的平均间距；

b_c——沿墙长方向构造柱的宽度；

A_n——砖砌体的净截面面积；

A_c——构造柱的截面面积。

7.4.2 组合砖墙的材料和构造

组合砖墙的材料和构造应符合下列规定：

(1) 砂浆的强度等级不应低于 M5，构造柱的混凝土强度等级不宜低于 C20。

(2) 柱内竖向受力钢筋的混凝土保护层厚度，应符合表 7-3 的规定。

(3) 构造柱的截面尺寸不宜小于 240mm×240mm，其厚度不应小于墙厚；边柱、角柱的截面宽度宜适当加大。柱内竖向受力钢筋，对于中柱，不宜少于 4ϕ12；对于边柱、角柱，不宜少于 4ϕ14。构造柱的竖向受力钢筋的直径也不宜大于 16mm。其箍筋，一般部位宜采用 ϕ6 @200，楼层上下 500mm 范围内宜采用 ϕ6 @100。构造柱的竖向受力钢筋应在基础梁和楼层圈梁中锚固，并应符合受拉钢筋的锚固要求。

(4) 组合砖墙砌体结构房屋，应在纵横墙交接处、墙端部和较大洞口的洞边设置构造柱，其间距不宜大于 4m。各层洞口宜设置在相同的位置，并宜上下对齐。

(5) 组合砖墙砌体结构房屋应在基础顶面、有组合墙的楼层处设置现浇钢筋混凝土圈梁。圈梁的截面高度不宜小于 240mm；纵向钢筋不宜小于 4ϕ12，纵向钢筋应伸入构造柱内，并应符合受拉钢筋的锚固要求；圈梁的箍筋宜采用 ϕ6 @200。

(6) 砖砌体与构造柱的连接处应砌成马牙槎，并应沿墙高每隔 500mm 设 2ϕ6 的拉结钢筋，且每边伸入墙内不宜小于 600mm。

(7) 组合砖墙的施工程序应为先砌墙后浇混凝土构造柱。

[例题 7-3] 某承重横墙如图 7-12 所示，采用砌体和钢筋混凝土构造柱组合墙形式，采用 MU10 砖和 M7.5 砂浆砌筑。计算高度 H_0 = 3.6m，墙体承受轴心压力设计值 N = 500kN/m。构造柱截面为 240mm×240mm，间距为 1.2m，柱内配有纵筋 4ϕ12，混凝土等级为 C20，横墙厚为 240mm，试验算此横墙承载力。

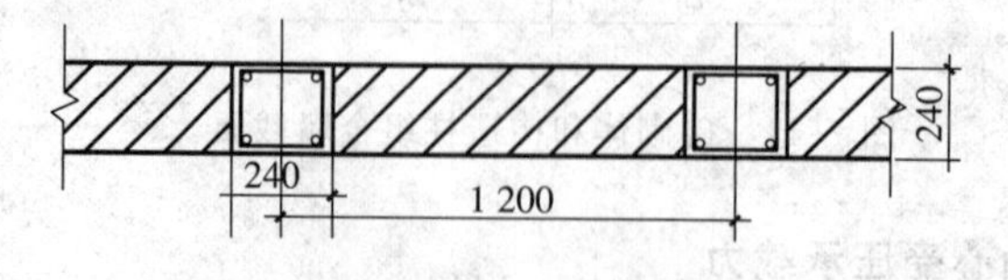

图 7-12 例题 7-3 图

[解]　在一个构造柱两边各取1/2间距墙体作为研究对象。

构造柱截面面积 $A_c=240\times240=57\,600\text{mm}^2$

砖砌体截面面积 $A_n=240\times(1\,200-240)=230\,400(\text{mm}^2)$，

钢筋面积 $A_s=4\times113.1=452.4(\text{mm}^2)$

配筋率

$$\rho=\frac{A_s}{bh}=\frac{452.4}{1\,200\times240}=0.157\%,$$

高厚比

$$\beta=\frac{H_0}{b_c}=\frac{360}{24}=15。$$

查表可得，组合砖墙稳定系数 $\varphi_{com}=0.77$

由

$$\frac{l}{b_c}=\frac{1200}{240}=5>4$$

代入公式求出强度系数：

$$\eta=\left[\frac{1}{\frac{l}{b_c}-3}\right]^{\frac{1}{4}}=0.841$$

把上述值代入组合砖墙轴心受压承载力计算公式：

$$\varphi_{com}[fA_n+\eta(f_cA_c+f_y'A_s')]=0.77\times[1.69\times230\,400+0.841\times(10\times57600+270\times452.4)]$$

$$=751.9(\text{kN})>1.2\text{m}\times500\text{kN/m}=600\text{kN}$$

所以此墙满足要求。

7.5　配筋砌块砌体构件

配筋砌块砌体的构造形式如图7-2所示，与无筋砌体的主要区别在于砌体中设置竖向钢筋和水平钢筋。竖向钢筋插入砌块砌体上下贯通的孔中，用灌孔混凝土灌实，使钢筋与砌块和混凝土共同作用，水平钢筋设置在水平灰缝中，或设置箍筋，形成配筋砌块结构体系。这种结构体系，由于有了注芯混凝土和钢筋，是设计者可以采用的最好的横向抗侧力体系之一，它具有很高的抗拉强度和抗压强度，良好的延性和抗震需要的阻尼特性，尤其是有优良的抗剪强度，能有效地抵抗由地震、风及土压力产生的横向荷载。

配筋砌块砌体剪力墙结构的内力与位移，可按弹性方法计算。应根据结构分析所得的内力，分别按轴心受压、偏心受压或偏心受拉进行正截面承载力和斜截面承载力计算，并应根据结构分析所得的位移进行变形验算。

7.5.1　正截面受压承载力计算

国内外的研究和工程实践表明，配筋砌块砌体的力学性能与钢筋混凝土的力学性能非常相近，特别在正截面承载力设计中，配筋砌体采用了与钢筋混凝土完全相同的基本假定和计算模式。

1. 计算假定

配筋砌块砌体件正截面承载力应按下列基本假定进行计算：①截面应变保持平面；②竖向钢筋与其毗邻的砌体，灌孔混凝土的应变相同；③不考虑砌体、灌孔混凝土的抗拉强度；④根据材料选择砌体和灌孔混凝土的极限压应变，且不应大于 0.003；⑤根据材料选择钢筋的极限拉应变，且不应大于 0.01。

2. 轴心受压配筋砌块砌体构件承载力计算

轴心受压配筋砌块砌体剪力墙、柱，当配有箍筋或水平分布钢筋时，其正截面受压承载力应按下列公式计算：

$$N \leqslant \varphi_{0g}(f_g A + 0.8 f'_y A'_s) \tag{7-20}$$

$$\varphi_{0g} = \frac{1}{1 + 0.001\beta^2} \tag{7-21}$$

式中 N——轴向力设计值；

f_g——灌孔砌体的抗压强度设计值，应按式(3-4)计算；

f'_y——钢筋的抗压强度设计值；

A——构件的毛截面面积；

A'_s——全部竖向钢筋的截面面积；

φ_{0g}——轴心受压构件的稳定系数；

β——构件的高厚比。

当无箍筋或水平分布钢筋时，仍可按式(7-20)计算，但应使 $f'_y A'_s = 0$。配筋砌块砌体构件的计算高度 H_0 可取层高。

目前我国混凝土砌块标准，砌块的厚度为 190mm，标准块最大孔洞率为 46%，孔洞尺寸为 120mm×120mm，孔洞中只能设置一根钢筋，因此配筋砌块砌体墙在平面外的受压承载力，按无筋砌体构件受压承载力的计算模式进行计算，但应采用砌块灌孔砌体的计算指标。

3. 偏心受压配筋砌块砌体剪力墙正截面承载力计算

由于配筋砌块砌体的力学性能与钢筋混凝土的力学性能相近，二者偏压构件的计算方法也相近。将偏心受压配筋砌块砌体分为大、小偏心进行承载能力计算。其界限破坏，同样是受压边砌块达极限压应变时，受拉边钢筋刚好屈服的状态。此时的相对受压区高度定义为界限相对受压区高度 ξ_b。当 $x \leqslant \xi_b h_0$ 时，为大偏心受压；当 $x > \xi_b h_0$ 时，为小偏心受压；其中，x 为截面受压区高度，h_0 为截面有效高度。对 HPB300、HRB335、HRB400 级钢筋，分别取 ξ_b 为 0.57，0.55，0.52。

(1) 矩形截面大偏心受压时的截面承载能力计算　大偏心受压极限状态下，截面应力图如图 7-13(a)所示。由轴向力和力矩的平衡，可得截面承载力计算的基本方程为

$$N \leqslant f_g bx + f'_y A'_s - f_y A_s - \sum f_{si} A_{si} \tag{7-22}$$

$$Ne_N \leqslant f_g bx\left(h_0 - \frac{x}{2}\right) + f'_y A'_s (h_0 - a'_s) - \sum f_{si} S_{si} \tag{7-23}$$

式中 N——轴向力设计值；

f_y, f'_y——竖向受拉、受压主筋的强度设计值；

b——截面宽度；

f_{si}——第 i 根竖向分布钢筋的抗拉强度设计值；

A_s, A_s'——竖向受拉、受压主筋的截面面积；

A_{si}——单根竖向分布钢筋的截面面积；

S_{si}——第 i 根竖向分布钢筋对竖向受拉主筋的面积矩；

e_N——轴向力作用点到竖向受拉主筋合力点之间的距离，可按式(7-11)计算。

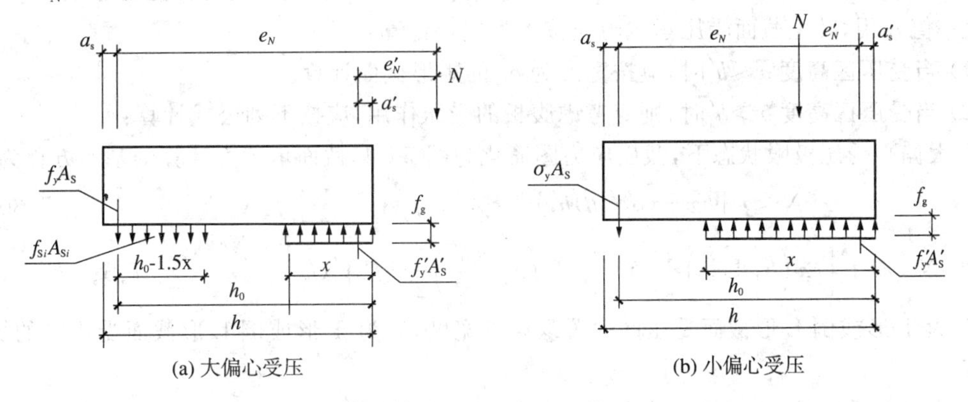

图 7-13　矩形截面偏心受压正截面承载力计算简图

当受压区高度 $x<2a_s'$ 时，其正截面承载力可按下列公式进行计算：

$$Ne_N' \leqslant f_y A_s (h_0 - a_s') \tag{7-24}$$

式中，e_N'为轴向力作用点至竖向受压主筋合力点之间的距离，可按式(7-12)计算。

(2) 矩形截面小偏心受压时截面承载力计算　小偏心受压极限状态下，截面应力图可简化为图 7-13(b)所示。在这里，忽略了竖向分布筋的作用，相对受拉边的钢筋应力为未知，其截面承载力计算的基本方程为

$$N \leqslant f_g bx + f_y' A_s' - \sigma_s A_s \tag{7-25}$$

$$Ne_N \leqslant f_g bx\left(h_0 - \frac{x}{2}\right) + f_y' A_s' (h_0 - a_s') \tag{7-26}$$

依据平截面假定，相对受拉边的钢筋应力可表示为

$$\sigma_s = \frac{f_y}{\xi_b - 0.8}\left(\frac{x}{h_0} - 0.8\right) \tag{7-27}$$

当受压区竖向受压主筋无箍筋或无水平钢筋约束时，可不考虑竖向受压主筋作用，即取 $f_y'A_s'=0$。

矩形截面对称配筋砌块砌体剪力墙小偏心受压时，也可近似按下列公式计算钢筋截面积：

$$A_s = A_s' = \frac{Ne_N - \xi(1-0.5\xi) f_g bh_0^2}{f_y'(h_0 - a_s')} \tag{7-28}$$

其中，相对受压区高度 ξ 可按下列公式计算：

$$\xi=\frac{x}{h_0}=\frac{N-\xi_b f_g b h_0}{\dfrac{Ne_N-0.43 f_g b h_0^2}{(0.8-\xi_b)(h_0-a_s')}+f_g b h_0}+\xi_b \tag{7-29}$$

4. T 形、倒 L 形截面偏心受压构件承载力计算

当翼缘和腹板的相交处采用错缝搭接砌筑和同时设置中距不大于 1.2m 的配筋带（截面高度≥60mm，钢筋不少于 2ϕ12 ）时，可考虑翼缘的共同作用，翼缘的计算宽度应按表 7-4 中的最小值采用，其正截面受压承载力应按下列规定计算：

(1) 当受压区高度 $x\leqslant h_f'$时，应按宽度为 b_f' 的矩形截面计算。

(2) 当受压区高度 $x>h_f'$时，则应考虑腹板的受压作用，应按下列公式计算：

① 大偏心受压极限状态下，截面应力图简化为图 7-14，截面承载力计算的基本方程为

$$N\leqslant f_g[bx+(b_f'-b)h_f']+f_y'A_s'-f_yA_s-\sum f_{si}A_{si} \tag{7-30}$$

$$Ne_N\leqslant f_g\left[bx\left(h_0-\frac{x}{2}\right)+(b_f'-b)h_f'\left(h_0-\frac{h_f'}{2}\right)\right]+f_y'A_s'(h_0-a_s')-\sum f_{si}S_{si} \tag{7-31}$$

式中，b_f' 为 T 形或倒 L 形截面受压区的翼缘计算宽度，h_f' 为 T 形或倒 L 形截面受压区的翼缘高度。

② 小偏心受压时，忽略竖向分布筋的作用，类似于图 7-13(b)的矩形截面应力图。截面承载力计算的基本方程为

$$N\leqslant f_g[bx+(b_f'-b)h_f']+f_y'A_s'-\sigma_sA_s \tag{7-32}$$

$$Ne_N\leqslant f_g\left[bx\left(h_0-\frac{x}{2}\right)+(b_f'-b)h_f'\left(h_0-\frac{h_f'}{2}\right)\right]+f_y'A_s'(h_0-a_s') \tag{7-33}$$

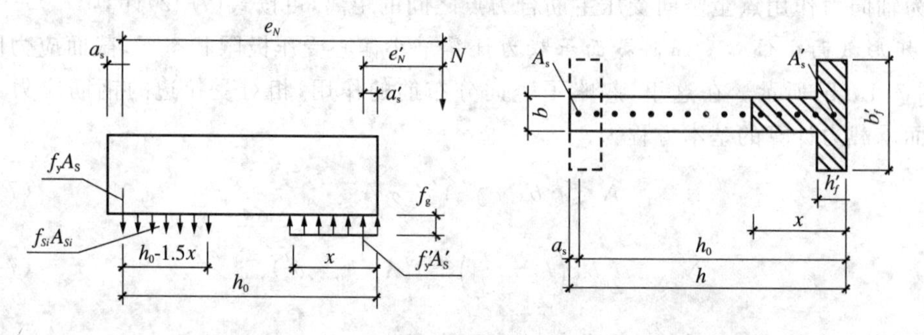

图 7-14　T 形截面偏心受压正截面承载力计算简图

表 7-4　T 形、倒 L 形截面偏心受压构件翼缘计算宽度 b_f'

考虑情况	T 形截面	倒 L 形截面
按构件计算高度 H_0 考虑	$H_0/3$	$H_0/6$
按腹板间距 L 考虑	L	$L/2$
按翼缘厚度 h_f' 考虑	$b+12h_f'$	$b+6h_f'$
按翼缘实际宽度 b_f' 考虑	b_f'	b_f'

注： 构件的计算高度 H_0 可取层高。

7.5.2 斜截面受剪承载力计算

试验表明，配筋灌孔砌块砌体剪力墙的抗剪受力性能，与非灌实砌块砌体有较大的区别。由于灌孔混凝土的强度较高，砂浆的强度对墙体抗剪承载力的影响较小。这种墙体的抗剪性能更接近于钢筋混凝土剪力墙。

配筋砌块砌体剪力墙的抗剪承载力除材料强度外，主要与垂直正应力、墙体的高宽比或剪跨比、水平和垂直的配筋率等因素有关。

1. 剪力墙在偏心受压时的斜截面受剪承载力

根据同济大学、湖南大学等单位所做的无筋和配筋砌块砌体剪力墙试验结果，经试验分析和可靠性分析，配筋砌块砌体剪力墙偏心受压时斜截面受剪承载力可按下式计算：

$$V \leqslant \frac{1}{\lambda-0.5}\left(0.6 f_{vg} b h_0+0.12 N \frac{A_w}{A}\right)+0.9 f_{yh} \frac{A_{sh}}{s} h_0 \tag{7-34}$$

$$\lambda=\frac{M}{V h_0} \tag{7-35}$$

式中 f_{vg}——灌孔砌体抗剪强度设计值，可按式(3-6)计算；

M, N, V——计算截面的弯矩、轴向力和剪力设计值，当 $N>0.25 f_g bh$ 时，取 $N=0.25 f_g bh$；

A——剪力墙的截面面积，其中翼缘的有效面积可按表6-4的规定确定；

A_w——T形或倒L形截面腹板的截面面积，对矩形截面，取 A_w 等于 A；

λ——计算截面的剪跨比，当 λ 小于1.5时取1.5，当 λ 大于等于2.2时取2.2；

h——剪力墙的截面高度；

b——剪力墙截面宽度或T形、倒L形截面腹板宽度；

h_0——剪力墙截面的有效高度；

A_{sh}——配置在同一截面内的水平分布钢筋的全部截面面积；

s——水平分布钢筋的竖向间距；

f_{yh}——水平钢筋的抗拉强度设计值。

2. 剪力墙在偏心受拉时的斜截面受剪承载力

剪力墙在偏心受拉时的斜截面受剪承载力按下列公式计算：

$$V \leqslant \frac{1}{\lambda-0.5}\left(0.6 f_{vg} b h_0-0.22 N \frac{A_w}{A}\right)+0.9 f_{yh} \frac{A_{sh}}{s} h_0 \tag{7-36}$$

3. 剪力墙的截面控制

剪力墙的截面应满足下式要求：

$$V \leqslant 0.25 f_g bh \tag{7-37}$$

7.5.3 配筋砌块砌体剪力墙连梁的斜截面受剪承载力

配筋砌块砌体剪力墙连梁的斜截面受剪承载力，可按下列情况进行计算。

(1) 当连梁采用钢筋混凝土时，连梁的承载力应按国家现行标准《混凝土结构设计规范》(GB 50010)的有关规定进行计算；

(2) 当连梁采用配筋砌块砌体时，应符合下列规定：

① 连梁的截面应符合下列要求：

$$V_b \leqslant 0.25 f_g b h_0 \tag{7-38}$$

② 连梁的斜截面受剪承载力应按下列公式计算：

$$V_b \leqslant 0.8 f_{vg} b h_0 + f_{yv} \frac{A_{sv}}{s} h_0 \tag{7-39}$$

式中 V_b——连梁的剪力设计值；

b——连梁的截面宽度；

h_0——连梁的截面有效高度；

A_{sv}——配置在同一截面内箍筋各肢的全部截面面积；

f_{yv}——箍筋的抗拉强度设计值；

s——沿构件长度方向箍筋的间距。

7.5.4 配筋砌块砌体构造

1. 钢筋的构造规定

从配筋砌块砌体对钢筋的要求看，与钢筋混凝土结构对钢筋的要求有许多相同之处，但又有其特点，如钢筋的规格要受到孔洞和灰缝的限制；钢筋的接头宜采用搭接或非接触搭接接头，以便先砌墙、后插筋、就位绑扎和浇灌混凝土的施工工艺；钢筋混凝土保护层厚度不考虑砌体块体壁厚的有利影响。具体规定如下。

1) 钢筋的规格应符合下列规定：

(1) 钢筋的直径不宜大于 25mm，当设置在灰缝中时不应小于 4mm；

(2) 配置在孔洞或空腔中的钢筋面积不应大于孔洞或空腔面积的 6%。

2) 钢筋的设置应符合下列规定：

(1) 设置在灰缝中钢筋的直径不宜大于灰缝厚度的 1/2；

(2) 两平行钢筋间的净距不应小于 25mm；

(3) 柱和壁柱中的竖向钢筋的净距不宜小于 40mm(包括接头处钢筋间的净距)。

3) 钢筋在灌孔混凝土中的锚固应符合下列规定：

(1) 当计算中充分利用竖向受拉钢筋强度时，其锚固长度 L_a，对 HRB335 级钢筋不宜小于 $30d$；对 HRB400 和 RRB400 级钢筋不宜小于 $35d$；在任何情况下钢筋(包括钢丝)锚固长度不应小于 300mm；

(2) 竖向受拉钢筋不宜在受拉区截断。如必须截断时，应延伸至按正截面受弯承载力计算不需要该钢筋的截面以外，延伸的长度不应小于 $20d$；

(3) 竖向受压钢筋在跨中截断时，必须伸至按计算不需要该钢筋的截面以外，延伸的长度不应小于 $20d$；对绑扎骨架中末端无弯钩的钢筋，不应小于 $25d$；

(4) 钢筋骨架中的受力光面钢筋，应在钢筋末端作弯钩，在焊接骨架、焊接网以及轴心受压构件中，可不作弯钩；绑扎骨架中的受力变形钢筋，在钢筋的末端可不作弯钩。

4) 钢筋的接头应符合下列规定：

钢筋的直径大于 22mm 时宜采用机械连接接头，接头的质量应符合有关标准、规范的规定；其他直径的钢筋可采用搭接接头，并应符合下列要求：

(1) 钢筋的接头位置宜设置在受力较小处。

(2) 受拉钢筋的搭接接头长度不应小于 $1.1L_a$，受压钢筋的搭接接头长度不应小于 $0.7L_a$，但不应小于 300mm。

(3) 当相邻接头钢筋的间距不大于 75mm 时，其搭接长度应为 $1.2L_a$。当钢筋间的接头错开 $20d$ 时，搭接长度可不增加。

5) 水平受力钢筋(网片)的锚固和搭接长度应符合下列规定：

(1) 在凹槽砌块混凝土带中钢筋的锚固长度不宜小于 $30d$，且其水平或垂直弯折段的长度不宜小于 $15d$ 和 200mm；钢筋的搭接长度不宜小于 $35d$。

(2) 在砌体水平灰缝中，钢筋的锚固长度不宜小于 $50d$，且其水平或垂直弯折段的长度不宜小于 $20d$ 和 i50mm；钢筋的搭接长度不宜小于 $55d$。

(3) 在隔皮或错缝搭接的灰缝中为 $50d+2h$，d 为水平灰缝的间距。

6) 钢筋的最小保护层厚度应符合下列要求：

(1) 灰缝中钢筋外露砂浆保护层不宜小于 1.5mm。

(2) 位于砌块孔槽中的钢筋保护层，在室内正常环境不宜小于 20mm；在室外或潮湿环境不宜小于 30mm。

注：对安全等级为一级或设计使用年限大于 50 年的配筋砌体结构构件，钢筋的保护层应比本条规定的厚度至少增加 5mm，或采用经防腐处理的钢筋、抗渗混凝土砌块等措施。

2. 配筋砌块砌体剪力墙、连梁的构造规定

1) 配筋砌块砌体剪力墙、连梁的砌体材料强度等级应符合下列规定：

(1) 砌块不应低于 MU10。

(2) 砌筑砂浆不应低于 Mb7.5。

(3) 灌孔混凝土不应低于 Cb20。

注：对安全等级为一级或设计使用年限大于 50 年的配筋砌块砌体房屋，所用材料的最低强度等级应至少提高一级。

2) 配筋砌块砌体剪力墙厚度、连梁截面宽度不应小于 190mm。

3) 配筋砌块砌体剪力墙的构造配筋应符合下列规定：

(1) 应在墙的转角、端部和孔洞的两侧配置竖向连续的钢筋，钢筋直径不宜小于 12mm。

(2) 应在洞口的底部和顶部设置不小于 $2\phi10$ 的水平钢筋，其伸入墙内的长度不宜小于 $35d$ 和 400mm。

(3) 应在楼(屋)盖的所有纵横墙处设置现浇钢筋混凝土圈梁，圈梁的宽度和高度宜等于墙厚和块高，圈梁主筋不应少于 $4\phi10$，圈梁的混凝土强度等级不宜低于同层混凝土块体强度等级的 2 倍，或该层灌孔混凝土的强度等级，也不应低于 C20。

(4) 剪力墙其他部位的竖向和水平钢筋的间距不应大于墙长、墙高之半，也不应大于 1200mm。对局部灌孔的砌体，竖向钢筋的间距不应大于 600mm。

(5) 剪力墙沿竖向和水平方向的构造钢筋配筋率均不宜小于 0.07%。

4) 按壁式框架设计的配筋砌块窗间墙除应符合上面 1)～3)条规定外，尚应符合下列规定：

(1) 窗间墙的截面应符合下列要求：墙宽不应小于 800mm，也不宜大于 2400mm；墙净高与墙宽之比不宜大于 5。

(2) 窗间墙中的竖向钢筋应符合下列要求：每片窗间墙中沿全高不应少于 4 根钢筋；沿墙的全截面应配置足够的抗弯钢筋；窗间墙的竖向钢筋的含钢率不宜小于 0.2%，也不宜大于 0.8%。

(3) 窗间墙中的水平分布钢筋应符合下列要求：水平分布钢筋应在墙端部纵筋处弯 180°标准钩，或等效的措施；水平分布钢筋的间距：在距梁边 1 倍墙宽范围内不应大于 1/4 墙宽，其余部位不应大于 1/2 墙宽；水平分布钢筋的配筋率不宜小于 0.15%。

5) 配筋砌块砌体剪力墙应按下列情况设置边缘构件。

(1) 当利用剪力墙端的砌体时，应符合下列规定：

在距墙端至少 3 倍墙厚范围内的孔中设置不小于 $\phi 12$ 通长竖向钢筋；当剪力墙端部的设计压应力大于 $0.8 f_g$ 时，除按 1)的规定设置竖向钢筋外，尚应设置间距不大于 200mm、直径不小于 6mm 的水平钢筋(钢箍)，该水平钢筋宜设置在灌孔混凝土中。

(2) 当在剪力墙墙端设置混凝土柱时，应符合下列规定：

柱的截面宽度宜等于墙厚，柱的截面长度宜为 1～2 倍的墙厚，并不应小于 200mm；柱的混凝土强度等级不宜低于该墙体块体强度等级的 2 倍，或该墙体灌孔混凝土的强度等级，也不应低于 C20；柱的竖向钢筋不宜小于 $4\phi 2$，箍筋宜为 $\phi 6$、间距 200mm；墙体中的水平钢筋应在柱中锚固，并应满足钢筋的锚固要求；柱的施工顺序宜为先砌砌块墙体，后浇捣混凝土。

6) 由配筋砌块砌体剪力墙中当连梁采用钢筋混凝土时，连梁混凝土的强度等级不宜低于同层墙体块体强度等级的 2 倍，或同层墙体灌孔混凝土的强度等级，也不应低于 C20；其他构造尚应符合现行国家标准《混凝土结构设计规范》GB 50010 的有关规定要求。

7) 配筋砌块砌体剪力墙中当连梁采用配筋砌块砌体时梁应符合下列规定：

(1) 连梁的截面应符合下列要求：连梁的高度不应小于两皮砌块的高度和 400mm；连梁应采用 H 型砌块或凹槽砌块组砌，孔洞应全部浇灌混凝土。

(2) 连梁的水平钢筋宜符合下列要求：连梁上、下水平受力钢筋宜对称、通长设置，在灌孔砌体内的锚固长度不应小于 $35d$ 和 400mm；连梁水平受力钢筋的含钢率不宜小于0.2%，也不宜大于 0.8%。

(3) 连梁的箍筋应符合下列要求：箍筋的直径不应小于 6mm；箍筋的间距不宜大于 1/2 梁高和 600mm；在距支座等于梁高范围内的箍筋间距不应大于 1/4 梁高，距支座表面第一根箍筋的间距不应大于 100mm；箍筋的面积配筋率不宜小于 0.15%；箍筋宜为封闭式，双肢箍末端弯钩为 135°；单肢箍末端的弯钩为 180°，或弯 90°加 12 倍箍筋直径的延长段。

3. 配筋砌块砌体柱构造规定

(1) 配筋砌块砌体柱(图 7-15)除应符合第 2 条 1)款的要求外，尚应符合下列规定：

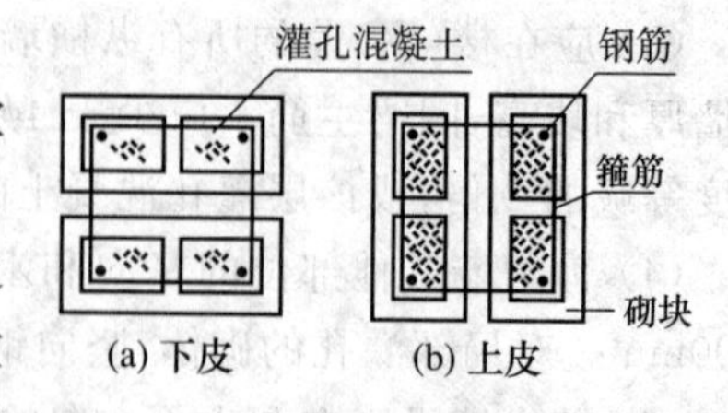

图 7-15　配筋砌块砌体柱截面示意图

柱截面边长不宜小于 400mm，柱高度与截面短边之比不宜大于 30；柱的纵向钢筋的直径不宜小于 12mm，数量不应少于 4 根，全部纵向受力钢筋的配筋率不宜小于 0.2%；柱中箍筋的设置应根据下列情况确定：

① 当纵向钢筋的配筋率大于 0.25%，且柱承受的轴向力大于受压承载力设计值的

25%时，柱应设箍筋；当配筋率≤0.25%时，或柱承受的轴向力小于受压承载力设计值的25%时，柱中可不设置箍筋；

② 箍筋直径不宜小于 6mm；

③ 箍筋的间距不应大于 16 倍的纵向钢筋直径、48 倍箍筋直径及柱截面短边尺寸中较小者；

④ 箍筋应封闭，端部应弯钩；

⑤ 箍筋应设置在灰缝或灌孔混凝土中。

思考题

[7-1] 什么是配筋砌体？配筋砌体有哪几种主要形式？

[7-2] 网状配筋砌体为什么能提高砌体的抗压强度？

[7-3] 网状配筋砌体构件计算中影响系数 ϕ_n 主要考虑了哪些因素对抗压强度的影响？

[7-4] 在混凝土组合砌体计算中，为什么砌体强度要乘上系数 0.8？

[7-5] 钢筋混凝土构造柱组合砖墙有哪些构造措施？

[7-6] 配筋砌块砌体在进行正截面承载力计算时有哪些基本假定？

习 题

[7-1] 已知某房屋一横墙厚为 240mm，采用 MU10 砖和 M5 水泥砂浆砌筑，计算高度 $H_0=3.3$m，承受轴心压力标准值 $N_k=400$kN(其中恒载占 80%，活荷载占 20%)，按网状配筋砌体设计此墙体。

[7-2] 某混凝土面层组合砖柱，截面尺寸如图 7-10 所示，柱计算高度 $H_0=6.2$m，采用 MU10 砖和 M10 混合砂浆砌筑，面层混凝土为 C20。该砖柱承受轴向压力设计值 $N=910$kN($N_k=700$kN)沿柱长边方向的弯矩 $M=90$kN·m($M_k=70$kN·m)，已知 $A_s=A'_s=603\text{mm}^2$，试验算其承载力。

[7-3] 一承重横墙，墙厚 240mm，计算高度 $H_0=4.5$m，采用 MU10 砖和 M7.5 混合砂浆砌筑，双面采用钢筋水泥砂浆面层，每边厚 30mm，砂浆等级为 M10，钢筋为Ⅰ级钢，竖向钢筋 $\phi8$@200，水平钢筋 $\phi6$@200，求每米横墙所能承受的轴心压力设计值。

[7-4] 某承重横墙厚 240mm，采用砌体和钢筋混凝土构造柱组合墙形式，采用 MU10 砖和 M7.5 混合砂浆砌筑，计算高度 $H_0=3.6$m。构造柱截面为 240mm×240mm，间距为 1m；柱内配有纵筋 4ϕ12，混凝土等级为 C15，求每米横墙所能承受的轴心压力设计值。

8　砌体结构房屋抗震设计

国内外震害调查表明，未经抗震设计的砌体结构房屋因砌体材料的延性不好，又加上结构整体连接性能较差，故其抗地震的性能很弱。但是，震害调研和国内外大量试验研究也表明，砌体结构房屋只要进行抗震设计、采取合理的抗震构造措施、确保施工质量，仍能有效地应用于地震设防区。

8.1　砌体结构房屋常见震害

地震时，首先到达地面的是纵波，表现为房屋的上下颠簸，房屋受到竖向地震作用；随之而来的是横波和面波，表现为房屋的水平摇晃，房屋受到水平地震作用。震中区附近，竖向地震作用明显，房屋先受颠簸使结构松散，接着在受到水平地震作用时就更容易破坏和倒塌。离震中较远地区，竖向地震作用往往可忽略，房屋损坏的主要原因是水平地震作用。

水平地震作用下的砌体结构房屋震害有以下几类。

1. 墙体交叉裂缝

典型的墙体交叉裂缝如图 8-1 所示。这种裂缝的产生主要是由于地震时施加于墙体的往复水平地震剪力与墙体本身所受竖向压力引起的主拉应力过大，超过砌体的抗拉强度而产生的剪切裂缝。由于裂缝起因于主拉应力过大，故呈倾斜阶梯状；又由于地震水平剪力是往复的，故呈交叉状。墙体开裂后，裂缝两侧砌体间由于存在摩擦力仍能吸收地震能量，并在砌体间滑移错位的变形过程中逐渐消耗地震能量。若这时砌体破碎过多，墙体将丧失承载力而倒塌。通常则是在墙体开裂后刚度减小，房屋周期加长，导致水平地震作用减小，因而更多地表现为墙体上具有很宽的交叉裂缝而房屋却并不倒塌。7～9 度地震区，这种交叉裂缝在内外纵横墙上、窗间墙上时有发生，裂缝宽度有时可达 10 多厘米。交叉裂缝发生的规律是：底层墙体比顶层严重；层数多、层高大的墙体比层数少、层高小的严重；砂浆强度低的墙体比砂浆强度高的严重。

2. 转角墙及内外墙连接处的破损

如图 8-2、图 8-3、图 8-4 所示，这种破坏往往表现为内外墙连接处的竖向裂缝、房屋四周转角处三角形或菱形墙体崩落、外纵墙大面积倒塌等。这主要是由于内外墙连接处和房屋四周转角处刚度较大，分担较多的地震作用，以及当房屋质量中心与刚度中心偏离引起扭转而在房屋四周和端部产生过大复合应力的缘故。这类破损的规律是：纵墙承重房屋比横墙承重房屋严重；墙体平面布置不规则、不对称时比规则、对称时严重；内外墙不设置圈梁时比设置时严重；房屋四角开有较大洞口，设置空旷房间或楼梯间时更严重；砌体施工质量差尤其是内外墙拉结差时严重。

3. 空旷空间墙体的开裂

典型的开裂情况如图 8-5 所示。开间大的外墙和房屋顶层大房间的墙体，往往受弯剪或水平弯曲而使墙体发生通长水平裂缝。这是由于房间大，抗震墙体相距较远，地震剪力不

图 8-1　交叉裂缝

图 8-2　竖向裂缝

图 8-3　转角裂缝

图 8-4　外纵墙倒塌

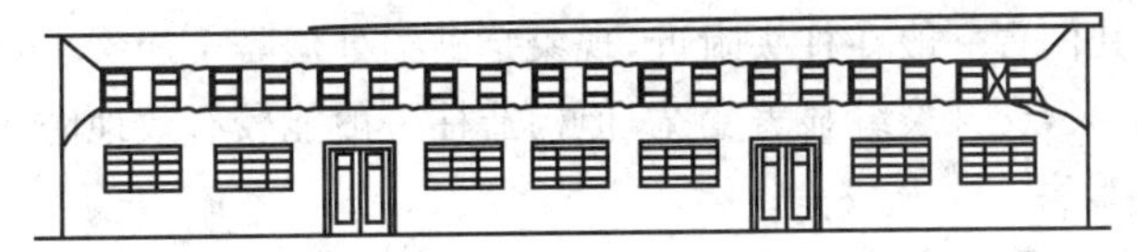
图 8-5　通长水平裂缝

能通过楼(屋)盖直接传给这些墙体,部分或大部分水平地震作用要由垂直于水平地震作用方向的墙体承担,而这些墙体平面外的刚度小,砌体的抗弯强度低。这种开裂在 7、8 度地震区的砌体结构空旷房屋中时有发生。它大体有以下一些规律:空旷房间的外纵墙或山墙开裂严重;楼(屋)盖错层、房屋平面凹凸变化处、墙体在门窗洞口过分被削弱处开裂严重。

4. 碰撞损坏

无论是伸缩缝还是沉降缝,当缝宽未满足防震缝宽度要求时,变形缝两侧房屋因振动特性和振幅不同会引起互相碰撞,导致两侧房屋发生局部挤压损坏(图 8-6)。

5. 突出屋面楼梯间、电梯间、附墙烟囱、女儿墙等附属结构的破损

由于地震的动力作用,使得在房屋突出部位产生"鞭鞘效应",使水平地震剪力放大而引起上述震害。破损的严重程度与突出屋面结构面积的大小有关,突出部分的面积相对于下层面积愈小,破损愈严重。这种破坏的工程案例如图 8-7 所示。

6. 砌体结构房屋楼盖的破损

由于板、梁在墙体上的支承长度不够以及拉结不妥等而引起此类震害。在横墙承重房屋中,预制板与外纵墙无可靠拉结,一旦在横向水平地震作用下外纵墙被甩出,就可能带动

图 8-6　碰撞损坏

图 8-7　突出部位震害

靠外纵墙的部分横墙和楼板一起跌落引起房屋局部倒塌。震害调查还表明，设置在楼盖标高处的钢筋混凝土或配筋砖圈梁在保证墙体与预制板、梁的连接方面起重要作用。无圈梁砌体结构房屋在地震时的损坏程度，远较有圈梁的相应房屋严重得多。另外，现浇钢筋混凝土楼盖的抗震性能大大优于预制楼盖。

7. 门窗过梁的损坏

砖砌平拱、弧拱过梁对变形极为敏感，在地震时易形成端头的倒八字裂缝和跨中的竖向裂缝，甚至引起局部倒塌；而在一般情况下，钢筋混凝土过梁优于钢筋砖过梁，钢筋砖过梁又优于砖砌平拱、弧拱过梁。各种过梁，凡位于房屋尽端处，其损坏都比位于房屋中部的严重，而且上层房屋尽端处的过梁比下层损坏严重。

8. 设有钢筋混凝土构造柱时墙体的损坏

现浇钢筋混凝土构造柱与圈梁一起构成墙体的边框，形成砖墙和“隐形”钢筋混凝土框架的组合结构，具有很大的抗变形能力。在往复的水平地震作用下，这类墙体通常还可能发生交叉裂缝，但由于构造柱的存在，墙体裂缝的宽度不会很大。当水平地震剪力很大时，钢筋混凝土构造柱也可能破损，其位置一般在柱头附近，现象是破损处混凝土崩裂、钢筋屈曲，同时墙体裂缝两侧的滑移错位加大，交叉裂缝显著变宽，但构造柱一般能较有效地防止墙体倒塌。

9. 非结构构件的震害

这类震害的例子有较重的室内外悬挂物坠落、大面积抹灰吊顶脱落等。

从总体来看，多层砖房的震害具有以下规律性：层数越多，破坏越严重；横墙越少，破坏越严重；层高越高，破坏越严重；砂浆强度等级低，破坏严重；房屋两端及转角处震害严重；下层比上层破坏严重；预制楼板砖房比整体现浇楼板砖房破坏严重；横墙比纵墙破坏严重；墙肢布置不均匀时破坏严重。

8.2　砌体结构房屋的抗震概念设计

上述的震害调查与分析表明，砌体结构房屋的抗震性能与其建筑布置、结构选型、抗震计算、构造措施和施工质量等有密切关系。与其他结构型式相比，砌体结构房屋的抗震概念设计更为重要，它是保证“小震不坏、中震可修、大震不倒”的重要部分，尤其是防止在罕遇地震下倒塌的重要环节。抗震概念设计主要包括建筑总体布置、结构选型和抗震构造措施。

8.2.1　建筑平立面布置

1. 平立面布置

当房屋的平面和立面布置不规则，亦即平面上凹凸曲折、立面上高低错落时，震害往往比较严重。一方面，是由于各部分的质量和刚度分布不均匀，在地震时，房屋各部分将产生较大的变形差异，使各部分连接处的变形突然变化而引起应力集中。另一方面，由于房屋的质量中心和刚度中心不重合，在地震时，地震作用对刚度中心有较大的偏心距，因而，不仅使房屋产生剪切和弯曲，而且还使房屋产生扭转，从而大大加剧了地震的破坏作用。

对于突出屋面的部分，由于鞭鞘效应将使地震作用增大。突出部位愈细长，受地震作用愈大，震害往往更为严重。

因此，房屋的平、立面布置宜规则、对称，房屋的质量分布和刚度变化宜均匀。在平面布置方面，应避免墙体局部突出和凹进，如为 L 形或槽形时，应将转角交叉部位的墙体拉通，使水平地震作用能通过贯通的墙体传到相连的另一侧。如侧翼伸出较长(超过房屋宽度)，则应以防震缝将其分割成若干独立单元，以免由于刚度中心和质量中心不一致而引起扭转振动，以及在转角处由于应力集中而破坏。此外，应尽量避免将大房间布置在单元的两端。在立面布置方面，应避免局部的突出。如必须布置局部突出的建筑物时，应采取措施，在变截面处加强连接，或采用刚度较小的结构并减轻突出部分的结构自重。

楼层错层外墙体往往震害较重，故楼层不宜有错层，否则应采取特别加强措施。

2. 楼梯间的布置

楼梯间或由于刚度相对较大、或由于形式相对复杂，受到的地震作用往往比其他部位大。同时，其顶层的层高又较大，且墙体往往受嵌入墙内的楼梯段的削弱，所以楼梯间的震害往往比其他部位严重。因此，楼梯间不宜布置在房屋端部的第一开间及转角处，不宜突出，也不宜开设过大的窗洞，以免将楼层圈梁切断。同时，应特别注意楼梯间顶层墙体的稳定性。

8.2.2 结构选型

1. 砌体结构房屋高度、层高、高宽比限制

砌体结构房屋层数愈多、总高度愈大、层高愈高、高宽比愈大，则房屋所受的地震作用效应愈大，由房屋整体弯曲在墙体中产生的附加应力也愈大，震害可能愈严重。同时，由于我国当前砌体材料的强度等级较低，房屋层数愈多、高度愈大，将使墙体截面加厚、结构自重和地震作用都将相应加大，对抗震十分不利。故提出砌体结构房屋总高度、层数和高宽比的限值如表 8-1 所示。

表 8-1　　砌体结构房屋总高度、层数和高宽比限值

砌体类别	最小抗震墙厚/mm	烈度											
		6		7				8				9	
		0.05g		0.10g		0.15g		0.20g		0.30g		0.40g	
		高度/m	层数	高度/m	层数	高度/m	层数	高度/m	层数	高度/m	层数	高度/m	层数
普通砖	240	21	7	21	7	21	7	18	6	15	5	12	4
小砌块	190	21	7	21	7	18	6	18	6	15	5	9	3
多孔砖	190	21	7	18	6	15	5	15	5	12	4	—	—
多孔砖	240	21	7	21	7	18	6	18	6	15	5	9	3
最大高宽比		2.5		2.5				2.0				1.5	

注：① 房屋总高度指室外地面到檐口的高度，半地下室可从地下室室内地面算起，全地下室可从室外地面算起；
② 单面走廊房屋的总宽度不包括走廊宽度。

对医院、教学楼等横墙较少的房屋，总高度应比表 8-1 的规定相应降低 3m，层数相应减少 1 层；各层横墙很少的多层砌体房屋，还应再减少一层。同时，多层砌体承重房屋的层高不应超过 3.6m。

2. 多层砌体结构房屋的结构选型

(1) 承重方案的选择　历次地震震害表明，与横墙承重方案相比，纵墙承重方案由于其横墙较少，间距较大，地震时易遭破坏。在唐山地震时，北京“761”厂宿舍楼和甘家口建委 10 号楼，都是采用纵墙承重方案，破坏都较严重。而与上述纵墙承重方案房屋建造在同一地区的横墙承重方案房屋则破坏轻微。由此可见，多层砖房应优先采用横墙或纵、横墙承重方案，且纵横向砌体抗震墙的布置应该符合下列要求：

① 宜均匀对称，沿平面内宜对齐，沿竖向应上下连续；且纵横向墙体的数量不宜相差过大；

② 平面轮廓凹凸尺寸，不应超过典型尺寸的 50%；当超过典型尺寸的 25% 时，房屋转角处应采取加强措施；

③ 楼板局部大洞口的尺寸不宜超过楼板宽度的 30%，且不应在墙体两侧同时开洞；

④ 房屋错层的楼板高差超过 500mm 时，应按两层计算；错层部位的墙体应采取加强措施；

⑤ 同一轴线上的窗间墙宽度宜均匀；墙面洞口的面积，6、7 度时不宜大于墙面总面积的 55%，8、9 度时不宜大于 50%；

⑥ 在房屋宽度方向的中部应设置内纵墙，其累计长度不宜小于房屋总长度的 60%（高宽比大于 4 的墙段不计入）。

(2) 防震缝的设置　凡体型复杂、高低互相交错的部分，震害都较严重。因此，当烈度为 8 度和 9 度且有下列情况之一时，宜设置防震缝，缝的两侧应设置墙体：

① 房屋的立面高差在 6m 以上；

② 房屋有错层，且楼板高差大于层高的 1/4；

③ 各部分结构刚度、质量截然不同。

防震缝应沿房屋全高设置，两侧应布置抗震墙，基础可不设防震缝。

防震缝宽度不宜过窄，以免发生垂直于缝方向的振动时，由于两部分振动周期不同，互相碰撞而加剧破坏。按房屋高度和设防烈度不同，缝宽一般取 70～100mm。当房屋中设有沉降缝或伸缩缝时，沉降缝和伸缩缝也应符合防震缝的要求。

(3) 抗震横墙最大间距限制　在横向水平地震作用下，砌体结构房屋的楼（屋）盖和横墙是主要抗侧力构件。它们要同时满足传递横向水平地震作用时承载力和水平刚度的要求。抗震规范对不同类别楼（屋）盖的抗震横墙最大间距加以限制的目的，主要是为了使楼（屋）盖具有传递地震作用给横墙的水平刚度。多层砌体结构房屋抗震横墙的间距不应超过表 8-2 的要求。

(4) 墙体局部尺寸限制　表 8-3 为多层砌体结构房屋局部尺寸的限值，这是经地震区的宏观调查资料分析得到的。规定局部尺寸限值的目的在于防止因这些部位的失效而造成整栋结构的破坏甚至倒塌，另外，也可以防止承重构件失稳。当采取增设构造柱等措施时，表 8-3 规定可适当放宽。

表 8-2 抗震横墙最大间距 m

楼(屋)盖类别	烈度			
	6 度	7 度	8 度	9 度
现浇或装配整体式钢筋混凝土楼、屋盖	15	15	11	7
装配式钢筋混凝土楼、屋盖	11	11	9	4
木屋盖	9	9	4	—

注:① 多层砌体房屋的顶层,除木屋盖外的最大横墙间距应允许适当放宽,但应采取相应的加强措施;

② 多孔砖抗震横墙厚度为 190mm 时,最大横墙间距应比表中数值减小 3m。

表 8-3 房屋的局部尺寸限值

部位	烈度			
	6 度	7 度	8 度	9 度
承重窗间墙最小宽度/m	1.0	1.0	1.2	1.5
承重外墙尽端至门窗洞边的最小距离/m	1.0	1.0	1.2	1.5
非承重外墙尽端至门窗洞边的最小距离/m	1.0	1.0	1.0	1.0
内墙阳角至门窗洞边的最小距离/m	1.0	1.0	1.5	2.0
无锚固女儿墙(非入口处)的最大高度/m	0.5	0.5	0.5	0

(5) 地下室与基础　地下室对上部结构的抗震性能影响较大。历次地震震害表明,地下室对房屋上部结构的抗震起有利作用,相应房屋的震害较轻。因此,有条件时,应当结合使用要求或人防需要,建造满堂地下室。

必须注意,若仅有部分地下室,则在有无地下室的交接处最易破坏,故两者之间应设防震缝予以隔开。同一结构单元的基础,宜采用同一类型的基础。基础底面宜埋置在同一标高上,否则应按 1∶2 的台阶逐步放坡,同时应增设基础圈梁。软弱地基(包括软弱黏性土,可液化和严重不均匀地基)上的房屋宜沿外墙及所有承重内墙增设基础圈梁一道。

由于配筋砌体(特别是竖向配筋的砌体)的抗震性能较好,故有条件时,应优先选用配筋砌体。

8.2.3 抗震构造措施

1. 钢筋混凝土构造柱

钢筋混凝土构造柱是唐山大地震以来在砌体房屋结构上采用的一项重要构造措施。它是指在房屋内、外墙或纵、横墙交接处设置的竖向钢筋混凝土构件,其构造如图 8-8 所示。

近年来的震害调查表明,无论在已有房屋加固或新建房屋中所设置的钢筋混凝土构造柱,都起到了约束墙体的变形、加强结构的整体性以及良好的抗倒塌作用。

近年来的试验研究表明,在砖砌体交接处设置钢筋混凝土构造柱后,墙体的刚度增大不多,而抗剪能力可提高 10%~20%,变形能力可大大增大,延性可提高 3~4 倍。当墙体周边设有钢筋混凝土圈梁和构造柱时,在墙体达到破坏的极限状态下,由于钢筋混凝土构造柱的约束,使破碎的墙体中的碎块不易散落,从而能保持一定的承载力,以支承楼盖而不至发生突然倒塌。

由此可见,在墙体中设置钢筋混凝土构造柱对提高砌体房屋的抗震能力有着重要的作用。根据上述震害调查和试验结果,《建筑抗震设计规范》(GB 50011)对钢筋混凝土构造柱的设置和构造要求作了如表 8-4 所示的规定。

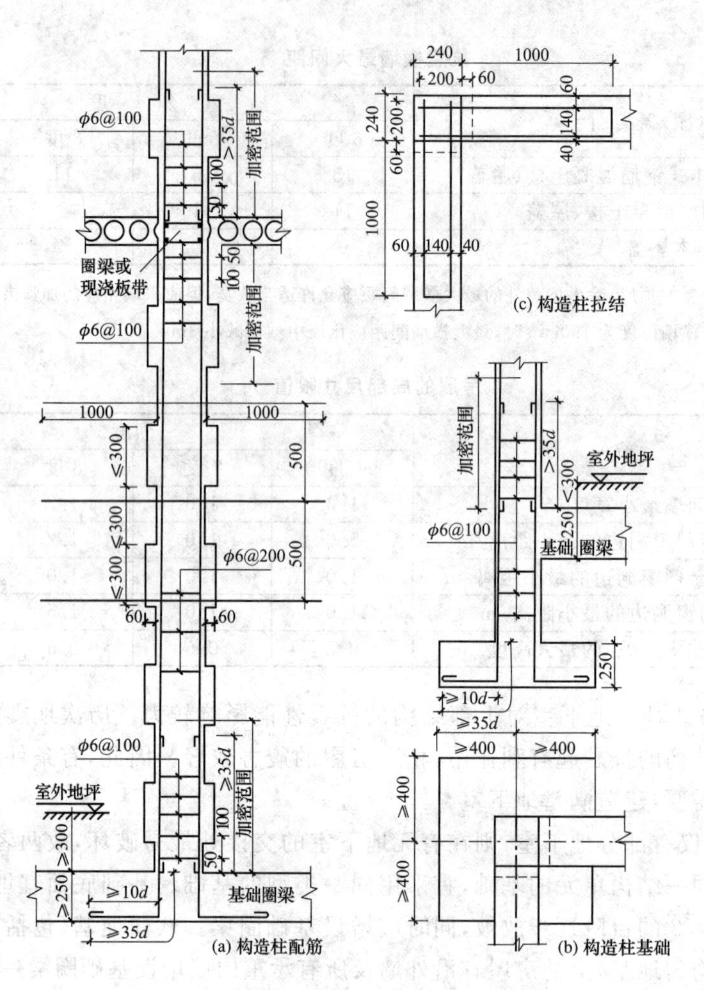

图 8-8 构造柱的构造

表 8-4　　砖房构造柱设置要求

<table>
<tr><th colspan="4">房屋层数</th><th colspan="2" rowspan="2">设置部位</th></tr>
<tr><th>6 度</th><th>7 度</th><th>8 度</th><th>9 度</th></tr>
<tr><td>四、五</td><td>三、四</td><td>二、三</td><td></td><td rowspan="3">楼、电梯间四角，楼梯斜梯段上下端对应的墙体处；
外墙四角和对应转角；
错层部位横墙与外纵墙交接处；
大房间内外墙交接处；
较大洞口两侧</td><td>隔 12m 或单元横墙与外纵墙交接处；
楼梯间对应的另一侧内横墙与外纵墙交接处</td></tr>
<tr><td>六</td><td>五</td><td>四</td><td>二</td><td>隔开间横墙(轴线)与外墙交接处；
山墙与内纵墙交接处</td></tr>
<tr><td>七</td><td>≥六</td><td>≥五</td><td>≥三</td><td>内墙(轴线)与外墙交接处；
内墙的局部较小墙垛处；
内纵墙与横墙(轴线)交接处</td></tr>
</table>

注：① 外廊式和单面走廊式的多层砖房以及教学楼、医院等横墙较少的房屋，均应按增加 1 层后的层数查本表；单面走廊两侧纵墙均应按外墙处理；

② 横墙较少的房屋，应按房屋增加 1 层的层数查表；但 6 度不超过四层、7 度不超过三层和 8 度不超过二层时应按增加 2 层的层数对待；

③ 较大洞口，内墙指不小于 2.1m 的洞口；外墙在内外墙交接处已设置构造柱时允许适当放宽，但洞侧墙体应加强。

构造柱可不另设基础，但应伸入室外地面下 500mm，或与埋深小于 500mm 的基础圈梁相连，否则应单独设置基础。构造柱最小截面尺寸可采用 180mm×240mm，混凝土强度等级不低于 C20，纵筋采用 4ϕ12（角柱用 4ϕ14），箍筋采用 ϕ6，间距不宜大于 250mm，柱上、下端各 700mm、600mm 范围内箍筋间距加密至 100mm。构造柱应先砌墙后浇筑混凝土，连接处应砌成大马牙槎以便加强整体性和便于检查。构造柱沿墙高每隔 500mm 设 2ϕ6 拉结钢筋，每边伸入墙内不宜小于 1000mm。

2. 钢筋混凝土圈梁

圈梁的抗震作用主要是增强纵、横墙的连接，限制墙体尤其是外纵墙和山墙在平面外的变形；在预制板周围或紧贴板下设置的圈梁还可以在水平面内将装配式楼板连成整体，从而使房屋的整体性和空间刚度得到加强。由于水平地震作用一般为倒三角形分布，顶层受力和侧移均较大，故顶层设置圈梁更为重要。另外，圈梁与构造柱整体连接形成约束框架，共同发挥对结构的约束作用。

圈梁设置的位置、间距与地震烈度、楼(屋)盖类型以及承重墙体布置有关。装配式钢筋混凝土或木楼(屋)盖多层砖房当为横墙承重时，应按表 8-5 的要求设置圈梁；当为纵墙承重时，每层均应设置圈梁，且抗震横墙上的圈梁间距应比表 8-5 要求适当加密；现浇或装配整体式钢筋混凝土楼(屋)盖与墙体有可靠连接时，房屋可不另设圈梁，但楼板应与构造柱有可靠的连接。

表 8-5　　砖房现浇钢筋混凝土圈梁设置要求

墙的类别	烈度		
	6、7	8	9
外墙及内纵墙	屋盖处及隔层楼盖处	屋盖处及每层楼盖处	屋盖处及每层楼盖处
内横墙	屋盖处及隔层楼盖处；屋盖处间距不应大于 4.5m；楼盖处间距不应大于 7.2m；构造柱对应部位	屋盖处及每层楼盖处；各层所有横墙，且间距不应大于 4.5m；构造柱对应部位	屋盖处及每层楼盖处，各层所有横墙
最小纵筋	4ϕ10	4ϕ12	4ϕ14
最大箍筋间距	250	200	150

圈梁在平面上应封闭，当遇有洞口被切断时，应上下搭接。圈梁宜与预制板设置在同一标高处或紧靠板底。圈梁如在表 8-5 所要求的间距内无横墙时，应利用梁或在板缝中设置配筋板带替代圈梁。钢筋混凝土圈梁的截面高度不应小于 120mm，配筋要求见表 8-5。

3. 墙体间的拉结

当未设构造柱时，对于地震设防烈度为 7 度且层高超过 3.6m 或长度大于 7.2m 的大房间的外墙转角及内、外墙交接处，以及对于地震设防烈度为8、9度的房屋外墙转角及内、外墙交接处，均应沿墙高每隔500mm配置2ϕ6拉结钢筋，并伸入墙内不宜小于1m，如图8-9所示。

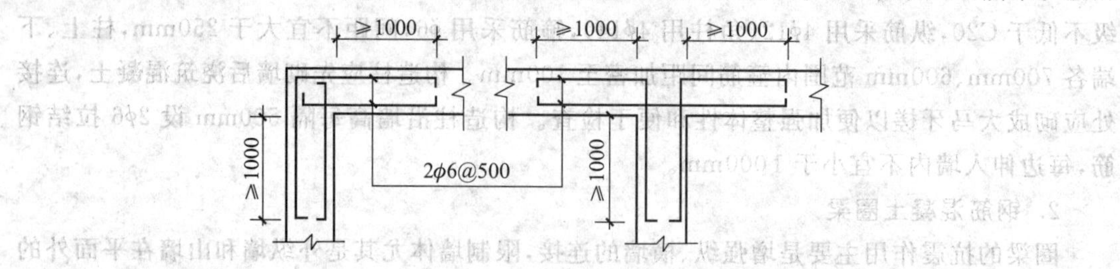

图8-9　墙体间的拉结

后砌的非承重隔墙应沿墙高每隔500mm配置2ϕ6拉结钢筋与承重墙或柱连接，每边伸入墙内不小于500mm。当设防烈度为8度、9度时，长度大于5m的后砌非承重砌体隔墙的墙顶尚应与楼板或梁拉结，独立墙肢端部及大门洞边宜设钢筋混凝土构造柱。。

4. 楼(屋)盖梁板与墙柱间的连接

楼(屋)盖梁板与墙柱间的连接如图图8-10所示，并应符合下列要求：

(1) 现浇钢筋混凝土楼板或屋面板伸进纵、横墙内的长度均不宜小于120mm。

(2) 钢筋混凝土预制楼板在梁、承重墙上必须具有足够的搁置长度。当圈梁未设在板同一标高时，板端搁置长度，在外墙不应小于120mm，在内墙上不应小于100mm，在梁上不应小于80mm。当圈梁设在板的同一标高时，钢筋混凝土预制板端头应伸出钢筋，与墙体的圈梁相连接。

(3) 当板的跨度大于4.8m并与外墙平行时，靠外墙的预制板侧边应与墙或圈梁拉结。

(4) 钢筋混凝土预制楼板侧边之间应留有不小于20mm的空隙，相邻跨预制楼板板缝宜贯通，当板缝宽度不小于50mm时，应配置板缝钢筋。楼(屋)盖的钢筋混凝土梁或屋架，应与墙、柱(包括构造柱)或圈梁有可靠的连接。梁与砖柱的连接不应削弱砖柱截面，独立砖柱顶部应在两个方向均有可靠连接。

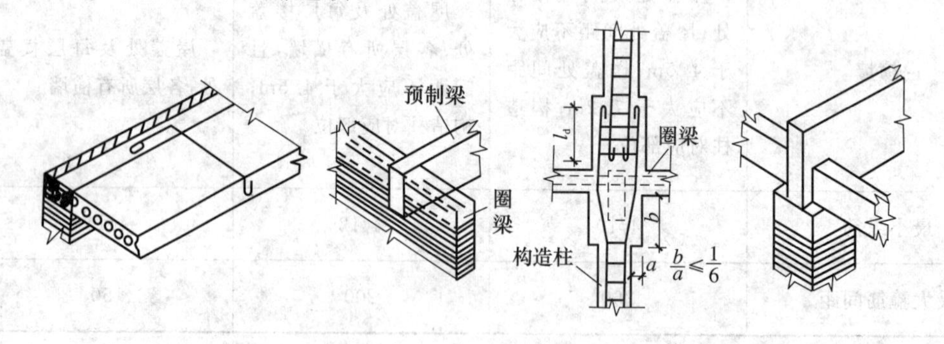

图8-10　梁板与墙柱间的拉结

8.3　多层砌体结构房屋的抗震计算

按抗震“三水准”设计原则，多层砌体结构房屋的抗震计算，应进行按本地区设防烈度的地震作用下的构件截面抗震承载力计算，和高于本地区设防烈度的预估罕遇地震作用下的构件弹塑性变形验算的二阶段设计。由于目前对变形进行验算的方法尚不完善，故只能采用按本地区设防烈度对砌体构件进行弹性截面抗震承载力计算，而对罕遇地震作用下的构件弹塑性变形则主要通过抗震措施特别是防止倒塌的概念设计和构造措施加以控制。

8.3.1 水平地震作用的计算

1. 基本假定

考虑到砌体结构房屋主要震害是由水平地震加速度反应引起的，故一般情况下只需计算水平地震作用下结构构件的内力。

水平地震作用分别沿房屋的两个主轴方向进行，每个方向的水平地震作用全部由平行于地震作用方向的墙体承受，即按横向（由横墙承受）和纵向（由纵墙承受）分别进行验算。

2. 计算简图

多层砌体房屋在水平地震作用下的计算简图可将各层楼盖及顶层屋盖简化为若干质点的多质点受力体系，如图 8-11 所示；集中在楼盖处的重力荷载有：楼盖自重、作用于楼面上的可变荷载以及相邻上、下层墙体自重的一半。

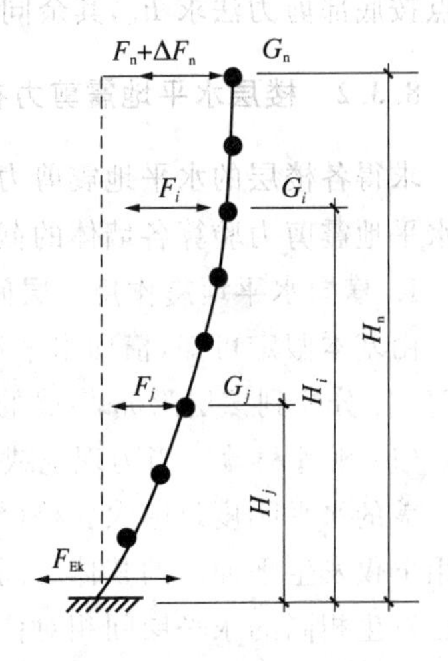

图 8-11 计算简图

当房屋高度不超过 40m，以剪切变形为主且质量和刚度沿高度分布比较均匀时，计算方法可采用底部剪力法。

3. 水平地震作用

采用底部剪力法，结构的总水平地震作用标准值 F_{EK} 按下式确定：

$$F_{EK}=\alpha_1 G_{eq} \tag{8-1}$$

质点 i 的水平地震作用标准值为

$$F_i=\frac{G_i H_i}{\sum_{j=1}^{n} G_j H_j} F_{EK}(1-\delta_n) \quad i=1,2,\cdots,n \tag{8-2}$$

顶部附加水平地震作用为

$$\Delta F_n=\delta_n=F_{EK} \tag{8-3}$$

式中 α_1——相应于结构基本自振周期的水平地震影响系数值，多层砌体房屋、多层内框架砖房取，$\alpha_1=\alpha_{max}$，6 度时，$\alpha_{max}=0.04$，7 度时，$\alpha_{max}=0.08$，8 度时，$\alpha_{max}=0.16$；

G_{eq}——结构等效总重力荷载，多质点体系取总重力代表值的 85%；

H_i,H_j,G_i,G_j——分别为质点 i,j 的计算高度和集中于 i,j 的重力荷载代表值，后者取 100%恒载，50%（书库 80%）楼面活载，50%雪载；

δ_n——顶部附加地震作用系数，多层内框架砖房可采用 0.2，其他砖房取 0。

在求得各质点的水平地震作用 F_i 后，即可得到第 i 楼层的水平地震剪力标准值 V_i，即

$$V_i=\sum_{j=1}^{n}F_j \tag{8-4}$$

对于突出屋面的附属物，抗震验算时，可将突出部分的顶盖作为一个质点，与其他各质点一起按底部剪力法求 F_i。在验算突出屋面附属物的墙体时，需将求得的水平地震作用效应 F_n 乘以增大系数3，所增大部分不往下层传递。女儿墙可假设在其高度1/2处作为一个质点按底部剪力法求 F_n，其余同上。

8.3.2 楼层水平地震剪力在本层墙体间的分配

求得各楼层的水平地震剪力 V_i 后，必须将 V_i 在本层墙体间进行分配，才能根据分配后的水平地震剪力验算各墙体的截面抗震承载力。

1. 横向水平地震作用下层间剪力分配

由基本假定可知，横向水平地震作用由横墙承受。若第 i 层求得的层间水平地震剪力为 V_i，则分配到该层第 m 横墙的水平地震剪力 V_{im} 可按下述三种情况进行计算：

(1) 刚性楼盖　当为现浇或装配整体式钢筋混凝土楼(屋)盖等刚性楼盖时，可认为楼(屋)盖的水平刚度足够大。楼(屋)盖可看作支承在横墙上的多跨连续梁，在横向水平地震作用下仅发生平面内的整体层间相对平移 Δ(不考虑整体扭转)，所有横墙作为它的弹性支座也发生相同的水平层间相对位移 Δ，如图8-12(a)所示。因此，层间各横墙所承受的水平地震剪力按其等效刚度的比例分配。为此，需先求得层间各横墙的抗侧移刚度。

设横墙的高为 h、宽为 b、厚为 t、砌体弹性模量为 E，当此横墙顶端作用一单位力 $P=1$ 时，沿作用力方向的顶端位移 δ 可分为两部分：由弯曲变形产生的位移 δ_1 和由剪切变形产生的位移 δ_2：

$$\delta=\delta_1+\delta_2=\frac{Ph^3}{12EI}+\frac{\xi Ph}{GA} \tag{8-5}$$

式中，ξ 为剪应力分布不均匀系数，矩形截面取1.2；G 为砌体的剪切模量。

以 $A=tb$，$I=tb^3/12$，$\rho=h/b$，$G=0.3E$ 代入式(8-5)可得：

$$\delta=\frac{\rho^3+4\rho}{Et} \tag{8-6}$$

故横墙抗侧移刚度 D 为

$$D=\frac{Et}{\rho^3+4\rho} \tag{8-7}$$

上式同时考虑了剪切和弯曲变形。当 $\rho<1$ 时，可只考虑剪切变形，相应的 $D=Et/(4\rho)$；当 $\rho>4$ 时，可认为该横墙的抗侧移刚度可略去不计。

第 i 层第 m 横墙的抗侧移刚度为 D_{im}，则该墙的水平地震剪力 V_{im} 为

$$V_{im}=\frac{D_{im}}{\sum_{j=1}^{r}D_{ij}}V_i=\frac{D_{im}}{D_i}V_i \tag{8-8}$$

式中　r——该层横墙的总数；

D_i——第 i 层全部横墙的总抗侧移刚度。

若层间各横墙都属于只考虑剪切变形的情况，且材料、厚度、层高都相同时，则有

$$V_{im}=\frac{A_{im}}{\sum_{j=1}^{r}A_{ij}}V_i=\frac{A_{im}}{A_i}V_i \tag{8-9}$$

式中 A_{im}——第 i 层第 m 横墙的净截面面积；

A_i——第 i 层全部横墙的总净截面面积。

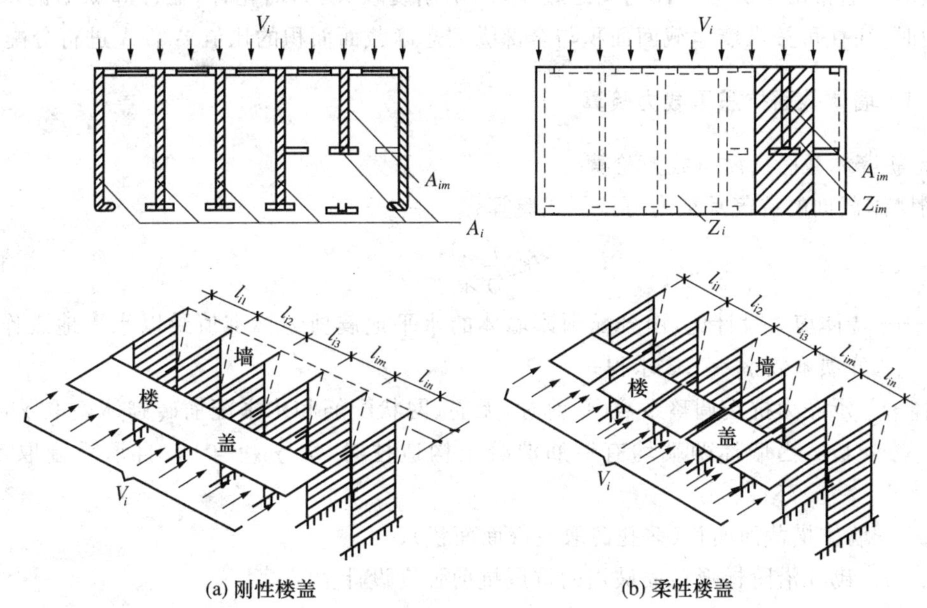

图 8-12　不同楼盖刚度水平变形图

(2) 柔性楼盖　当为木楼(屋)盖等柔性楼盖时，由于其水平刚度很差，可将楼(屋)盖视作支承在横墙上的多跨简支梁(图 8-12(b))。此时，各横墙所承担的水平地震剪力可按本横墙从属面积上重力荷载代表值的比例分配，即

$$V_{im}=\frac{G_{im}}{\sum_{j=1}^{r}G_{ij}}V_i=\frac{G_{im}}{G_i}V_i \tag{8-10}$$

式中 G_{im}——第 i 层第 m 横墙所承担的重力荷载代表值；

G_i——第 i 层所有横墙所承担的重力荷载代表值。

如楼(屋)盖重力荷载为均匀分布，则式(8-10)可简化为只按从属面积的比例分配，即

$$V_{im}=\frac{Z_{im}}{\sum_{j=1}^{r}Z_{ij}}V_i=\frac{Z_{im}}{Z_i}V_i \tag{8-11}$$

式中 Z_{im}——第 i 层第 m 横墙的从属面积；

Z_i——第 i 层总面积。

(3) 中等刚度楼盖　当为普通预制板的装配式钢筋混凝土楼(屋)盖时，各横墙分配到

的水平地震剪力可取上述(1)、(2)两种情况的平均值,即

$$V_{im}=\frac{1}{2}\left(\frac{A_{im}}{A_i}+\frac{Z_{im}}{Z_i}\right)V_i \tag{8-12}$$

或

$$V_{im}=\frac{1}{2}\left(\frac{D_{im}}{D_i}+\frac{G_{im}}{G_i}\right)V_i \tag{8-13}$$

2. 纵向水平地震作用下层间剪力分配

由纵向水平地震作用求得的纵向层间水平地震剪力,全部由内外纵墙承受,相应的计算方法同横墙。通常由于纵向墙体的间距较小,水平刚度较大,为简化计,在计算纵墙的水平地震剪力时,往往可按纵墙净截面面积与全部纵墙总净截面面积的比值 A_{im}/A_i 进行分配。

8.3.3 墙体截面抗震承载力验算

1. 无筋墙体截面抗震承载力验算

无筋墙体截面的抗震承载力可按下式验算:

$$V\leqslant\frac{f_{\mathrm{vE}}A}{\gamma_{\mathrm{RE}}} \tag{8-14}$$

式中 V——墙体剪力设计值,由分配到该墙体的水平地震剪力标准值乘以水平地震作用分项系数 $\gamma_{\mathrm{E}}=1.3$ 求得;

γ_{RE}——承载力抗震调整系数(受剪时,无筋、网状配筋和水平配筋砖砌体墙取 $\gamma_{\mathrm{RE}}=1.0$,当墙体两端均有钢筋混凝土构造柱时,取 $\gamma_{\mathrm{RE}}=0.9$;自承重墙取 $\gamma_{\mathrm{RE}}=0.75$);

A——墙体横截面面积(多孔砖取毛截面面积);

f_{vE}——砌体沿阶梯形截面破损的抗震抗剪强度设计值。

强度 f_{vE} 的计算式为

$$f_{\mathrm{vE}}=\zeta_N f_{\mathrm{v}} \tag{8-15}$$

式中 f_{v}——砌体抗剪强度设计值;

ζ_N——砌体抗震抗剪强度的正应力影响系数。

对于普通砖和多孔砖,ζ_N 可按表 8-6 得到。

表 8-6 砌体强度的正应力影响系数

砌体类型	σ_0/f_{v}							
	0.0	1.0	3.0	5.0	7.0	10.0	12.0	≥16.0
普通砖、多孔砖	0.80	0.99	1.25	1.47	1.65	1.90	2.05	—
小砌块	—	1.23	1.69	2.15	2.57	3.02	3.32	3.92

注:其中,σ_0 为对应于重力荷载代表值的砌体截面平均压应力。

2. 水平配筋砖砌体截面抗震承载力

水平配筋砖砌体截面抗震承载力按下式验算:

$$V\leqslant\frac{1}{\gamma_{\mathrm{RE}}}(f_{\mathrm{vE}}+\zeta_{\mathrm{s}}f_{\mathrm{yh}}\rho_{\mathrm{sh}})A \tag{8-16}$$

式中 A——墙体横截面面积,多孔时,取毛截面面积;

f_{yh}——水平钢筋抗拉强度设计值；

ρ_{sh}——按层间墙体竖向截面计算的水平钢筋面积配筋率，应不小于0.07%且不宜大于0.17%；

ζ_s——钢筋参与工作系数，可按表8-7采用。

表 8-7　钢筋参与工作系数 ζ_s

墙体高宽比	0.4	0.6	0.8	1.0	1.2
ζ_s	0.10	0.12	0.14	0.15	0.12

3. 砖砌体和钢筋混凝土构造柱组合墙的截面抗震承载力

当按式(8-14)验算不满足要求时，可计入设置于墙段中部、截面不小于240mm×240mm(墙厚190mm时为240mm×190mm)且间距不大于4m的构造柱对受剪承载力的提高作用，按下式验算截面抗震承载力：

$$V \leqslant \frac{1}{\gamma_{RE}}[\eta_c f_{vE}(A-A_c)+\zeta_c f_t A_c+0.08 f_{yc} A_{sc}+\zeta_s f_{yh} A_{sh}] \tag{8-17}$$

式中　A_c——中部构造柱的横截面总面积(对横墙和内纵墙，$A_c>0.15A$时，取$0.15A$；对外纵墙，$A_c>0.25A$时，取$0.25A$)；

f_t——中部构造柱的混凝土轴心抗拉强度设计值；

A_{sc}——中部构造柱的纵向钢筋截面总面积(配筋率不小于0.6%，大于1.4%时取1.4%)；

A_{sh}——层间墙体竖向截面的总水平钢筋面积，无水平钢筋时取0.0；

f_{yh}，f_{yc}——墙体水平钢筋、构造柱钢筋抗拉强度设计值；

ζ_c——中部构造柱参与工作系数，居中设1根时取0.5，多于1根时取0.4；

η_c——墙体约束修正系数，一般情况取1.0，构造柱间距不大于3m时取1.1。

组合砖砌体的截面抗震承载力计算，除考虑承载力抗震调整系数外，与第7章所述基本相同。

思考题

[8-1] 砌体结构房屋有哪些震害？哪些方面应通过计算或验算解决？哪些方面应采取构造措施解决？

[8-2] 抗震设防地区对砌体房屋的高度、层数、高宽比、横墙最大间距、房屋局部尺寸等有哪些要求和限制？为什么？

[8-3] 简述圈梁和构造柱对砌体结构的抗震作用及相应的规定。

[8-4] 简述抗震设防区砌体结构房屋墙体抗震计算设计的主要步骤。

9　多层房屋设计实例

某4层办公楼，采用装配式梁板结构（图9-1、图9-2），大梁截面尺寸240mm×500mm，梁端伸入墙内240mm，大梁间距3.9m。底层墙厚为370mm，2—4层墙厚为240mm，另加砖墩（壁柱）：2—4层为250mm×490mm，底层为120mm×490mm。墙体均为双面粉刷。拟采用砖砌体条形刚性基础。据地质资料表明，地下水位标高为−0.950m，基础底面标高为−1.950m，此处的地基承载力为150kPa。该地区基本风压值为$w_0=0.55\text{kN/m}^2$。试设计该幢办公楼的墙体和基础。

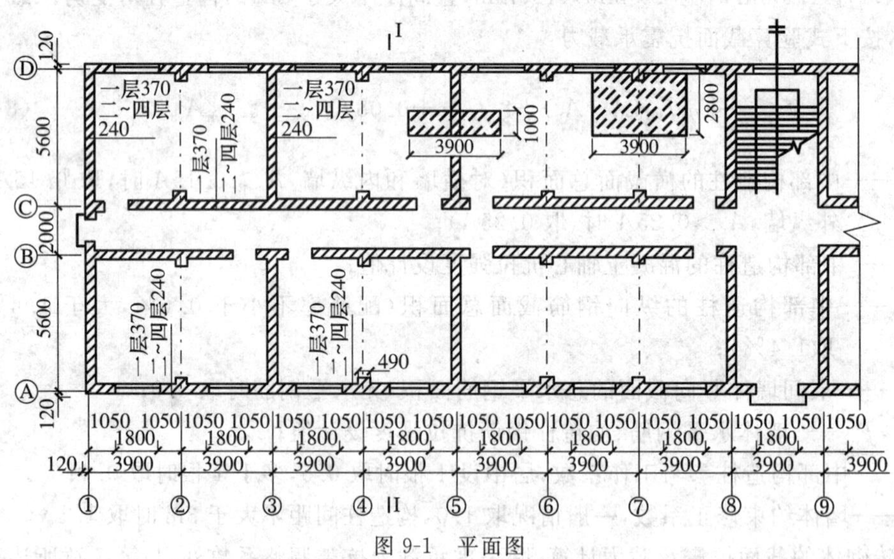

图9-1　平面图

一、荷载标准值

1. 屋面荷载

三毡四油防水层	0.40kN/m^2
20厚水泥砂浆找平层	0.40kN/m^2
50厚泡沫混凝土	0.25kN/m^2
120厚空心板（包括灌缝）	2.20kN/m^2
20厚抹灰层	0.34kN/m^2
屋面恒载合计	3.59kN/m^2
屋面活载	0.70kN/m^2
屋面荷载	$3.59+0.70=4.29\text{kN/m}^2$

2. 楼面荷载

25厚水泥花砖地面（包括水泥粗砂打底）	0.60kN/m^2
30厚细石混凝土面层	0.66kN/m^2

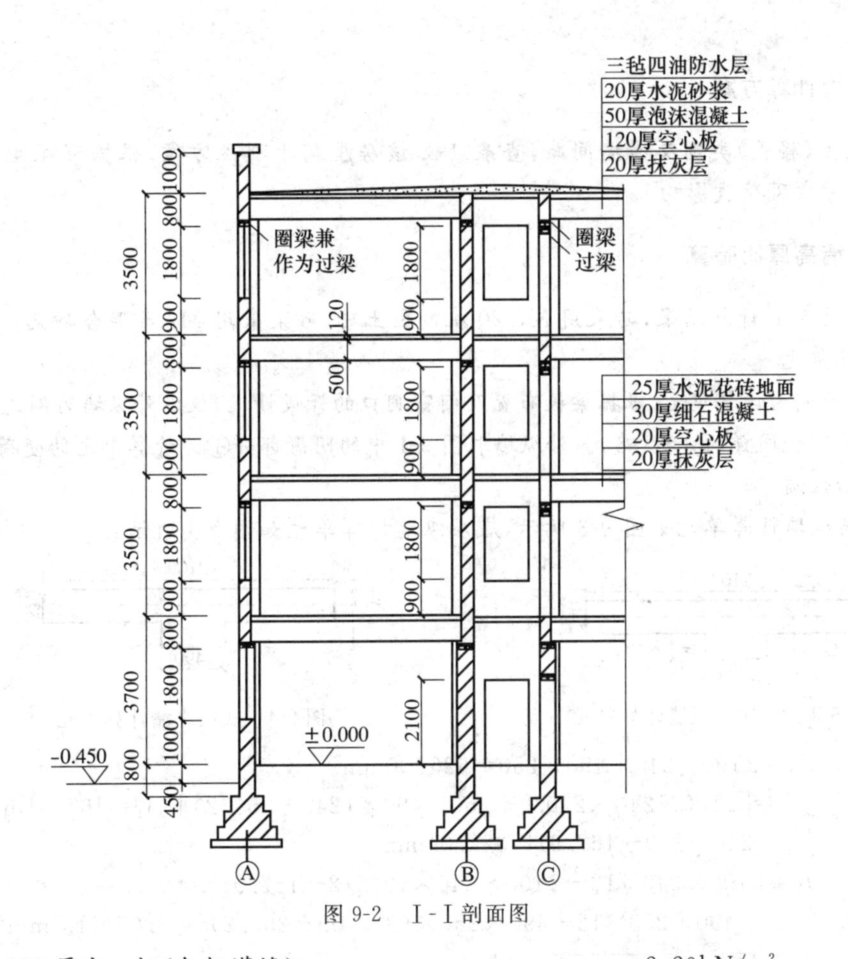

图 9-2　Ⅰ-Ⅰ剖面图

120 厚空心板(包括灌缝)	2.20kN/m^2
20 厚抹灰层	0.34kN/m^2
楼面恒载合计	3.80kN/m^2

楼面活荷载按《建筑荷载规范》(GB 50009—2001)取为 2.0kN/m^2。当设计墙、柱和基础时，应根据计算截面以上的层数，对计算截面以上各楼层活荷载总和乘以折减系数。此处为简化计算，并偏于安全，按楼层乘以折减系数，按各个楼层分别计算。

4 层楼面活载	$2.00\times1.00=2.00$kN/m^2
2、3 层楼面活载	$2.00\times0.85=1.70$kN/m^2
4 层楼面荷载	$3.80+2.00=5.80$kN/m^2
2、3 层楼面荷载	$3.80+1.70=5.50$kN/m^2

大梁自重(包括 15 厚粉刷)

$$0.24\times0.50\times25+0.015\times(2\times0.50+0.24)\times20=3.37\text{kN/m}$$

双面粉刷 240 厚砖墙自重为 5.24kN/m^2，

双面粉刷 370 厚砖墙自重为 7.67kN/m^2，

钢框玻璃窗自重为 0.40kN/m^2。

二、静力计算方案

根据屋盖(楼盖)类别及横墙间距,查表 4-2,该房屋属于刚性方案;根据节 4.4.2 及表 4-3,可以不考虑风荷载影响。

三、纵墙高厚比验算

根据上述荷载计算结果,砖采用 MU20 机制黏土砖,砂浆采用 M7.5 混合砂浆。

1. 计算单元

取一个开间为计算单元,根据梁板布置及门窗洞口的开设情况,仅以外纵墙为例进行计算分析,内纵墙可作同样的分析(略)。外纵墙取图 9-1 中的阴影部分①为计算单元的受荷面积。

2. 截面性质

2~4 层纵墙计算单元如图 9-3 所示,底层纵墙计算单元如图 9-4 所示。

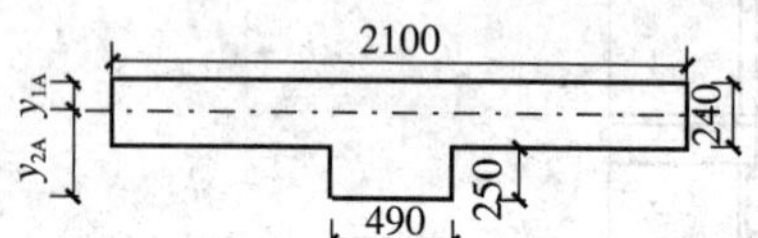

图 9-3　2~4 层纵墙计算单元

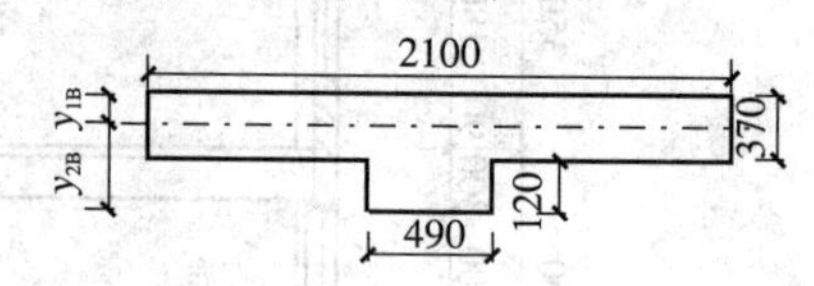

图 9-4　底层纵墙计算单元

$$A_1 = 2100 \times 240 + 490 \times 250 = 626500 \mathrm{mm}^2$$

$$y_{1A} = [2100 \times 240 \times 240/2 + 250 \times 490 \times (240 + 250/2)]/A_1 = 167.91 \mathrm{mm}$$

$$y_{2A} = 240 + 250 - 167.91 = 322.09 \mathrm{mm}$$

$$I_1 = 2100 \times 240^3/12 + 2100 \times 240 \times (240/2 - 167.91)^2 + 490 \times 250^3/12 + 490 \times 250 \times (322.09 - 250/2)^2 = 8.97 \times 10^9 \mathrm{mm}^4$$

$$i_1 = \sqrt{\frac{I_1}{A_1}} = \sqrt{\frac{8.97 \times 10^9}{626500}} = 119.66 \mathrm{mm}$$

$$h_{T1} = 3.5 i_1 = 3.5 \times 119.66 = 418.81 \mathrm{mm}$$

$$A_2 = 2100 \times 370 + 490 \times 120 = 835800 \mathrm{mm}^2$$

$$y_{1B} = [2100 \times 370 \times 370/2 + 120 \times 490 \times (370 + 120/2)]/A_2 = 202.24 \mathrm{mm}$$

$$y_{2B} = 370 + 120 - 202.24 = 287.76 \mathrm{mm}$$

$$I_2 = 2100 \times 370^3/12 + 2100 \times 370 \times (370/2 - 202.24)^2 + 490 \times 120^3/12 + 490 \times 120 \times (287.76 - 120/2)^2 = 1.22 \times 10^{10} \mathrm{mm}^4$$

$$i_2 = \sqrt{\frac{I_2}{A_2}} = \sqrt{\frac{1.22 \times 10^{10}}{835800}} = 120.82 \mathrm{mm}$$

$$h_{T2} = 3.5 i_2 = 3.5 \times 120.82 = 422.86 \mathrm{mm}$$

3. 验算高厚比

(1) 2~4 层墙体

查表 5-2 得墙体允许高厚比$[\beta]=26$,查表 5-1 得 $H_{01}=1.0H=3.5\mathrm{m}$。

$$\mu_1 = 1.0, \mu_2 = 1 - 0.4\frac{b_s}{s} = 1 - 0.4 \times \frac{1800}{3900} = 0.815,$$

$$\mu_1 \mu_2 [\beta] = 1.0 \times 0.815 \times 26 = 21.19,$$

$$\beta_1 = \frac{H_{01}}{h_{T1}} = \frac{3500}{418.81} = 8.38 < \mu_1 \mu_2 [\beta] = 21.19,\text{满足要求。}$$

(2) 底层墙体

墙体允许高厚比查表 5-2 得$[\beta]=26$,查表 5-1 得 $H_{02}=1.0H=3.7+0.8=4.5\text{m}$。

$$\mu_1=1.0,\mu_2=1-0.4\frac{b_s}{s}=1-0.4\times\frac{1800}{3900}=0.815,$$

$$\mu_1,\mu_2[\beta]=1.0\times0.815\times26=21.19,$$

$$\beta_2=\frac{H_{02}}{h_{T2}}=\frac{4500}{422.86}=10.64<\mu_1\mu_2[\beta]=21.19,\text{满足要求。}$$

四、纵墙控制截面的内力计算和承载力验算

1. 控制截面

每层取两个控制截面,Ⅰ—Ⅰ 截面为墙上部梁底下截面,该截面弯矩最大;Ⅱ—Ⅱ 截面为墙下部梁底稍上截面,底层为基础面截面(以上两者计算均取窗间墙截面进行承载力验算,即 2~4 层 $A_1=626\,500\text{mm}^2$,底层 $A_2=835\,800\text{mm}^2$)。计算截面如图 9-5 所示。

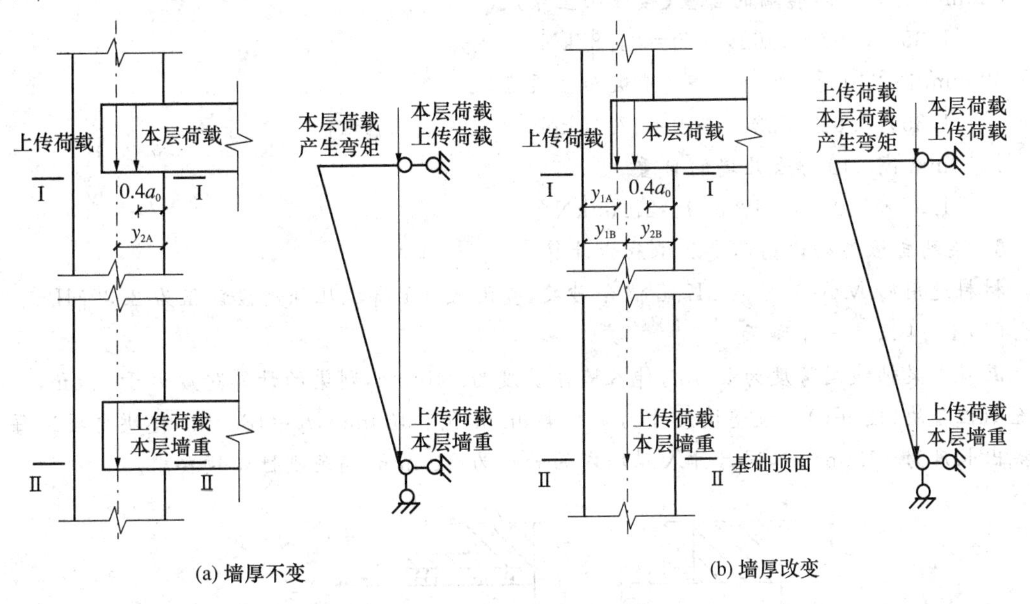

图 9-5　纵墙计算简图

2. 荷载设计值计算

(1) 屋面传来集中荷载

组合 1　$1.2\times(3.59\times3.9\times2.8+3.37\times2.8)+1.4\times0.70\times3.9\times2.8$
$=69.07\text{kN}$

组合 2　$1.35\times(3.59\times3.9\times2.8+3.37\times2.8)+1.4\times0.7\times0.70\times3.9\times2.8$
$=73.15\text{kN}$

(2) 每层楼面传来集中荷载

4 层楼面

组合 1　$1.2\times(3.80\times3.9\times2.8+3.37\times2.8)+1.4\times2.00\times3.9\times2.8$
$=91.69\text{kN}$

组合 2　$1.35\times(3.80\times3.9\times2.8+3.37\times2.8)+1.4\times0.7\times2.00\times3.9\times2.8$
$=90.17\text{kN}$

2、3 层楼面

组合 1　$1.2\times(3.80\times3.9\times2.8+3.37\times2.8)+1.4\times1.70\times3.9\times2.8$
$=87.11\text{kN}$

组合 2　$1.35\times(3.80\times3.9\times2.8+3.37\times2.8)+1.4\times0.7\times1.70\times3.9\times2.8$
$=86.95\text{kN}$

(3) 每层砖墙自重(窗洞尺寸为 1.8m×1.8m)

2～4 层

$1.35\times[(3.9\times3.5-1.8\times1.8)\times5.24+1.8\times1.8\times0.40]=75.39\text{kN}$

底层

$1.35\times\{[3.9\times(3.7-0.12-0.5+0.8)-1.8\times1.8]\times7.62+1.8\times1.8\times0.40\}$
$=124.08\text{kN}$

620mm 高 370 厚砖墙的自重(楼板面至梁底)

$1.35\times0.62\times7.62\times3.9=24.87\text{kN}$

620mm 高 240 厚砖墙的自重(楼板面至梁底)

$1.35\times0.62\times5.24\times3.9=17.10\text{kN}$

1000mm 高 240 厚女儿墙的自重

$1.35\times1.0\times5.24\times3.9=27.59\text{kN}$

3. 梁端支承处砌体局部受压承载力计算

材料选用砖 MU20,砂浆 M7.5 混合砂浆,查附表 3-1 得抗压强度设计值为 2.39MPa。

(1) 2—4 层Ⅰ—Ⅰ截面

混凝土梁轴线间跨度为 5.6m,伸入墙体长度为 240mm,则梁的计算跨度大于 4.8m,应设置刚性垫块(图 9-6)。设垫块尺寸为 $a_b=490\text{mm}$,$b_b=400\text{mm}$,$t_b=180\text{mm}$,垫块自梁边每边挑出长度为 $80\text{mm}<t_b$,同时伸入翼墙内的长度为 240mm,满足刚性垫块要求。

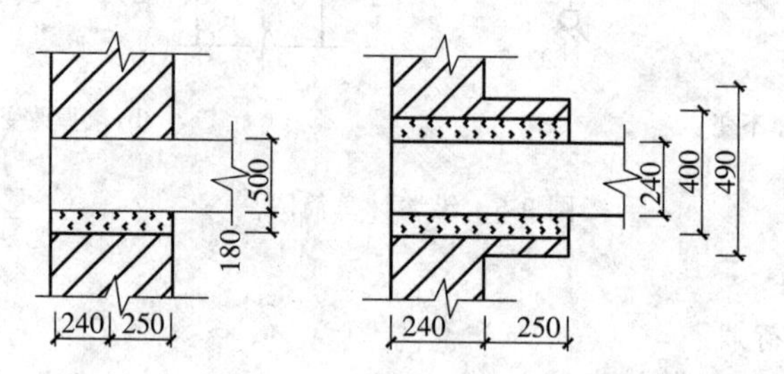

图 9-6　2—4 层梁端刚性垫块图

$$A_b=400\times490=196\,000\text{mm}^2$$

$$A_0=490\times490=240100\text{mm}^2$$

$$\frac{A_0}{A_b}=\frac{240\,100}{196\,000}=1.23$$

砌体局部抗压强度系数 $\gamma=1+0.35\sqrt{\frac{A_0}{A_b}-1}=1.17$,

$$\gamma_1=0.8\gamma\times1.28=0.934<1，取\ \gamma_1=1.0$$

在2～4层各个楼层中，考虑到上部传来荷载的影响，验算2层Ⅰ—Ⅰ截面。

上部传来压力 $N_0'=73.15+27.59+17.10+75.39+91.69+75.39=360.31\text{kN}$

上部传来平均压应力 $\sigma_0=\dfrac{N_0'}{A_1}=\dfrac{360.1\text{kN}}{626\,500\text{mm}^2}=0.58\text{MPa}$

垫块面积内的上部轴向力 $N_0=\sigma_0A_b=0.58\times196\,000=113.68\text{kN}$

全部轴向力 $N=113.68+87.11=200.79\text{kN}$

$$\frac{\sigma_0}{f}=\frac{0.58}{2.39}=0.243，查表5\text{-}6得\ \delta_1=5.76$$

$$a_0=\delta_1\sqrt{\frac{h_c}{f}}=0.576\times\sqrt{\frac{500}{2.39}}=83.31\text{mm}$$

$$e_i=a_b/2-0.4a_0=490/2-0.4\times83.31=211.68\text{mm}$$

$$e=\frac{N_le_i}{N}=\frac{87.11\times211.68}{200.79}=91.83\text{mm}$$

$$\frac{e}{a_b}=\frac{91.83}{490}=0.187$$

$$\varphi=\frac{1}{1+12\left(\dfrac{e}{a_b}\right)^2}=\frac{1}{1+12\times(0.187)^2}=0.704$$

$$\varphi\gamma_1fA_b=0.704\times1.0\times2.39\times196\,000=329.78\text{kN}>N=200.79\text{kN}，满足要求$$

(2) 底层Ⅰ—Ⅰ截面

梁的轴线跨度为5.6m，伸入墙体长度240mm，则梁的计算跨度大于4.8m，应设置刚性垫块(图9-7)。设垫块尺寸为 $a_b=360\text{mm}$，$b_b=400\text{mm}$，$t_b=180\text{mm}$，垫块自梁边每边挑出长度为 $80\text{mm}<t_b$，同时伸入翼墙内的长度为240mm，满足刚性垫块要求。

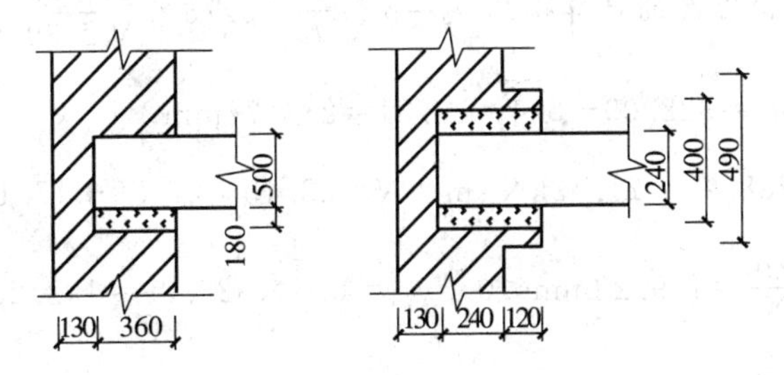

图9-7　底层梁端刚性垫块图

$$A_b=370\times400=148\,000\text{mm}^2$$

$$A_0=490\times490=240\,100\text{mm}^2$$

$$\frac{A_0}{A_b}=\frac{240\,100}{148\,000}=1.62$$

砌体局部抗压强度系数 $\gamma=1+0.35\sqrt{\dfrac{A_0}{A_b}-1}=1.28$，$\gamma_1=0.8\gamma=0.8\times1.28=1.02$

上部传来压力 $N_0''=73.15+27.59+17.10+75.39+91.69+75.39$
$+87.11+58.29+24.87=530.58\text{kN}$

上部传来平均压应力 $\sigma_0=\dfrac{N_0''}{A_2}=\dfrac{530.58\text{kN}}{835\,800\text{mm}^2}=0.63\text{MPa}$

垫块面积内的上部轴向力 $N_0=\sigma_0 A_b=0.63\times148\,000=93.24\text{kN}$

全部轴向力 $N=93.24+87.11=180.35\text{kN}$

$$\frac{\sigma_0}{f}=\frac{0.63}{2.39}=0.264，查表 5\text{-}6 得 \delta_1=5.80$$

$$a_0=\delta_1\sqrt{\frac{h_c}{f}}=5.80\times\sqrt{\frac{500}{2.39}}=83.89\text{mm}$$

$$e_i=a_b/2-0.4a_0=360/2-0.4\times83.89=146.44\text{mm}$$

$$e=\frac{N_l e_i}{N}=\frac{87.11\times146.44}{180.35}=70.73\text{mm}$$

$$\frac{e}{a_b}=\frac{70.73}{360}=0.196$$

$$\varphi=\frac{1}{1+12\left(\dfrac{e}{a_b}\right)^2}=\frac{1}{1+12\times(0.196)^2}=0.684$$

$\varphi\gamma_1 f A_b=0.684\times1.02\times2.39\times148\,000=246.78\text{kN}>N=180.35\text{kN}$，满足要求。

4. 内力计算及截面受压承载力验算

计算简图如图 9-5。

(1) 4 层墙体

Ⅰ—Ⅰ截面

梁端加刚性垫块后由上面的计算得到 $a_0=\delta_1\sqrt{\dfrac{h_c}{f}}=5.76\times\sqrt{\dfrac{500}{2.39}}=83.31\text{mm}$

$$e_i=y_{2A}-0.4a_0=322.09-0.4\times83.31=288.77\text{mm}$$

$$M=73.15\times288.77=21.12\text{kN}\cdot\text{m}\quad N=73.15+27.59+17.10=117.84\text{kN}$$

$$e=\frac{21.12\text{kN}\cdot\text{m}}{117.84\text{kN}}=179.23\text{mm}<0.6y_{2A}=0.6\times322.09=193.25\text{mm}$$

抗压承载力验算

$$\frac{e}{h_{T1}}=\frac{179.23}{418.81}=0.428,\quad \varphi_0=\frac{1}{1+\alpha\beta^2}=\frac{1}{1+0.0015\times8.38^2}=0.905$$

$$\varphi=\frac{1}{1+12\left[\dfrac{e}{h_{T1}}+\sqrt{\dfrac{1}{12}\left(\dfrac{1}{\varphi_0}-1\right)}\right]^2}=0.138$$

$\varphi A f=0.138\times626500\times2.39=206.63\text{kN}>N=117.84\text{kN}$，满足要求。

Ⅱ—Ⅱ截面

$M=0$，$N=117.84+75.39=193.23\text{kN}$，查表 5-3 得 $\varphi=0.905$，

$\varphi Af=0.905\times 626\,500\times 2.39=1\,355.09\text{kN}>N=193.23\text{kN}$，满足要求。

(2) 其他层的计算列于表 9-1 中。

五、横墙控制截面的内力计算和承载力验算

1. 控制截面

横墙的两侧恒载是对称的，而活载则有可能仅一侧有。估算表明，即使考虑仅一侧有本层活载，引起的弯矩也是非常小的，故可取满布活载计算。

由于两侧楼盖传来的纵向力相同时，沿整个高度都承受轴心压力，则取每层Ⅱ—Ⅱ截面即墙下部板底稍上截面进行验算，由于底层墙厚为 370mm，2～4 层墙厚为 240mm，因此仅需验算二层Ⅱ—Ⅱ截面与底层基础顶面。

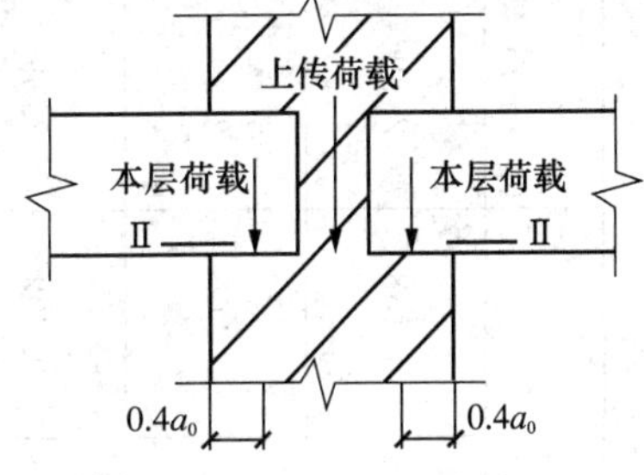

图 9-8 横墙计算简图

2. 计算单元

内横墙计算单元取 1m，取图 9-1 中的阴影部分②为计算单元的受荷面积。

计算简图如图 9-8。

3. 荷载设计值计算

(1) 屋面传来集中荷载

组合 1　$1.2\times(3.59\times 3.9\times 1.0)+1.4\times 0.70\times 3.9\times 1.0=20.62\text{kN}$

组合 2　$1.35\times(3.59\times 3.9\times 1.0)+1.4\times 0.7\times 0.70\times 3.9\times 1.0=21.58\text{kN}$

(2) 每层楼面传来集中荷载

4 层楼面

组合 1　$1.2\times(3.8\times 3.9\times 1.0)+1.4\times 2.00\times 3.9\times 1.0=28.74\text{kN}$

组合 2　$1.35\times(3.8\times 3.9\times 1.0)+1.4\times 0.7\times 2.00\times 3.9\times 1.0=27.65\text{kN}$

2、3 层楼面

组合 1　$1.2\times(3.8\times 3.9\times 1.0)+1.4\times 1.70\times 3.9\times 1.0=27.07\text{kN}$

组合 2　$1.35\times(3.8\times 3.9\times 1.0)+1.4\times 0.7\times 1.70\times 3.9\times 1.0=26.50\text{kN}$

(3) 每层砖墙自重

2～4 层

$$1.35\times(1.0\times 3.5)\times 5.24=24.76\text{kN}$$

底层

$$1.35\times 1.0\times(3.7-0.12+0.8)\times 7.62=45.06\text{kN}$$

4. 验算高厚比

材料选用砖 MU20 机制黏土砖，砂浆 M7.5 混合砂浆，查附表 3-1，得抗压强度设计值为 2.39MPa。

(1) 2～4 层墙体

查表 5-2 得墙体允许高厚比$[\beta]=26$，查表 5-1 得 $H_{01}=1.0H=3.5\text{m}$。

表 9-1　　各截面的内力计算和受压承载力验算

层次	截面	荷载设计值 N/kN	M/(kN·m)	e/mm	$\frac{e}{h_T}$	β	φ	f/(N·mm^{-2})	A/mm^2	$\varphi f A$/kN	结论
四层	Ⅰ—Ⅰ	屋面荷载 73.15 墙　重 44.69 117.84	21.55	182.88	0.437	8.38	0.138	2.39	626500	206.63	安全
	Ⅱ—Ⅱ	上面传来 117.84 本层墙重 75.39 193.23	0	0	0	8.38	0.905	2.39	626500	1355.09	安全
三层	Ⅰ—Ⅰ	上面传来 193.23 楼面荷载 91.69 284.92	26.48	92.93	0.222	8.38	0.209	2.39	626500	312.94	安全
	Ⅱ—Ⅱ	上面传来 284.92 本层墙重 75.39 360.31	0	0	0	8.38	0.905	2.39	626500	1355.09	安全
二层	Ⅰ—Ⅰ	上面传来 360.31 楼面荷载 87.11 447.42	25.15	56.22	0.134	8.38	0.268	2.39	626500	401.29	安全
	Ⅱ—Ⅱ	上面传来 447.42 本层墙重 58.29① 505.71	0	0	0	8.38	0.905	2.39	626500	1355.09	安全
底层	Ⅰ—Ⅰ	上面传来 505.71 620 高墙重 24.87 楼面荷载 87.11 617.69	−3.21②	−5.20	0.012	10.64	0.389	2.39	835800	777.05	安全
	Ⅱ—Ⅱ	上面传来 617.69 本层墙重 124.08 741.77	0	0	0	10.64	0.855	2.39	835800	1707.92	安全

① 在墙厚改变的楼层，计算取该层楼面标高处截面，本层墙重 75.39−17.11=58.29kN。

② 在墙厚改变的楼层，上层传来荷载和本层楼面荷载均产生 M(见图 9-5(b))。

$\mu_1=1.0$，$\mu_2=1.0$，

$\mu_1\mu_2[\beta]=1.0\times1.0\times26=26$，

$\beta_1=\frac{H_{01}}{h}=\frac{3\,500}{240}=14.58<\mu_1\mu_2[\beta]=26$，满足要求。

（2）底层墙体

查表5-2得墙体允许高厚比$[\beta]=26$，查表5-1得$H_{02}=1.0H=3.7+0.8=4.5\text{m}$。

$\mu_1=1.0$，$\mu_2=1.0$，

$\mu_1\mu_2[\beta]=1.0\times1.0\times26=26$，

$\beta_2=\frac{H_{02}}{h}=\frac{4\,500}{370}=12.16<\mu_1\mu_2[\beta]=26$，满足要求。

5. 内力计算及截面受压承载力验算

（1）2层Ⅱ—Ⅱ截面

$N=21.58+28.74+27.07+27.07+24.76\times3=178.74\text{kN}$

轴心受压$\frac{e}{h}=0$，查附表3-1得$\varphi=0.757$，$A=0.24\times1.0=0.24\text{m}^2<0.3\text{m}^2$

$\gamma_a=0.7+A=0.7+0.24=0.94$

$\varphi\gamma_a fA=0.757\times0.94\times2.39\times240000=408.2\text{kN}>N=178.74\text{kN}$，满足要求。

（2）底层Ⅱ—Ⅱ截面

$N=21.58+28.74+27.07+27.07+24.76\times3+45.06=223.80\text{kN}$

轴心受压$\frac{e}{h}=0$，查附表3-1得$\varphi=0.818$，$A=0.37\times1.0=0.37\text{m}^2>0.3\text{m}^2$

$\gamma_a=1.0$

$\varphi\gamma_a fA=0.818\times1.0\times2.39\times370000=723.4\text{kN}>N=223.80\text{kN}$，满足要求。

六、墙下条形刚性基础设计

据地质资料表明，地下水位标高为-0.950m，基础底面标高为-1.950m，此处的地基承载力为150kPa。基础采用砖MU20机制黏土砖，混合砂浆M7.5。

1. 纵墙下基础设计

与纵墙墙体计算相同，取图9-1中的阴影部分①，即窗间墙为计算单元的受荷面积。考虑到窗间墙下有足够的应力扩散路径，取计算单元的宽度为3.9m。本例中壁柱凸出的面积较小，为简化构造，基础不再凸出。

上部传至基础顶面荷载$F=741.77\text{kN}$

设基础底面宽度为b，基础埋深外纵墙$d_1=1.95-0.45=1.5\text{m}$，内纵墙$d_2=1.95-0=1.95\text{m}$，计算时取内纵墙基础埋深。

基础自重及回填土重$G=\gamma\times3.9\times b\times d$，$\gamma$为回填土的重度取$20\text{kN/m}^3$，地下水位下取$10\text{kN/m}^3$。

$$G=[20\times3.9\times0.95+10\times3.9\times(1.95-0.95)]\times b$$

$$p=\frac{F+G}{b\times3.9}\leqslant f=150\text{kPa}$$

解得$b=1.571\text{m}$

$b_0=240\text{mm}, b_1=180\text{mm}, b=180\times4+240\times2+370=1\ 570\text{mm}, h_0=410\text{mm}, h_1=370\text{mm}$

基础宽高比验算

$b_0/h_0=240/410=0.585<1\div1.50=0.667, b_1/h_1=180/370=0.487<1\div1.50=0.667$

上面的计算中未计入由于壁柱的存在而引起的轴向力的偏心(约为9.6mm)。经估算，未考虑这种偏心而引起的基底反力的误差在5%以内，可以略去不计。基础剖面图见图9-9。

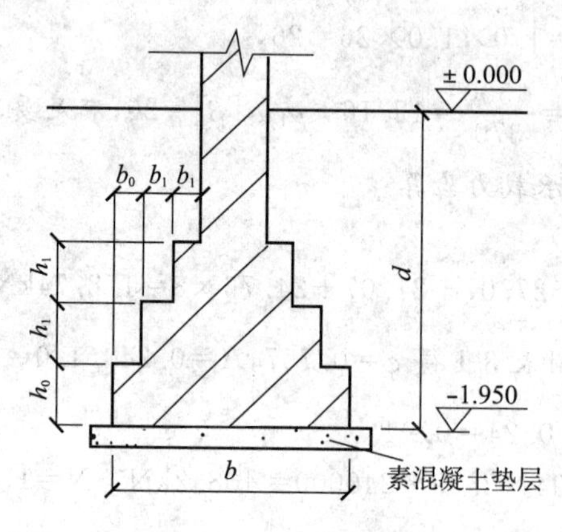

图 9-9　基础简图

2. 横墙下基础设计

与横墙墙体计算相同，取图9-2中阴影部分②，即单位长度1m为计算单元的受荷面积。

上部传至基础顶面荷载 $F=223.80\text{kN}$

基础埋深外横墙 $d_1=1.95-0.45=1.5\text{m}$，内横墙 $d_2=1.95-0=1.95\text{m}$，计算时取内横墙基础埋深。

基础自重及回填土重，$G=\gamma\times3.9\times b\times d$，$\gamma$ 为回填土的重度取 20kN/m^3，地下水位下取 10kN/m^3。

$$G=[20\times1.0\times0.95+10\times1.0\times(1.95-0.95)]\times b$$

$$p=\frac{F+G}{b\times1.0}\leqslant f=150\text{kPa}$$

解得 $b=1.850\text{m}, b_0=270\text{mm}, b_1=240\text{mm}, b=240\times4+270\times2+370=1\ 870\text{mm}, h_0=410\text{mm}, h_1=370\text{mm}$

基础宽高比验算

$b_0/h_0=270/410=0.658<1\div1.50=0.667, b_1/h_1=240/370=0.648<1\div1.50=0.667$

基础简图见图9-9。

参考文献

[1] 中华人民共和国国家标准 . GB 50003—2011 砌体结构设计规范[S]. 北京:中国建筑工业出版社,2011.

[2] 中华人民共和国国家标准 . GB 50011—2010 建筑抗震设计规范[S]. 北京:中国建筑工业出版社,2010.

[3] 中华人民共和国国家标准 . GB50068—2001 建筑结构可靠度设计统一标准[S]. 北京:中国建筑工业出版社,2001.

[4] 中华人民共和国国家标准 . GB50009—2012 建筑结构荷载规范[S]. 北京:中国建筑工业出版社,2012.

[5] 中华人民共和国国家标准 . GB50203—2011 砌体结构工程施工质量验收规范[S]. 北京:中国建筑工业出版社,2012.

[6] 《建筑结构静力计算手册》编写组 . 建筑结构静力计算手册[M]. 北京:中国建筑工业出版社,1975.

[7] Carper K L. Construction pathology in the United States[J]. Structural Engineering International 1996, 6(1):57-60.

[8] Curtin W G, Shaw G, Beck J K. 配筋及预应力砌体设计[M]. 赵梦梅,译 . 北京:中国建筑工业出版社,1992.

[9] Curtin W G , Shaw G, Beck J K, Bray W A. 砖石结构设计师手册(Structural Masonry Designers' Manual)[M]. 朱君道,成源华,译 . 上海:同济大学出版社,1989.

[10] Curtin W G, Shaw G, Beck J K, et al. Structural Masonry Detailing. London (Toronto, Sydney, New York):Granada Publishing, 1984.

[11] Taly Narendra. Design of Reinforced Masonry Structures. New York: McGraw-Hill, 2001.

[12] 丁大均,龚绍熙 . 砌体结构[M]. 北京:中国建筑工业出版社,1990.

[13] 丁大钧 . 砌体结构学[M]. 北京:中国建筑工业出版社,1997.

[14] 中国工程建设标准化协会砌体结构委员会 . 现代砌体结构(2000 年全国砌体结构学术会议论文集)[M]. 北京:中国建筑工业出版社,2000.

[15] 王庆霖 . 砌体结构[M]. 北京:地震出版社,1991.

[16] 东南大学,郑州工学院 . 砌体结构[M]. 北京:中国建筑工业出版社,1990.

[17] 同济大学《注册结构工程师专业考试复习教程》编写组 . 注册结构工程师专业考试复习教程[M]. 上海:同济大学出版社,1998.

[18] 朱伯龙 . 砌体结构设计原理[M]. 上海:同济大学出版社,1991.

[19] 李翔,顾祥林,龚绍熙,等. 竖向荷载作用位置对简支墙梁受力性能影响的试验研究[C]. 2010 年度全国砌体结构与墙体材料基本理论及工程应用学术交流会, 2010, 哈尔滨: 299-304.

[20] 李翔，龚绍熙，崔皓，等. 基于不同位置加载下墙梁有限元分析的托梁内力计算[C]. 2010年度全国砌体结构与墙体材料基本理论及工程应用学术交流会，2010，哈尔滨：315-320.

[21] 龚绍熙，李翔，张晔，等. 连续墙梁的试验研究、有限元分析和承载力计算[J]. 建筑结构，2001，31(9)：7-11.

[22] Li Xiang, Gong S X, Gu X L. Finite element model and approximate calculation of masonry wall supported on two-span RC frame[C]. In Proc. of 13th International Brick and Block Masonry Conference, Amsterdam, 2004: 431-438.

[23] Li Xiang, Gong S X, Gu X L. Interaction and seismic capacity of brick wall and supporting RC frame [C]. In Proc. of 13th International Brick and Block Masonry Conference, Amsterdam, 2004: 1079-1088.

[24] 林宗凡. 多层砌体房屋结构设计——方法与应用[M]. 上海：上海科学技术出版社，1999.

[25] 罗福午，方鄂华，叶知满. 混凝土结构及砌体结构(下册)[M]. 北京：中国建筑工业出版社，1995.

[26] 苑振芳，刘斌. 关于砌体结构裂缝控制措施的建议：在《现代砌体结构》中[M]. 北京：中国建筑工业出版社，2000.

[27] 范家骥，高莲娣，喻永言. 砌体结构[M]. 北京：中国建筑工业出版社，1992.

[28] 施楚贤. 砌体结构理论与设计[M]. 北京：中国建筑工业出版社，1992.

[29] 赵琳，陈凤杨，岳晨曦，等. 工程建筑抗震[M]. 南京：东南大学出版社，1991.